"多元能源"出版工程(一期)

"十四五"时期国家重点出版物出版专项规划项目
千万千瓦级风电基地规划设计

Smart Architecture and Operation & Maintenance of Wind Power Base

风电基地智慧体系架构与运维

夏建涛　黄海兵　刘玮　刘珊　主编

中国水利水电出版社
www.waterpub.com.cn
·北京·

内 容 提 要

　　本书是"多元能源"出版工程（一期）之一。本书从实际需求出发，全面且细致地介绍了风电基地智慧体系架构模式和运维管理模式，以期为风电基地智慧体系的建设提供顶层设计框架方案和建设思路。

　　本书以跨域协同一体化云平台为基础，详细介绍了基于该平台的云边共享的在线监测和故障诊断系统应用，构建了先进的运维管理手段和智慧运维管理模式。最后，通过工程实践对风电基地智慧体系架构模式和运维管理模式的设计与建设方法进行了介绍。

　　本书可供新能源发电运维检修人员、技术管理人员、运营高层决策人员和新能源发电技术领域的研发和设计人员、相关制造企业技术人员阅读参考。

图书在版编目（CIP）数据

　　风电基地智慧体系架构与运维 / 夏建涛等主编. --
北京 : 中国水利水电出版社, 2023.6
　　"多元能源"出版工程. 一期
　　ISBN 978-7-5226-1256-0

　　Ⅰ. ①风… Ⅱ. ①夏… Ⅲ. ①智能技术－应用－风力
发电－生产基地－体系建设 Ⅳ. ①TM614-39

　　中国国家版本馆CIP数据核字(2023)第068616号

		"多元能源"出版工程（一期）
书　　名		**风电基地智慧体系架构与运维** FENGDIAN JIDI ZHIHUI TIXI JIAGOU YU YUNWEI
作　　者		夏建涛　黄海兵　刘　玮　刘　珊　主编
出版发行		中国水利水电出版社 （北京市海淀区玉渊潭南路 1 号 D 座　100038） 网址：www. waterpub. com. cn E - mail：sales@mwr. gov. cn 电话：(010) 68545888（营销中心）
经　　售		北京科水图书销售有限公司 电话：(010) 68545874、63202643 全国各地新华书店和相关出版物销售网点
排　　版		中国水利水电出版社微机排版中心
印　　刷		清淞永业（天津）印刷有限公司
规　　格		184mm×260mm　16 开本　12.5 印张　304 千字
版　　次		2023 年 6 月第 1 版　2023 年 6 月第 1 次印刷
印　　数		0001—3000 册
定　　价		**88.00** 元

凡购买我社图书，如有缺页、倒页、脱页的，本社营销中心负责调换

本书编委会

主   编　夏建涛　黄海兵　刘　玮　刘　珊

副 主 编　奚　瑜　于　佼　陈　康　沈有国

参   编　王　斌　王　佳　李　佳　严　雄　田莉莎　许文龙

　　　　　　云子涵　王薛菇　王　炎　李玉坤　刘雪玲

编制单位　中国电建集团西北勘测设计研究院有限公司

前　言

　　"十四五"开局我国提出"双碳"战略目标，明确大力发展可再生能源，构建以新能源为主体的新型电力系统。目前，我国已具备完备的新能源全产业链体系，新能源开发建设已全面进入平价无补贴、市场化发展的新阶段，到 2025 年，可再生能源年发电量达到 3.3 亿 kW·h 左右，风电和太阳能发电量实现翻倍。能源转型升级势不可挡，我国已然进入以电源清洁发展为主导方向、以大型清洁能源基地为建设重点、新能源集约高效开发的新时期。

　　面对大规模新能源基地的快速开发，新能源消纳已经成为行业亟须解决的现实需求。为实现"双碳"目标，迫切需要新一轮能源技术革命，储能技术、跨区域消纳、多能互补和需求侧响应等模式创新，为新能源消纳提供了新的思路。但究其根本，合理进行资源配置，从本质上进一步推动新能源发电行业制造、生产、运维的整体生态环境发展，采用智能化手段提高新能源发电行业信息化程度，通过数据驱动提升设备可利用率、减少设备性能跌落引起的发电出力变化、保障备品备件的按需供应、优化运维策略、合理安排场站检修计划，从而提升基地设备可靠性和发电能力，是从本质上实现新能源高效消纳的有效途径。因此，采用技术创新提高新能源基地的智慧运维水平成为产业蜕变的关键。

　　本书秉承"互联网+"开放共享理念，详细介绍了风电基地智慧体系架构模式和运维管理模式，为风电基地智慧体系的建设提供了顶层设计框架方案和建设思路，为电力行业运维人员提供更便捷、高效、智能、安全的监控和运维支撑，为相关制造企业和软件开发人员指明了研发方向，能够推动数据驱动运检业务的创新发展和效益提升，带动行业生产管理模式的发展，实现新能源高效消纳。

本书依托实际工程经验，针对风电基地建设中的实际需求编写，主要从三个方面提出了风电基地智慧体系建设思路：一是构建跨域协同一体化云平台；二是基于跨域协同一体化云平台的云边共享的在线监测及故障诊断系统的智能应用；三是基于跨域协同智慧体系架构和智能设备等新技术应用，构建先进的运维管理手段和智慧运维管理模式。

第一方面主要提出了风电基地智慧体系的架构模式，该体系架构为五层四网分布式结构，涵盖集团管控层、区域集控层、场站层、场站间隔层、现地过程层的跨域协同一体化架构。五层四网分布式结构纵向包括集团管控层云平台、区域集控层集控中心和二级应用云平台、场站层一体化监控系统、场站间隔层设备和现地过程层设备。跨域协同架构模式，是通过跨域分布的集团管控层、区域集控层云平台对高度分散场站的统一管控，构建资源共享和知识互补的架构体系；通过场站层、区域集控层到集团管控层对数据资产进行从采集、存储、分析到价值挖掘的分层汇聚、统一管理，形成边侧处理—云端分析的数据协同体系；通过集团管控层对故障诊断和智慧运维等业务的统一部署和集中训练，以及区域集控、场站边缘侧的分级处理、二级应用和应用升级，形成云计算与边缘计算的互补协同工作体系；通过一体化云平台与场站电力生产的融合应用，使得场站层、区域集控层和集团管控层全域的存储、计算资源可以弹性调度，服务可以面向场站层、区域集控层和集团管控层进行分级业务编排，实现多维度、跨系统服务调用的协同体系。

第二方面重点阐述了云边共享的在线监测及故障诊断系统，它基于跨域协同架构模式构建，服务于智慧运维，是智慧体系的核心智能应用。云边共享的在线监测及故障诊断系统，根据业务响应需求快、网络资源需求大、模型训练资源需求高的业务特点，由场站边缘侧设备在线监测和集团云平台故障诊断系统构成。通过应用设备机理及数据挖掘等技术，针对难以用复杂的数学模型来描述的故障问题，形成实用性模型与分析系统，由云端对业务应用统一部署和统一管理，在边缘节点进行业务分级部署，通过云边协作对业务应用完成升级。云端完成模型的训练之后，将模型下发给边缘侧，边缘侧按照模型进行推理，形成边缘与云平台深度互动的一体化计算体系和一体化应用体系，最终实现风电场由事后运维向预防性运维、由计划检修向状态检修的转变。同时通过与平台部署的各运维管理应用系统深度互动，有效触发维护、备件、人员安排、防误闭锁等业务流程，在现场相关设备之间、设备与人员之间构成快速响应的智能联动体系，全面为运维管理决策提供强有力的技术支撑，为智慧运维的实现奠定了基础。

第三方面主要基于智能设备和新技术，构建智慧运维管理模式。根据监控系统自动触发智能工单、智能两票、智能巡检、智能联动、智能移动办公等业务流程，对人员、安全措施、设备和备品备件的安排、采购进行统一管理和分析，提出优化的运维策略，提供智能的监屏和智能报警手段，完成涵盖运行、维护、检修、设备智能分析和生产指标管理整个运维业务流程的闭环流转。从而形成设备运维管理、资产管理、技术管理、人力资源管理、安全管理和经营管理等全方位的风电场智慧运维管理模式。

风电基地智慧体系针对风电场站广域分布、管理层级高度分散、业务应用跨域部署的特点，通过跨域协同工作模式实现从集团管控层、区域集控层到场站层生产管理协同一体化，通过打通数据壁垒，实现生产、管理数据应用一体化；实现风电机组、箱式变压器和汇集升压站监控一体化；实现场站在线监测和云平台故障诊断计算一体化；实现电力生产实时控制和管理业务应用一体化，贯穿了前期基地架构规划、跨域协同顶层设计、设备选型、设备采购、基地运维管理等风电基地的全生命周期。

本书的编写借鉴了实际项目的工程总结，并通过与远景能源有限公司、金风科技股份有限公司、明阳智慧能源集团股份公司、三一重工股份有限公司等公司所进行的风电场智慧化相关议题的研讨，了解了国内外主要制造商开展智慧风电场技术研究和应用的情况，期间也得到了黄河上游水电开发有限责任公司的帮助。风电基地智慧建设仍处于起步阶段，还有许多问题有待进一步研究，诚望各界专家和广大读者提出意见和建议。同时，限于作者水平，本书难免有疏漏之处，敬请读者批评指正。

编　者

2022 年 12 月

目　录

第 1 章
概　述

1.1　我国风电基地发展现状及挑战

作为构建"以新能源为主体的新型电力系统"的关键一环，以风光为主体、多源协调的大基地建设承载着我国能源结构调整的重任。

我国风电基地发展迅速：2009 年，西北、华北、内蒙古和东南沿海规划有 7 个千万千瓦级风电基地；2021 年 12 月，一批风光大基地公布，共计 50 个项目 97.05GW 装机容量；2022 年 2 月底，又一批风光大基地方案落地，国家发展改革委、能源局规划了总计约 4.55 亿 kW 的装机量容量，预计到 2030 年建成，体量惊人。

风光大基地建设，关系着我国的碳达峰进程。截至 2021 年年底，我国风电光伏装机容量已超 6 亿 kW，装机规模全球最大。到 2030 年风光大基地建成，我国风光装机容量将再翻一番，达到 12 亿 kW 以上的装机目标。2030 年，也是我国向世界承诺的碳达峰年。

加速推进风光大基地国家战略，隐忧与掣肘必须先除。回顾我国风电基地发展历程，2009 年国家批复的七大风电基地，除河北与江苏外，其余都存在严重的消纳问题，在过去传统风电场粗放式发展方式下，由于规划设计、设备性能、技术水平等原因，运行效率低、安全隐患高，发电稳定性得不到保证，这些都是不利于电网消纳的重要因素。

大基地建设是"十四五""十五五"新能源建设最重要的事情，我国新一批的风光大基地以超大规模集中开发模式为主，规划选址以更为偏远的沙漠、戈壁和荒漠为重点，构成类型以风光多源协调基地为特点，总体而言，大基地的建设体量更为庞大、地域更为广阔、建设速度更快、管控模式更为复杂、精益化管控要求更高，与传统风电场相比，亟须解决人力成本过高、设备安全隐患重和运维效益不理想的问题。

1. 风电基地难以集中管控，人力资源需求居高不下

传统自动化系统中，风机主控系统、箱式变压器监控系统、汇集升压站监控系统以及风电机组在线监测、功率预测等业务均相对比较割裂、独立，不同风机厂商的风机主控难以协调、难以统一管控，在同一风电场内不同风机厂商设备监控画面不同，操作系统独立，现场运维人监视、操作难度大，使得风电基地难以实现在一体化监控系统框架下的统一管控，增大了风电场的运维工作量。

传统自动化系统架构基于传统工业控制解决方法，该方法更适用于现场设备工业过程的实时控制。随着广域、分散、涵盖多电压等级的基地建设，其业务及数据管理维度急剧

增加，面对广域分布、庞大控制对象的数据采集、处理和网络通道需求，传统自动化系统架构的解决手段较为单一，难以支撑 PB（petabyte，1PB＝1024TB）级数据的统一管理，难以实现软硬件的灵活扩展，难以真正实现"无人值班、远程集控"的运维模式。由此产生对大量运维人力资源的需求，生产管理成本居高不下。

由于现有风电基地自动化体系架构缺少系统性的顶层规划，在传统分散运维管理的模式下，难以发挥集团层面或区域层面的管理经验，难以充分利用集团资源，最终导致大量风电场部分软硬件和场站综合楼重复建设、人员配置多、管控模式单一。

2. 整体技术水平偏低，设备存在较大安全隐患，设备性能难以充分挖掘利用

风电基地设备数量非常庞大，设备厂商和设备接口类型丰富多样，底层数据开放性普遍不够，因此风电基地普遍难以实现大量异构数据的完整有效采集，难以实现生产运维现场设备状态的全面实时感知。

限于经济因素，目前我国风电运行阶段的监测主要集中于电气设备，而对一些风电部件，特别是关系到风电设备寿命、运行隐患的关键部件，如主轴、齿轮箱、叶片等，以及长集电线路，均缺乏有效的、系统的监测，监测的缺乏或不到位，导致运行阶段对风电设备的状态了解不足，对潜在的故障隐患没有有效的监测手段，无法跟踪故障发展趋势，不能预先发现并提前解决故障隐患。

此外，对现有监测数据的运用和分析不够。我国大多风电引进过程中只是引进了设备制造技术、控制系统等生产和运行相关的技术与设备，而对风电运行状态进行分析、评估的相关软件、工具和方法还比较缺乏，同时分析方式、技能、经验也不足，设备之间的相互关联性容易忽略，难以提供设备状态评估，难以挖掘设备潜在性能。

风电基地存在着多源异构设备模型的多样性、众多不同厂商大量数据的异构性、各个独立子系统之间信息孤岛的不确定性等诸多问题。设备安全仅依靠报警信号和保护动作，难以实现实时生产与运维管理联动，只能在系统发生故障后被动地通过单参数（例如振动）人工分析进行事后运维。

风电基地运管设备规模庞大，现场缺少智慧化的手段提前对可能发生的故障进行预警并提出安全可靠的运维策略，并对现场运维人员的各种操作进行有效管控，现场运维人员只能被动地接受考核和培训，也不能做到"零事故"，难以做到有效防范和控制各种运维风险。

3. 运维策略后置，风电场整体运营效益挑战及发电可靠性压力较大

风电设备处于恶劣环境、高温、运动状态下，需要定期进行相应的检修。目前各大风电设备制造商都制定了设备维护方案，但运维计划的制定缺乏科学性，缺乏对设备寿命、风险、发电量的综合考量，导致设备维护执行效果受到影响。

目前风电运维仍然停留在单一风电场运行环节和设备维护层面，并未涵盖采购、制造、施工、备品备件供应、技术支持、培训等一系列活动，也未涵盖风电场现场运行设备及相关所有人员、物资、安全的统筹管理，同时未考虑到从每个风电场到区域集控统一调度再到集团化统一分析的全方位优化管理，局限性还很大，缺乏系统管理全局性把控。

现场信息化管理程度较低，缺少对发电量损失原因的分析，对故障进行根因定位的能力，难以分辨发电量损失的原因是来自于外部限电或维护还是由于设备性能下降，从而难

以保障发电量的平稳，电网调度难度加大。因此，难以为风电场运营管理层提供一个更为精准的运维优化策略，发电量难以得到保证，不利于风电消纳。

诸多难题，摆在眼前。值得一提的是，风光大基地要"风风光光"，必须采取新的规划思想和实践路径，除了采取增加特高压外送通道、匹配调峰、储能等多种手段之外，本质上还是需要进一步推动风光发电行业从前期规划、制造、生产到运维的整体生态环境发展，尤其要重视高效安全运维和设备更新迭代，探索借助信息化先进技术，将云计算、大数据、物联网、移动互联网、人工智能等新技术（以下简称"云大物移智"）与电力生产控制技术融合，用领先的技术、智慧的手段提升大基地运维水平，构建具有"无人值班、少人值守"、状态检修和故障诊断、人机联动的智慧运维的风电基地智慧体系，提高发电行业信息化程度，支撑设备性能提升，促进发电安全稳定能力提升，从而提高发电可控能力，促进风电基地电能消纳。

1.2 风电基地技术发展趋势

美国国家可再生能源实验室（National Renewable Energy Laboratory，NREL）在美国能源署风能技术办公室的大气与电力（A2e）应用研究规划的支持下，提出了"技术支撑下的大气资源系统管理"（system management of atmospheric resource through technology，SMART）战略。该战略以下一代智能化新技术为支撑，以在风电场设计和运行中实现更高的发电量和材料使用效率、更低的运行维护费用和投资风险、更长的风电场寿命、更强的电网协调能力为目标，建成实时响应大气变化并且提供电网支撑的未来集成化风电场系统，达成 SMART 战略后期望能够降低 50% 的度电成本。欧洲风能学会（European Wind Energy Association，EWEA）联合欧洲 14 国的重要风电研究高校与机构，在 Wind Energy Science 期刊创刊首篇文章中讨论了未来风电领域长期的研究挑战，从 11 个不同的研究领域阐述了当前的风电技术前沿以及技术局限，并进一步提出未来风电发展应优先解决的问题。通用电气公司（General Electric Company，GE）于 2015 年启动的数字化风电场战略，是一个综合性软硬件解决方案，是 GE 扩展服务协议的一部分。GE 数字化风电场的核心在于建立风电机组数字化模型，以自身长期数据积累上的优势，提供更多基于数据的优化服务，其重点在于基于大数据挖掘的服务应用。

国内的整机厂商也一直在孜孜以求地探索大数据、互联网和数字化技术，以期为风机和风场赋能，主流风电机组制造商如远景能源有限公司（以下简称远景能源）、金风科技股份有限公司（以下简称金风科技）、明阳智慧能源集团股份公司（以下简称明阳智慧）等都在开发具有自身特色的智慧化风电场系统。它们更侧重于前期的风资源评估和选址、风电机组的健康管理和性能评估的智能算法，仅关注风电机组局部控制或故障诊断。

国内各大发电企业也越发关注智慧风电的技术发展，在基地建设、运维过程提出了不同的需求：有的企业更加注重人员的精简，意图打造"无人风场"，降低运维成本，借助物联网设备进行巡检，提升运维效率；有的企业更加关注故障预警，防患于未然，减少风场损失；有的企业则更加关注数据分析、运营效益，达到集团公司、区域公司提升设备运行效率、提高管理水平的目的。

国内各科研设计单位也加大了对智慧风电的研究，逐步对风电基地智慧体系的定义、目标及框架进行探索，尝试从基地场群、区域协调、集团管控多个层面的整体全局进行架构规划，填补目前行业标准规范的空白。

风电智慧化已经成为行业发展的方向，为应对未来行业需求，以信息化创新风电生产运维管理，借助"云大物移智"技术发展，提出电力上云的总体思想，构建"统一平台＋智能应用"的初级模型和体系架构，实现"无人值班、少人值守"运行模式、实现设备健康高效运转、运行与维护的业务联动，从而形成设备自主适应、运维智慧决策、系统自我学习的运维管理模式必将成为风电基地智慧发展的必然趋势。

1.3　风电基地智慧体系

1.3.1　风电基地智慧体系的定义

风电基地智慧体系是以数字化、信息化、标准化为基础，以跨域协同一体化平台为支撑，以边缘计算、云计算弹性资源配置策略为保障，以故障诊断、状态检修、人机联动的智慧运维为核心，以云边共享工作模式为依托，广泛采用"云大物移智"技术，集成智能设备、高效融合信息计算，构建从场站、区域到集团的数据分层汇聚、应用集中部署、云边协作互补、知识跨域共享的分布式一体化架构，通过边侧处理—云端分析的数据协同和面向场站、区域和集团的多维度、跨系统的服务调用协同方式，最终形成跨域协同—云边共享—智能全域的智慧体系，实现生产和管理数据的一体化应用，风电机组、箱式变压器和汇集升压站的一体化监控，场站在线监测和云平台故障诊断的一体化计算，以及电力生产实时控制和管理业务应用一体化的综合系统，贯穿了从前期基地顶层架构规划设计、设备选型、设备采购到基地运维等风电基地的全生命周期。

风电基地智慧体系是风电场快速大规模发展的现实需求的产物，其本质是信息化、工业自动化、智能化技术在风电领域的高度发展和深度融合，其特征是以涵盖集团管控层、区域集控层、场站层的跨域协同的一体化管控云平台为核心，实现业务的统一化部署和数据、应用、管理的协同互动；以集中制定统一数据标准、分层汇聚数据资产方式，形成云边共享的在线监测及故障诊断系统，实现智能全域服务、跨域协同管理的企业核心能力；以构建平台能力、丰富数据资源、拓展应用范围为主线，以数据驱动业务的管理模式，打通生产、运维及其他各业务环节，引导系统自主管理、自我学习、自主分析，实现主动推送智慧运维的服务，提升风险管控能力和管理的持续优化，最终达到"集团云平台分析、区域集中监控、风场少人值守、设备状态检修、业务协同互动、生产智慧运维、系统自主分析"的目标。

风电基地智慧体系基于一体化架构，通过部署各类智能应用，最终实现设备智能巡检、状态检修和系统协同联动的全面智慧运维。

（1）设备智能巡检：运用智能巡检系统，以状态传感、图像处理、缺陷搜索与定位等智能分析技术，实现设备巡检智能化。

（2）设备状态检修：构建智能管控体系，做到大感知、大传输、大存储、大计算、大分析，实现对各类故障、隐患和风险的自动预警预判、分级管控和智能识别，根据设备的健康状态来安排检修计划。

（3）系统协同联动：打破传统管理中各系统相对独立的技术壁垒，整合全场所有系统资源，驱动核心管理系统智能联动，推进智慧运行管理、智慧检修安全、智慧发电等举措，实现设备智能协同控制。

1.3.2 风电基地智慧体系的架构模式

风电基地智慧体系的架构模式是一个由多传感元件感知设备状态的智能设备、标准数据接口的网络系统设备以及开放、集成、高效的一体化管控平台组成的全新多层级智能型结构，从而形成"边缘+云"的全层次开放结构，该架构是基于分层分区、分布式体系架构的具有标准接口的开放式结构。

这种架构模式高效融合计算、存储和网络，以多元异构可信计算为基础进行构建，具备计算资源弹性配置能力以满足不同需求，为风电基地场站层、区域集控层和集团管控层等不同应用层级提供不同的计算能力，为风电基地的各类智能应用提供统一的开发平台，为各类物联网设备提供全部的网络资源，通过"人—机—网—物"的跨界融合，实现架构的全层次开放、跨域协调的工作能力和云边共享的工作模式。

通过这种架构模式，各个层级之间由下层对上层提供计算后的数据支撑，上层在此基础上完成更加综合的数据计算和处理，并对下层给予指导、指挥、协调和完善，构成自主学习、自我完善的生态系统。

场站层侧重单一风电场现场设备的自主控制和现场环境（风资源、电网）的快速反应；区域集控层侧重场群大基地的整体协控和全面统筹；集团管控层侧重全面分析、应用开发和智慧发展。整个架构使风电基地具有精准感知、快速应对、系统思维和全面开放不同层级的智慧。

通过标准接口的开放架构，为风电基地的各类智能应用提供统一的开发平台，基于该平台可以构建风电机组一体化在线监测系统，构建风电场层级与区域集控层、集团管控层深度互动的一体化故障诊断系统，形成云边协同的在线监测及故障诊断系统，该系统是风电基地智慧体系的核心，是实现设备状态检修的基础。

基于云边共享结构模式，通过风电场层级提供计算处理后的数据支撑、区域集控层和集团管控层场群协调控制、数据计算和处理，形成以集团管控层为核心的数据共享中心和智能决策中心。

这种"边缘+云"的全层次开放架构模式，通过区域集控层分层应用方式，有效触发维护、备件、人员安排、防误闭锁等业务流程，实现现场各场站相关设备之间、设备与运维人员之间的智能联动和快速响应的智慧运维。

1.3.3 风电基地智慧运维管理模式

风电基地智慧运维是智慧体系的最终体现，它基于跨域协同一体化架构和云边共享的在线监测及故障诊断系统的应用，借助基于5G的电力物联网技术及相关设备应用，对风电场设备、物资、人员、环境以及运行和生产状态进行动态全面监测管理；借助大数据分析，建立预测模型，评估风电场未来状态，形成运行和管理的多业务联动，通过故障及监控系统故障检测自动触发智能工单、智能两票、智能巡检、智能联动、智能移动办公等业务流程，从而对人员、安全措施、设备和备品备件的安排、采购进行统一管理和分析，提出优化的运维策略、提供智能的监屏和智能报警手段，完成涵盖运行、维护、设备智能分析和生产指标管理整个运维业务流程的闭环流转，有效打通生产、运维、安健环、人、财、物各业务环节，主动推送故障处理解决方案，为风电企业内各级生产管理人员推送智慧运维服务，从而形成设备运维管理、资产管理、技术管理、人力资源管理、安全管理和经营管理等全方位的风电基地智慧运维管理模式。

1.3.4　风电基地智慧体系的构建方法

1. 构建以跨域协同一体化平台为核心的智慧体系架构

构建风电基地智慧体系，首先要构建一体化平台，一体化平台可以提供统一开放的基础环境，解决数据异构和资源配置问题；可以按跨域协同、云边共享的模式建设，从而达到场站层、区域集控层、集团管控层以及各类智能应用之间全面开放的目的。

跨域协同一体化云平台为风电基地智能生产和智慧运维提供架构的技术支撑，实现架构的全层次开放，使得资源和数据共享成为可能；跨域协同一体化云平台提供统一、标准、开放的开发环境和基础服务，构建融合不同层次的多元异构架构体系，实现多种智能应用功能在平台的统一开发和集成应用，使得相互独立的各专业系统基于统一平台实现业务的互动和协同工作，全面支持业务的决策和优化，实现生产过程、运维管理的全局把控，实现数字驱动运检业务的效益提升。通过部署跨域协同一体化云平台，提供企业级的一体化综合管理系统，整合行业内风电运行维护各系统平台，从而使风电基地的运维管理得到快速改造和提升，是风电基地智慧化运维的基础。

2. 开发基于智慧体系架构的云边共享在线监测和故障诊断系统的应用

以云边共享模式实现在线监测及故障诊断系统在一体化平台的应用。

首先，构建场站与监控系统一体化的风电机组全面在线监测、汇集升压站在线监测、集电线路在线监测系统，涵盖主传动链、叶片、螺栓预紧力和塔筒基础沉降，根据需要配置变压器（电抗器）油中溶解气体在线监测、光纤测温在线监测、铁芯接地在线监测、局放在线监测、套管在线监测和 GIS 局放、密度微水和避雷器在线监测，以及集电线路气象、微风振动、覆冰在线监测设施，全面感知不同风电机组在不同工况下，从主传动链、塔筒、叶片到螺栓等部位的实时状态，全方位了解主要变电设备和集电线路运行状态，解决不同系统数据壁垒问题，减少网络通道数据传送压力，提高现地实时分析性能，达到精准分析的目的。

其次，构建云平台故障诊断系统，它是基于设备机理的场站在线监测和基于大数据分析的云平台智能诊断系统在云平台的深度融合应用，由场站边缘侧的在线监测系统提供初步处理后的数据，由云平台大数据分析来对场站边缘侧模型进行训练和完善，解决针对复杂未知故障难以预知的问题，达到模型优化的目的。

最后，通过云边共享的一体化计算体系和数字孪生技术，实现边缘侧和云平台模型的迭代和同步，形成云边共享互补模式。

在线监测和故障诊断系统是风电基地智慧体系在平台的核心应用，基于云边协同工作模式和平台数据服务实现设备状态检修，从而实现运维管理应用系统深度互动，为运维管理决策提供强有力的技术支撑，为智慧运维提供基础可能。

3. 构建风电基地的智慧运维管理模式

风电基地智慧体系最终就是要构建集生产调度、全面监测、运营分析、协调联动、全景展示于一体的智慧运维管理模式。这种智慧运维管理模式的目标是减少人力、改善设备性能、提升运维安全和效益，主要手段是基于一体化平台下部署的各类智能应用，借助大数据分析挖掘、视频识别等先进技术和多种物联网设备，如智能巡检机器人、可穿戴设备、VR培训等，以数据为驱动，线下人力、线上监控系统和智能应用相融合，实现数据驱动运维业务的创新发展和效益提升。

智慧运维离不开各类智能应用，通过远程集控，生产方面实现"无人值班、少人值守"；通过生产管理系统应用，设备运维方面实现智能监屏、智能巡检、智能两票、智能工单、智能联动、智能告警、智能闭环流程管理、智慧移动办公、智能经济运行的分析和指导等智慧的设备运维体系；通过大数据平台，建立企业级的设备资产台账；通过大数据分析，形成统一、透明的对标体系的技术管理体系；通过协调联动，实现"平台＋智能班组终端＋移动App"的人员管理模式，实现将人员行为及设备管控进行关联的智能安全管理模式。最终形成设备运维管理、资产管理、技术管理、人力资源管理、安全管理和经营管理等全方位的风电基地智慧运维管理模式。

1.3.5 风电基地智慧体系的作用

通过风电基地智慧体系可以实现人力成本的极大降低和运维能力的大幅提升：通过区域集控和集中平台统一运维模式的优化，融合线上线下，通过平台知识积累指导运维人员线下操作，风电场现场运维人员可减少近一半，运维能力可提升近三分之一，运维成本可下降近三分之一。

通过风电基地智慧体系可以实现设备效率和设备潜能的极大提升和挖掘：通过丰富数据输入减少模型的不确定性，提升在线监测和故障诊断系统对现场设备的统一决策服务，优化前期设备选型，提升设备质量，优化设备检修合理计划，提升设备的可靠性指标平均故障间隔时间（mean time between failure，MTBF），故障频次明显降低，设备潜能得到深挖，设备寿命有所提高。

通过风电基地智慧体系可以实现经济效益的极大提高。通过区域集控、大数据分析等提效手段，通过丰富的传感器、气象资源的数据，极大地提高预测能力，指导上网电量、交易电价。

通过风电基地智慧体系可以极大地改善大基地发电可控能力，从而使消纳得到极大保障；通过风电基地跨域协同一体化云平台应用，采用数据驱动的运维模式，将风电的极大不确定性进一步向可控发展，极大地提升风力发电的安全和控制能力，对于新能源发展和消纳具有重要意义。

第2章
传统风电场自动化系统架构与运维技术

我国风电基地发展迅猛且呈现良好态势，但相比火电、水电等行业，风电基地在行业标准、技术创新、运维水平等方面还很不足，信息化市场混乱，难以实现互联互通，设备状态监测手段不足，故障处理效果欠佳，产业服务体系尚不完善，运维水平较低。

传统风电场中，风电机组、汇集升压站监控系统相对独立，实时监控、在线监测等业务独立，数据信息重复采集。风电场地处偏远且布置分散，未形成统一集控局面，风电场与集团总部、区域之间严重脱节，集团总部和区域的技术人员不能远程直接参与风电场的故障判断和检查，难以为现场提供强有力的技术支持。在运维管理方面，我国传统风电场缺乏系统的、预见性的设备管理和运维体系，主要依靠现场人员判断和处理机组故障、检查和排除安全隐患，存在着运维策略后置、检测系统缺失、分析方式落后、维护执行不到位的情况。

因此，为加速风电基地建设，构建以新能源为主的新型电力系统，迫切需要深入了解传统风电场的痛点和难点，对传统风电场自动化系统、在线监测系统及其运维模式进行针对性研究和分析，探索出解决方案，提前规划新型的智慧风电基地。

2.1 自动化系统

典型的风电场自动化系统由风电机组、箱式变压器、风电场汇集升压站的控制保护设备以及测风塔远程接口、各服务器、工作站和网络设备等组成。近年来的风电场多按照"无人值班、少人值守"的运行方式设计，典型的风电场自动化系统由风电机组监控系统、箱式变压器监控系统和风电场汇集升压站综合自动化系统构成，各监控系统的网络结构采用分层分布开放式网络结构。

1. 风电机组监控系统

风电机组监控系统广泛采用数据采集与监控（supervisory control and data acquisition，SCADA）系统，由风电机组集中监控系统、风电机组现地 PLC 监控系统和光纤环网构成。风电机组 SCADA 系统均为风电机组厂商自主研发的产品，国内外有不少风电机组厂商拥有风电机组 SCADA 系统成熟产品，如金风科技的能巢能量管理平台、远景能源的 Envision 平台、上海电气风电集团的风云系统、国电联合动力技术有限公司的 UP－Wind EYE 智慧风电场服务系统、明阳智慧的风场管理系统等。风电机组 SCADA 系统由风电机组厂商成套提供，不兼容其他厂商的风电机组，因此，同一个风电场存在多种机型、多套风电机组 SCA-

DA 系统同时运行的局面，运行过程往往需要 AGC、AVC 环节对多套风电机组 SCADA 系统协调控制。另外，风电机组 SCADA 系统多采用 RS485 接口与汇集升压站监控系统进行通信，并统一通过汇集升压站调度数据网接入设备，共同接受电网调度部门的统一管理。

风电机组典型自动化系统网络结构示意如图 2-1 所示。

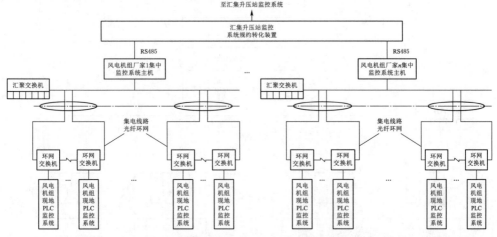

图 2-1 风电机组典型自动化系统网络结构示意图

2. 箱式变压器监控系统

箱式变压器的监控模式主要包括硬布线方式、共网方式和独立组网方式三种。

硬布线方式是采用电缆硬接线的方式，将箱式变压器的故障信号，如熔断器熔断、油位异常、瓦斯动作、温度报警、压力异常等信号以及断路器位置，通过电缆接线接入风电机组现地 PLC 监控的 I/O 回路，再通过光纤环网接入风电机组集中监控系统。该方式下，箱式变压器是作为风电机组监控下的一个子系统，接受风电机组集中监控系统的统一管理。网络结构示意如图 2-2 所示。

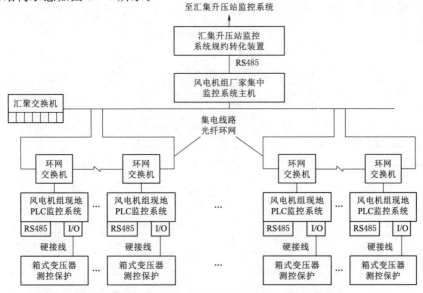

图 2-2 箱式变压器硬布线方式网络结构示意图

　　共网方式是基于箱式变压器设有保护测控装置前提下，通过保护测控装置的数据通信接口（一般多采用 RS485 接口）与风电机组现地 PLC 监控系统进行数据通信，实现风电机组监控对箱式变压器的统一管理，其网络结构如图 2-3 所示。

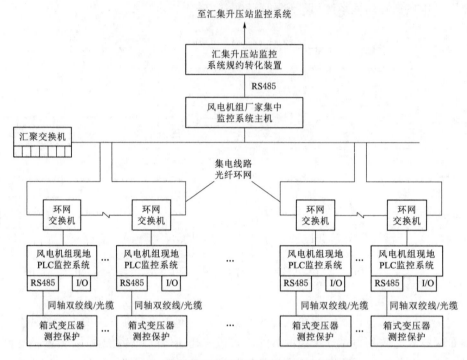

图 2-3　箱式变压器共网方式网络结构示意图

　　独立组网方式也是基于箱式变压器设有保护测控装置前提下，通过每台箱式变压器通信接口，采用光纤介质组成独立于风电机组监控的光纤环网，设置箱式变压器专用的光纤网络和站控层服务器，其网络结构如图 2-4 所示。

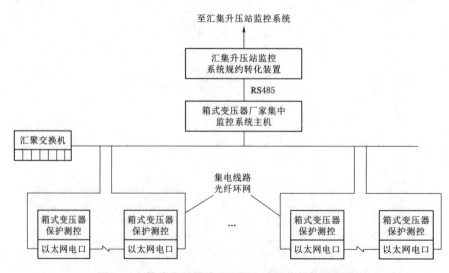

图 2-4　箱式变压器独立组网方式网络结构示意图

3. 风电场汇集升压站综合自动化系统

风电场汇集升压站均采用综合自动化系统，包括计算机监控系统、继电保护及安全自动装置系统、控制电源系统、图像监控系统和火灾自动报警系统等。综合自动化系统配置有先进的计算机设备、网络设备，通过规约转换装置接收风电机组和箱式变压器数据信息，并将其生产数据信息和汇集升压站数据信息统一上送电网调度部门，接受电网统一调度管理。风电场汇集升压站大多采用国内主流厂商自主研发产品，如南京南瑞继保电气有限公司、国电南京自动化股份有限公司、许继电气股份有限公司、北京四方继保自动化股份有限公司等的产品。

汇集升压站典型自动化系统连接如图 2-5 所示。

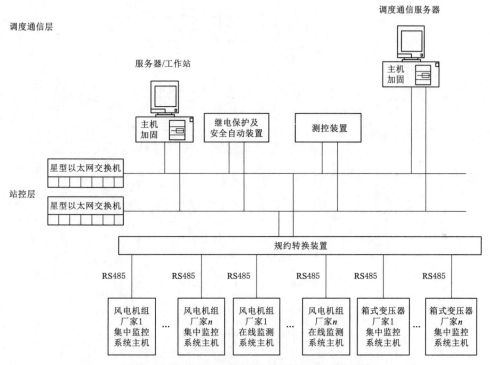

图 2-5　汇集升压站典型自动化系统连接示意图

综上所述，传统风电场自动化系统采用计算机监控系统实现对风电机组、箱式变压器及汇集升压站设备的监视、测量、控制，并具备遥测、遥信、遥调、遥控功能，具有与调度管理部门交换信息的功能，网络结构包括汇集升压站监控网络、风电机组监控网络和箱式变压器监控网络三部分。其中，汇集升压站监控网络结构采用标准的 TCP/IP 协议，由站控层和间隔层网络构成，采用双星型以太网结构、100Mb/s 传输速率；风电机组、箱式变压器监控网络利用风电场光纤通道，采用环形以太网结构，网络速率采用 10Mb/s 或 100Mb/s 自适应方式。风电机组 SCADA、箱式变压器监控系统与汇集升压站监控系统通过规约转换装置进行通信。另外，汇集升压站在线监测系统和风电机组在线监测系统为独立系统，箱式变压器均未设置在线监测系统。在线监测与监控系统相互独立。

传统风电场自动化系统典型网络结构如图 2-6 所示。

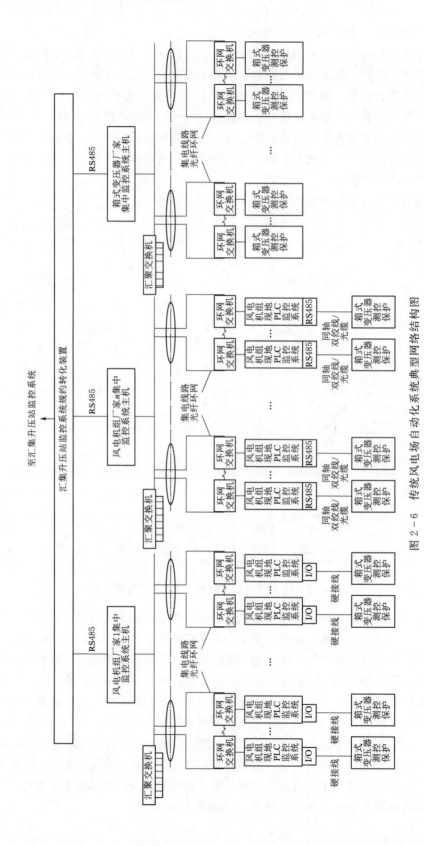

图 2 - 6 传统风电场自动化系统典型网络结构图

从图 2-6 可以看出，风电机组 SCADA、箱式变压器监控系统和汇集升压站综合自动化系统相互独立，依赖于硬接线、RS485 通信方式实现数据通信；汇集升压站综合自动化系统对汇集升压站内设备运行工况、生产过程的数据能够全面完整采集，但限于风电机组厂商数据开放性不够、箱式变压器通信规约标准性不足的现状，很难实现由汇集升压站综合自动化系统对场区风电机组、箱式变压器和汇集升压站设备运行工况、生产过程的数据信息进行全面、完整的采集，难以满足远方对风电场统一监控管理的要求；汇集升压站电气设备配置有基本的状态监测元件，状态数据能够采集至综合自动化系统，虽然风电机组状态监测元件也有所配置，但其状态数据仅部分开放，不能满足风电场远程诊断的基本数据要求。

2.2　在线监测系统

我国风电基地的发展实践表明，风电机组传动链部件（转轴、齿轮箱与发电机）产生的故障虽然较电气控制系统等产生的故障概率要低，但是传动系统的维修费用占到了整个风电机组维修费用的约 80%。由于风电主要运行部件都在较高的塔顶机舱内，而发电机轴承等小部件在机舱内就可以更换，因此，如果能够提前检测出类似发电机轴承这类小部件的故障并及时更换，避免引起大型部件的损伤，不仅可节约风电机组维修费用，还能提高机组利用率。

早期传统风电场主要是针对风电机组中的关键运行参数进行监测，多采用振动监测方法，技术手段有离线式振动监测与在线式振动监测。随着国内风电行业对振动监测的日益重视，每台机组出厂前都会增设振动在线监测系统，风电机组厂商成套提供。机组振动在线监测装置利用风电场光纤环网，接入在线监测后台服务器，经规约转换后，采用 RS485 通信接口与汇集升压站进行通信，传统风电机组振动监测系统组网如图 2-7 所示。

汇集升压站一般按照规模、电压等级、变压器（电抗器）容量，根据需要配置变压器、电抗器油中溶解气体在线监测、GIS 气体密度微水在线监测等装置。汇集升压站在线监测系统组网如图 2-8 所示。

箱式变压器、风电基地集电线路目前均未配置在线监测装置。

传统风电场机组振动在线监测系统和风电机组 SCADA 系统相互独立，风电机组振动在线监测系统很难获取机组运行数据，难以为建立丰富、智能的模型提供有力的数据支撑，难以有效提升风电机组振动在线监测系统精确度，同时，风电机组振动在线监测与汇集升压站在线监测相互独立运行，不同系统或装置拥有独立的数据采集单元，数据通信协议、功能和接口形式多样，缺乏统一规范，造成系统互操作困难以及数据无法共享；不同厂商、不同设备的在线监测系统，其数据分析与故障诊断软件系统相互独立，难以对各设备的运行状况进行关联分析和统一管理，现实中更多依靠线下人工分析；风电机组在线监测仅设置振动在线监测，缺乏对叶片、塔筒、螺栓等的有效监测手段，因而难以对风电机组进行全面且准确的状态监测和故障诊断；加之风电机组运行环境复杂，同样机型在同一个风电场中布置位置不同，地形条件的差异和运行工况的差异，使得通用的模型很难广泛适应大基地所有风电机组，而风电机组振动在线监测系统很难实现针对性的模型优化和升级，很难实现对其他领域相关知识积累的应用和共享。

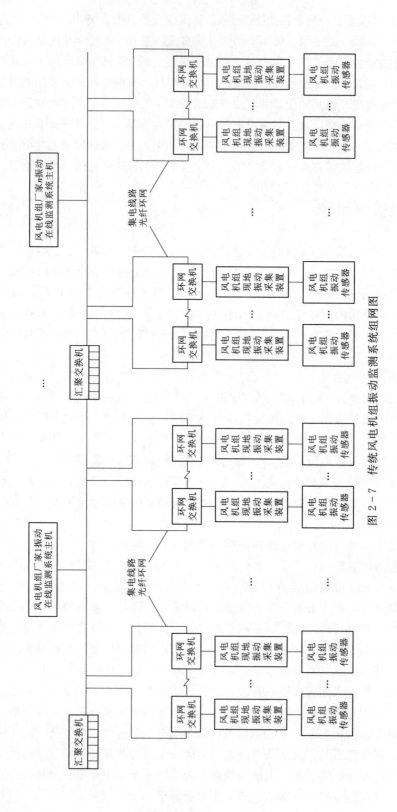

图 2 - 7   传统风电机组振动监测系统组网图

汇集升压站电力设备众多,不同设备厂商的在线监测系统繁杂,总体水平参差不齐,且各系统之间无法互相兼容,设备及系统的维护成本比较高,维护的难度也很大。目前,汇集升压站设备的在线监测系统都有独立的数据采集单元、数据处理单元以及后台监视单元,分散放置,没有一个统一的后台系统,使得同一个汇集升压站内的多套在线监测需要巡视、维护,工作量大、效率低、成本高。

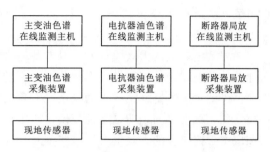

图2-8 汇集升压站在线监测系统组网图

综上所述,传统风电场在线监测系统存在着几个普遍问题:一是缺少对风电机组、箱式变压器、汇集升压站和集电线路在线监测整体系统架构的规划,难以规范行业技术、充分发挥新技术引领的作用;二是限于经济因素,风电机组、箱式变压器、汇集升压站和集电线路在线监测配置全面性不够,特别是关系到风电设备寿命、运行隐患的关键部件缺乏有效的、系统的监测,监测的缺乏或不到位,导致运行阶段对设备状态了解不足,难以支撑高级智能应用的需求;三是风电机组在线监测与其他系统存在信息孤岛,信息难以共享,对其他机型适用性相对较弱,准确度不高;四是风电机组在线监测系统缺乏关联性分析手段,对现有监测数据的运用和分析不够,难以针对不同工况运行机组进行模型调优,从而得出较为精确的诊断结论。

2.3 运维模式

2.3.1 运维管理模式

传统风电场的运维管理模式主要有运检合一、运检分离、运检外委模式。

1. 运检合一模式

运检合一模式是指风电场运检人员同时负责风电场运行、检修工作,风电场运检人员由场长管理。该模式对运维人员综合能力要求高,要求现场人员具备倒闸操作、设备运行参数及告警信息监视、风电机组运行数据统计与分析、设备巡检、异常故障处理、风电机组定检、风电机组维护、设备异常状况分析、变电设备维修的能力。该模式特别适合风电场机型少的风电企业。

伴随风电场规模的不断扩大,风电企业机构过多、人力资源需求过大的问题日渐凸显。为提高企业劳动生产率,该模式必然由单一风电场运检合一模式向着区域级风电场运检合一模式过渡,即以风电基地为单位,进行区域集控,现场"无人值班、少人值守",由区域级的运检队伍专门负责基地运行维护检修工作。

2. 运检分离模式

运检分离模式是指运行人员负责风电场运行检查和现场复位及其他基础性管理工作,检修人员负责风电场检修工作的一种模式。运检分离又可分为风电场级运检分离和区域级运检分离:风电场级运检分离指在一个风电场内分为运行班组和检修班组;区域级运检分离指风电场运行工作由风电场自行开展，检修工作可以由企业建立的区域级检修队伍进行。

随着风电基地的大规模开发，风电基地运维难度较早期运维难度愈发加大：一是基地场址条件愈发复杂，使得设备运行条件更为复杂；二是风电机组单机容量更大、塔筒高度更高，机型更为丰富、结构更为复杂；三是汇集升压站电压等级更高、集电线路更长、设备相互关联程度更高；四是基地规模快速增长，带来的备品备件、库存等各种物资管理维度和成本管控难度的大幅提升，这些都对运检工作提出了更高的技术要求。

因此，运检分离模式亟须进行技术创新，减小管理难度、提升管理效率。

3. 运检外委模式

运检外委模式是当风电企业自身检修力量不够，而将运检工作委托给专业的公司进行的模式。该模式多指风电企业与风电机组厂商或第三方签订运检合同，由风电机组厂商或第三方负责风电场运行维护和检修工作。

该模式下，风电企业技术监督和运维工作完全依赖于外委单位，生产指标统计准确性和分析深度受影响。未来大基地建设过程中，需要采取技术更新，使得运检外委模式下，不影响企业技术监督、生产对标。

2.3.2　维修策略模式

1. 传统工业设备维修策略

（1）事后维修（breakdown maintenance，BM），就是当设备发生故障或者性能低下时再进行修理，其特点充分地利用了零部件或系统部件的寿命，但事后维修是非计划性维修，适合于辅助作业线的简单设备。

（2）定期维修，又称预防维修（preventive maintenance，PM）或生产维修，是指根据设备的运转周期和使用频率而制定的提前进行设备现状确认的维修方式。

（3）全员生产维修（total productive maintenance，TPM），是指以达到设备综合效率最高为目标，以设备一生为对象的全系统的预防维修，是日本于 20 世纪 60 年代引进了美国的维修预防、可靠性工程、维修性工程和工程经济学后，形成的在设计阶段考虑设备的可靠性、维修性、经济性的生产维修。

（4）状态检修（condition based maintenance，CBM），又称视情维修，是指根据先进的状态监测和诊断技术提供的设备状态信息，判断设备的异常，预知设备的故障，在故障发生前进行检修的方式，即根据设备的健康状态来安排检修计划，实施设备检修。

（5）风险维修（risk based maintenance，RBM），是基于风险分析和评价而制定维修策略的方法。风险维修也是以设备或部件处理的风险为评判基础的维修策略管理模式。

2. 风电机组维修策略

风电场运行环境恶劣，常常伴有高温、高寒、风沙、潮湿、盐雾等环境，且风电机组结构复杂、负荷变化频繁。因此，风电设备运维是一项系统而复杂的工程，与传统工业设备运维方式有较大差别。

风电机组维修主要指风电机组的定期检修和日常维护。

（1）定期检修是指按照风电机组的技术要求，根据运行时间对风电机组进行定期的检修、保养等，一般按运行时间指定定期检修计划，如 3 个月、6 个月、1 年……定期检修工作内容相对比较固定，一般都有比较标准的程序和要求。

（2）日常维护指故障处理与巡检。故障处理主要是对设备故障进行预判、检测、消除等，没有固定的工作内容，该项工作技术含量高，故障处理的效果直接影响设备的正常运行。巡检是指在日常维护中对设备进行定期巡查，大约 1 个月或 2 个月一次，主要内容包括检查小型连接件松紧度，传感器检测，观察油位、压力、运动件磨损情况，检查电缆布设、部件声音、风电机组内部气味等。

另外，大部件的更换主要包括叶片、齿轮箱、电机、电控柜等大型设备的更换，一般都需要大型、专业的设备，具体工作需要具备相关资质的专业人员进行，目前这部分工作大多由专业公司承担。

特定部件的检修主要指一些集成或专业部件，如叶片、齿轮箱、电机、变频器等的检修，这些往往需要部件生产厂商负责检修，需要专业人员和设备，目前不论是风电机组设备厂商还是风电运行方都不直接参与该工作。

2.3.3 运维管理模式分析

我国风电起步较晚，同时工业制造水平也落后于世界先进水平，相比较于欧美风电技术发达、风电设备运维成熟的国家，我国风电设备的运维还存在一定的差距，缺乏系统的、预见性的设备管理和运维体系。目前我国风电场更多的是在借鉴火电厂、水电厂的运维管理模式，缺少针对风电基地的专业化、标准化、信息化和智能化的统一运维管理模式。分析其原因，主要有以下三个方面：

（1）运维策略后置。现阶段我国风电主要的运维策略是定期检修和日常维护相结合，即除了规定的检修外，等到设备出现故障了再进行处理。从设备运行管理角度来说，这是运维的初级阶段，将设备的维修工作主要集中于设备故障后。一是因为我国装备制造状态监测水平较低，分析和诊断能力不足；二是因为我国风电技术大多来源于引进，对核心技术的掌握不够；三是我国风电行业对运维投入不够也是主要因素。

（2）维护执行不到位。风电设备处于恶劣环境、高温、运动状态下，设备需要定期进行维护。目前各大风电设备制造商都制定了设备维护方案，但方案的制定缺乏科学性，缺乏对设备寿命、风险、发电量的综合考量。同时受制于人、财、物等成本考虑，一些运维没有按照方案执行。此外，部分运维人员技术能力、责任心不够，也导致设备维护执行效果受到影响。

（3）系统管理全局性把控缺失。目前风电运维仍然停留在单一风电场运行环节和设备维护层面，并未涵盖采购、制造、施工、备品备件供应、技术支持、培训等一系列活动，也未涵盖从风电场现场运行设备到相关所有人员、物资、安全的统筹管理，并未考虑到从每个风电场到区域集控统一调度，再到集团化统一分析全方位的优化管理，局限性还很大。

基于现有运维模式的现状、问题和基地开发需求，未来大规模开发风电基地的运维管理体系建设应特别注意以下四个方面：

（1）提升风电设备的检测和监控能力。检测和监控是风电运维的"眼睛"，只有对风电设备的各部件的运行状态和数据进行了全面、合理的监控，才能及时了解风电机组及部件的运行参数，从而对风电机组进行综合评估。重点做好关键部件的状态监测，如发电机、齿轮箱、轴承、变频器、叶片等，采用先进的检测设备和方法，提高监测精度等。

（2）提高软件和数据的分析水平。在强化监测数据采集的同时，做好数据的分析工作，着力推动建立大数据分析系统，开发先进的分析软件，探索寿命管理、可靠性分析方法，从设备的设计、制造阶段就建立起数据管理、风险评估等机制，将运行维护检修纳入到整个风电设备的全生命周期予以考量。

（3）建立科学的运维管理体系。建立更加注重经营管理和风险管控的全新管理模式。在运维过程中通过数据驱动、智能协同、智能决策，更加注重运营管理与效益、生存与发展等根本性问题；围绕风险管控，通过建设自动识别、智能联动的管控体系，实现风险识别自动化、风险管控智慧化。运维管理体系智慧化，就是要求信息技术、工业技术和管理技术融合，实现管理层级更加扁平，机构设置更加精简，机制流程更加优化，专业分工更加科学。

（4）积累数据分析和问题判别的经验。在日常的运维中注重经验的积累，要做好数据的收集工作，同时做好分析过程的记录，将设备问题与解决方案作系统对比，积累经验。

2.4 小结

本节分别从传统风电场的自动化系统、在线监测系统、运维模式三个方面，对传统风电场风电机组、箱式变压器、汇集升压站监控系统、在线监测系统的系统构成、网络结构、运行方式以及传统风电场运维管理进行了介绍。通过我国风电基地十几年的运行实践，分析了传统的自动化系统、在线监测系统、运维模式对于未来基地大规模发展中不适用的方面，总结出风电基地自动化体系未来的发展思路。

第 3 章
风电基地跨域协同智慧体系架构

3.1 技术背景

构建以新能源为主体的新型电力系统,需要不断采取技术创新,提升发电稳定性和经济性。然而,传统风电场自动化和信息化系统距离智慧化程度存在较大差距:

(1)传统自动化系统结构缺少完全开放的一体化系统,难以实现对风电机组、箱式变压器和汇集升压站的统一管理,难以实现数据价值和业务交互。

风电机组的数据采集、处理、上传及控制指令的下达均通过风电机组厂商提供的风电机组集中监控系统实现,而该系统相对封闭,仅将部分数据信息送至汇集升压站监控系统。

为解决这一问题,一方面需要风电机组集中监控系统采用标准开放的通信体系、完全开放其数据接口,开放完整的风电机组运行数据;另一方面需要第三方的监控厂商提供一个完全开放的交互平台,供各设备厂商基于该统一平台进行业务交互、挖掘数据价值。

(2)传统自动化系统软硬件结构及技术体系缺少对风电基地场群复杂设备的综合管控能力。

传统风电场自动化系统难以实现对风电基地场群风电机组、箱式变压器和汇集升压站设备的集中管控和状态检修,其关键在于,面对广域分布、庞大的监控对象时,传统工业控制技术难以有效处理硬件的弹性扩展、大量异构数据和异构计算以及信息孤岛等问题。

为解决这一问题,借助信息化领域技术,将"云大物移智"在电力行业中融合应用,通过构建电力上云架构,解决大数据的采集、存储和处理问题,并基于大数据分析充分挖掘数据价值。

(3)在传统风电场自动化系统结构基础上,无法发挥集团总部管理经验,管理模式只能限于风电场独立管理,缺少系统整体管理的能力。

解决这一问题的思路是从顶层设计上对风电场层级、区域集控层级和集团管控层级做顶层统一规划,搭建能够适应这种高度分散性和重复特点的自动化体系架构,形成分散与集中结合,即"边缘+云"的分层次跨域协同开放架构。

由此,提出风电基地跨域协同智慧体系架构模式。

3.2 总体框架

风电基地智慧体系是一种全新的纵向分层、横向分区的概念。

风电基地管控对象数量众多，分布较广，传统的分散式管控模式耗人耗力，难以形成资源的集约化，每个风电场的应用软件重复开发，不能通过对比分析进行优化，难以适应风电企业不同管理层级的实际管控需求。因此，面对具有庞大管控对象、分布广域的风电基地和众多设备厂商、不同管控需求的管理层级，建立从集团到区域、再到场站的分层管控体系架构，部署不同层级管控需求的应用体系，形成全新跨域协同工作模式的纵向分层体系是十分紧迫的任务。

现代风力发电企业管理模式已经从粗放式管理模式发展为精细化管理要求，风电基地智慧体系的目标较传统风电场已经升级，不仅仅限于实时生产环境下设备的监控，还需要侧重满足现代企业管理要求，实现生产管理系统自动化、具有智能决策的检修和提供优化的运维策略。因此，风电基地亟须建立具有多种管理业务应用的生产管理以及智能分析系统，并能够打通生产环节和管理环节的壁垒，用以指导生产，这已成为目前行业发展的必然选择。为此，体系构架需建立具有智能决策功能的分析系统，该系统不能影响实时控制领域的可靠性和实时性，但又不能完全独立于实时控制领域，它的分析均基于来自生产现场的实时数据，并且输出的分析结果也应该用于指导实时生产。因此，构建的分析系统应基于一体化的结构体系进行开发，整体架构应该是横向分区的，分为控制大区和运维平台。

风电基地智慧体系应建立各类高级智能应用，这些都需要建立在大量生产现场数据基础之上，区别于传统风电场少有智能应用和单一的业务类型，风电基地智慧体系将兼容众多不同厂商、不同业务的应用软件，在结构上必然是资源共享和交互操作的开放标准的平台架构，最终消除通信异构和信息孤岛。

这种有大量分析和跨集团、跨区域的分布结构也决定了必然采用大数据、云平台的分析体系架构，这也是行业上的发展趋势。

风电基地智慧体系应能够与电网友好互动，在汇集升压站的体系架构上采用较成熟的智能变电站体系架构，并均基于 IEC 61850 进行构建，风电场内部也应该能够与汇集升压站进行透明互动。

风电基地智慧体系的分布式架构体现在分布式计算、分布式存储、分布式调度，以满足风电基地大数据、资源弹性可扩等要求，这也是区别于传统风电场的关键环节。

基于上述的分析，提出风电基地智慧体系"五层四网"架构。

3.2.1　纵向分层

风电基地智慧体系架构在逻辑上由集团管控层、区域集控层、场站层、场站间隔层和现地过程层构成，总体架构如图 3-1 所示。

1. 集团管控层

集团管控层主要指各企业集团级的管控部门，其主体架构示意如图 3-2 所示，逻辑上由基础设施层即服务（infrastructure as a service，IaaS）、平台组件层即服务（platform as a service，PaaS）和应用部署层即服务（software as a service，SaaS）构成，该部分详细内容将在 3.3.1 小节中进行具体阐述。

集团管控层通过部署统一的集团级云平台，提供跨域协同的管控模式，支持集团内各

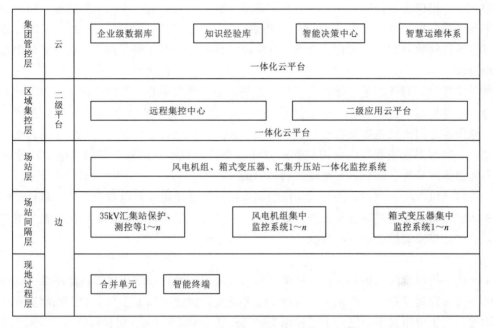

图 3-1 风电基地智慧体系总体架构示意图

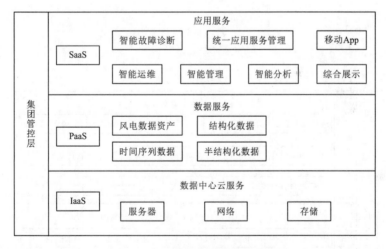

图 3-2 集团管控层主体架构示意图

级单位之间从数据到业务、再到应用方面的深度共享和深度交互。基于跨域协同一体化云平台，可以按照统一的数据标准模型形成企业级的数据资产，最大程度挖掘数据价值；可以按照集团管控、区域集控不同要求构建共享业务的集团化统一部署和边缘侧业务的二级应用部署，最大化体现业务应用价值和提升运维效率，最优成本控制 IT 资源和软件开发费用，最小周期实现业务上线，应用模式最为灵活。

集团管控层基于跨域协同一体化云平台，负责集团层级的决策智慧服务，通过构建企业集团级的云，集中部署风电智能预警、故障诊断等各类高级智能应用，实现多种智能技术在风电行业的集成应用、资源的集中管理、模型的集中训练、应用的集中研发和知识的集中积累，提供统一访问管理、统一数据管理、统一开发环境、统一运维管理，同时对区域集控二级应用云平台提供 API 接口、提供决策支持。集团管控层的任务是实现智慧发展，要求持续学习、持续优化，分类、分阶段指导风电智慧发展。这一层级与区域集控可异地部署。

集团管控层的核心是一体化云平台，它是一个集数据中心、智能应用于一体的软硬件集合，硬件包括各数据服务器、应用服务器、大数据计算节点和管理节点服务器、交换机、路由器等网络设备以及对时系统、电力二次系统安全防范设备等；软件包括云平台管理软件、大数据管理软件、商用数据库软件以及各类智能应用软件，如风电智能诊断系统、智慧运维系统、综合展示系统、移动 App 等。

与传统风电场不同，集团管控层的数据价值和智能决策是风电基地智慧体系特有的架构和功能体现，它通过对各类数据及信息的分析，自动给出运维及决策建议，指导生产运维，这也是集团管控层的核心特征。

2. 区域集控层

区域集控层指区域中心远程集控系统和二级应用云平台，其主体架构如图 3－3 所示，整体分为远程集控和二级应用云平台两个业务类型，集控逻辑上由采集层、控制层和通信层构成，二级应用云平台逻辑上同样由 IaaS 层、PaaS 层和 SaaS 层构成，其中 SaaS 层根据区域集控层的实际需要设置，应用上与集团管控层不做重复设置。

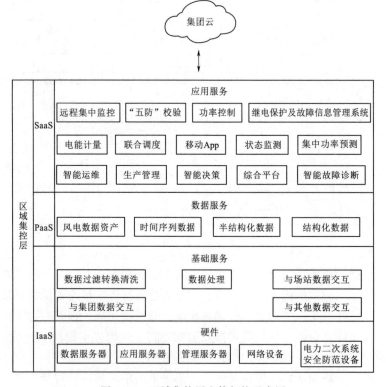

图 3－3　区域集控层主体架构示意图

区域集控层通过部署风电场的远程集中监控、集中功率预测、电能计量、"五防"校验、功率控制、继电保护及故障信息管理系统、状态监测、火灾自动报警等应用,来实现风电机组、箱式变压器、汇集升压站一体化远程监控和"无人值班、少人值守"风电场运行模式;通过部署轻量级的集团管控云平台的二级应用平台,建立标准、统一的综合数据中心,用于集中控制系统内、外的信息共享及交换,实现本地化的数据治理、高级智能软件的二级应用和实时业务响应。

区域集控层是风电基地的远程监控中心、数据存储和管理中心、基础支持中心、集团管控层云平台的二级应用中心和对外信息发布中心,负责全业务流程的管理,包括远程集控、数据建模、信息处理与分析、对外通信、服务发布、人机界面等,覆盖数据层、应用服务层、人机界面等多层应用,为各层应用提供基础支撑。

区域集控层实现对场站所有生产运行过程中各类实时和非实时应用的集成,并提供统一的数据存储、系统管理、数据分析、图形展示功能支持,涵盖自动化生产运行各环节,且各类应用集成间可进行信息交互与共享,在各类应用之间形成统一分布、互相协调、数据和应用共享的一体化自动化系统平台。

从应用功能的角度上讲,区域集控层主要侧重于实时监控、非实时业务应用、与集团管控层云平台的交互,并且在集团管控层统一的模型规范以及服务应用框架的基础上,通过设计规范的交互协议,实现业务的二级应用以及标准的第三方通信数据交互接口,保证后续业务的可扩展性。

区域集控层二级应用云平台实现遵循面向服务的软件体系架构(service oriented architecture,SOA),采用分布式的服务组件模式,提供统一的服务容器管理,具有良好的开放性,能很好地满足系统集成和应用不断发展的需要;层次化的功能设计,能有效对数据及软件功能模块进行良好的组织,对应用开发和运行提供理想环境;针对系统和应用运行维护需求开发的公共应用支持和管理功能,能为应用系统的运行管理提供全面的支持。

区域集控层的核心是集控和二级应用云平台的搭建,涵盖计算机监控、继电保护及故障信息管理、状态监测、集中功率预测、电能计量、火灾自动报警等专业领域的业务以及区域级数据中心的软硬件集合,硬件包括各数据服务器、应用服务器、大数据计算节点和管理节点服务器、交换机、路由器等网络设备以及对时系统、电力二次系统安全防范设备等;软件包括远程集中监控、继电保护及故障信息管理系统、状态监测、集中功率预测、电能量计费等业务软件以及云平台管理软件、大数据管理软件、商用数据库软件等。

与传统风电场不同,区域集控层的远程集控和全面统筹是风电基地智慧体系特有的架构和功能体现,它通过对各类专业领域的业务应用和对集团管控层各类高级智能应用的二级应用,实现业务与信息的融合,实现真正意义的"无人值班、少人值守"运行方式,提供全面分析、全面统筹、对上对下的系统连接,这也是区域集控层的核心特征。

3. 场站层

场站层指涵盖风电机组、箱式变压器、汇集升压站的一体化监控系统的站控层级,其逻辑架构如图3-4所示。场站层整体由生产控制大区和管理信息大区构成,站控层具有与区域集控通信的能力。

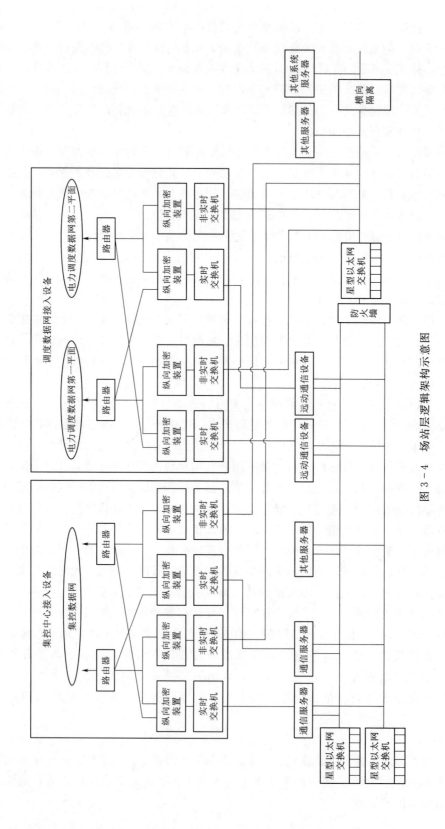

图 3 - 4 场站层逻辑架构示意图

场站层主要完成场站数据采集、处理、存储、AGC/AVC等控制功能和监视功能、与上级调度部门和与区域集控层的通信功能或根据相关风电企业要求与所属集团管控部门进行通信。场站与区域集控层具备光纤传输通道。

场站层的核心是通过风电机组、箱式变压器、汇集升压站一体化监控平台的搭建，实现对不同厂商风电机组、箱式变压器、汇集升压站的统一管理，业务涵盖计算机监控、继电保护及故障信息管理系统、状态监测、集中功率预测、电能计量、火灾自动报警等领域，硬件包括应用服务器、调试工作站和交换机、路由器等网络设备以及对时系统、电力二次系统安全防范设备等；软件包括计算机监控、继电保护及故障信息管理系统、状态监测、电能量计费等业务软件等。

与传统风电场不同，场站层基于 IEC 61850、IEC 61970 - 25 的一体化监控是风电基地智慧体系特有的架构和功能体现，它通过采用开放的标准体系建模及通信，实现不同厂商的数据通信，消除信息孤岛和数据异构，为站控层数据交互、为区域集控层和集团管控层进行全面分析提供一个便利的平台，这也是风电基地智慧体系场站层的核心特征。

4. 场站间隔层

场站间隔层指风电机组监控、箱式变压器监控和汇集升压站的测控保护设备连接的网络层级，其逻辑架构如图 3 - 5 所示。

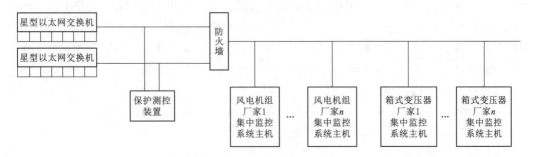

图 3 - 5　场站间隔层逻辑架构示意图

场站间隔层主要完成就地监控功能，包括风电机组、箱式变压器、汇集升压站主设备的监视、控制和保护，负责采集本间隔实时数据信息，实施对一次设备保护控制功能，实施本间隔操作闭锁功能，对数据采集、统计运算及控制命令的发出具有优先级别的控制，具备承上启下的通信功能，实施风电机组和箱式变压器的实时控制等。

对于汇集升压站，场站间隔层设备包括测控装置、保护装置、故障录波、电能计量装置等二次设备；对于风电机组，场站间隔层设备主要指风电机组集中监控设备；对于箱式变压器，当独立组网时，场站间隔层设备主要指箱式变压器的集中监控设备。

其中，风电机组与智能汇集升压站不同，风电机组发电单元功能结构要求设置有变频器、消防、辅控、测风系统以及风电机组主控等自动化子系统，根据这些系统的具体控制要求、功能实现方式和行业应用现状，在场站间隔层体系结构中划归时，如若将风电机组发电单元风电机组主控均作为场站间隔层设备，虽实现了分布式的功能结构，但受基地多种风电机组集中监控业务功能的限制，这种方式有可能对现有风电行业监控系统是一种颠覆性的变化，软硬件上均需要进一步开发。因此，将风电机组集中监控作为场站间隔层设备，所有风电机组的上送信息均需经过风电机组集中监控装置。

5．现地过程层

现地过程层指现地设备的网络层级。

现地过程层主要负责风电机组、箱式变压器和汇集升压站现地生产过程的测量、控制、保护、计量、状态监测及其信息数据的采集、分配、变换和传输。

对于汇集升压站，现地过程层设备包括合并单元、智能终端等设备，主要实现对现地设备的数据采集和控制命令的执行等，包括实时运行电气量和非电气量的采集、设备运行状态的监测、控制命令的执行等。

对于风电机组，风电机组主控均就地布置于风电机组塔筒内部，现地过程层设备以风电机组主控、变频器、消防、辅控、测风系统等为主，采用内部总线连接方式实现互联，不设置过程层网络。

对于箱式变压器，现地过程层就地化布置测控保护设备，通过传统电磁式互感器、电缆硬布线跳闸，不设置过程层网络。

3.2.2   横向分区

风电基地智慧体系业务领域由生产控制大区业务和管理信息大区业务构成。

生产控制大区由控制区（安全Ⅰ区）和非控制区（安全Ⅱ区）组成。安全Ⅰ区，主要实现对风电机组、箱式变压器、汇集升压站、集电线路的监视、控制和保护，实现一体化远程集控，部署有"五防"校验、功率控制等智能应用；安全Ⅱ区，主要实现主设备状态监测和电能计量、集中功率预测、继电保护及故障信息管理、联合调度。

管理信息大区是生产控制大区以外的管理业务系统的集合。管理信息大区主要部署大数据云平台和智能应用软件，完成运行和管理数据的统一采集、统一处理、统一存储、统一建模、统一服务，实现智慧运维服务的应用。

横向分区主要架构如图3-6所示。

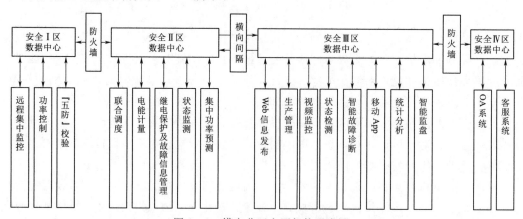

图3-6   横向分区主要架构示意图

（1）集团管控层：作为整个风电基地的智能应用中心，核心功能为智能应用与智能决策，部署跨域协同的一体化云平台，完成实现智慧运维的各种智能应用的统一部署，但不做远程控制，因此不设置安全Ⅰ区和安全Ⅱ区，集团管控层成为完全的管理信息大区，是各类高级智能应用的集中开发平台和数据管理中心。

（2）区域集控层：作为整个风电基地的远程集控中心和二级应用云平台，核心功能包括了安全Ⅰ区、安全Ⅱ区以及管理信息大区的相关业务，因此设置安全Ⅰ区、安全Ⅱ区以及管理信息大区。安全Ⅰ区部署远程集中监控、功率控制、"五防"校验等业务；安全Ⅱ区部署继电保护及故障信息管理、集中功率预测、状态监测、电能量计费、联合调度等业务；管理信息大区作为集团管控层云平台的二级平台，部署大数据和云平台，实现对数据的统一规划和数据服务接入、大数据治理、数据共享服务，具备与集团管控层主平台数据服务接口整合和应用软件交互的功能。

（3）场站层：基于智能发电技术，主要实现设备的自主控制、自主优化、对外部环境的快速反应。在智慧风电基地中，场站层设置可适当简化，主要以支撑区域集控层数据管理和集团管控层业务应用为目的，因此，考虑设置安全Ⅰ区、安全Ⅱ区以及管理信息大区。同样的，安全Ⅰ区部署计算机监控、功率控制等业务；安全Ⅱ区部署继电保护及故障信息管理、集中功率预测、状态监测、电能量计费等业务；管理信息大区主要完成管理信息数据的上送。

（4）场站间隔层及现地过程层：以现地实时生产过程的数据采集和控制指令执行为任务目标，因此仅设置在安全Ⅰ区。

3.2.3 系统网络

1. 集团管控层网络

集团管控层采用全开放的分层分布式以太网结构，设置管理信息大区，管理信息大区划分为生产管理区（安全Ⅲ区）和管理信息区（安全Ⅳ区），这里主要构建安全Ⅲ区网络，其网络传输速率可根据基地规模具体确定。

安全Ⅲ区结合风电基地规模，采用双星型网络结构，以冗余设置的星型以太网交换机构成集团管控层安全Ⅲ区网络，安全Ⅲ区网络对外与区域集控层安全Ⅲ区网络实现互联。

集团管控层与场站的数据交互可以通过区域集控层发送数据至集团管控层。

2. 区域集控层网络

区域集控层采用全开放的分层分布式以太网结构，设置安全Ⅰ区、安全Ⅱ区及安全Ⅲ区，网络传输速率可根据基地规模具体确定。

安全Ⅰ区采用双星型以太网结构，以冗余设置的星型以太网交换机为核心，对外通过数据采集服务器实现与各场站连接，对内通过硬件防火墙完成与安全Ⅱ区网络的连接，其他设备（包括数据库服务器、功率控制服务器、操作员站、工程师站、通信服务器、数据采集服务器等）通过RJ-45接口接入安全Ⅰ区网络。

安全Ⅱ区采用双星型网络结构，以冗余设置的星型以太网交换机为核心，对外通过数据采集服务器实现与各场站连接，对内通过硬件防火墙与安全Ⅰ区网络连接，通过横向隔离装置与管理信息大区网络连接，其他设备（包括数据库服务器、保护及故障信息服务器、电能计量服务器、集中功率预测服务器、通信服务器、数据采集服务器、状态监测服务器等）通过RJ-45接口接入安全Ⅱ区网络。

安全Ⅲ区为生产管理区，同样采用双星型网络结构。以冗余设置的星型以太网交换机构成区域集控层安全Ⅲ区网络，部分数据信息通过安全Ⅱ区与安全Ⅲ区之间的横向隔离装置由安全Ⅰ区、安全Ⅱ区网络送至安全Ⅲ区网络，另外一部分数据由安全Ⅲ区采集服务器直接从场站采集。各管理节点服务器、计算节点服务器和应用服务器、大屏幕监视系统等设备通过 RJ－45 接口接入安全Ⅲ区网络。安全Ⅲ区网络对外与集团管控层安全Ⅲ区网络实现互联通信。

区域集控层通过 IEC 60870－5－104/102 以及其他接口协议实现与所辖场站、汇集升压站以及调度系统的交互。

3. 场站层网络

场站层网络采用全开放的分层分布式以太网结构，设置安全Ⅰ区、安全Ⅱ区及安全Ⅲ区，网络通信协议采用 IEC 61850 标准通信协议。

安全Ⅰ区采用双星型网络结构，以冗余设置的星型以太网交换机为核心，对外通过通信网关机（或通信服务器）实现与电网调度部门、区域集控层的连接，对内通过硬件防火墙完成与安全Ⅱ区网络的连接，其他站内设备（汇集升压站安全Ⅰ区应用服务器和测控保护装置、风电机组集中监控服务器、箱式变压器监控服务器等）通过 RJ－45 接口接入安全Ⅰ区网络。

安全Ⅱ区采用双星型网络结构，冗余设置的星型以太网交换机，对外通过通信网关机（或通信服务器）实现与电网调度部门、区域集控层连接，对内通过硬件防火墙与安全Ⅰ区网络连接，通过横向隔离装置与安全Ⅲ区网络连接，其他站内设备（汇集升压站安全Ⅱ区服务器、风电机组 CMS 系统主机等）通过 RJ－45 接口接入安全Ⅱ区网络。

安全Ⅲ区为生产管理区，采用双星型网络结构，冗余设置的星型以太网交换机，对外通过通信服务器实现与区域集控层连接，对内通过正反向隔离与安全Ⅱ区网络连接，其他设备（包括Ⅲ区 Web 服务器等）通过 RJ－45 接口接入安全Ⅲ区网络。

风电场由风电机组现地 PLC 监控单元连接为若干个光纤环网，与风电机组集中监控构成场站安全Ⅰ区网络，一般为星环耦合结构。

箱式变压器由测控保护装置连接为若干个光纤环网，与箱式变压器监控服务器构成场站安全Ⅰ区网络，一般为星环耦合结构。

4. 场站间隔层网络

场站间隔层设备包括风电机组、箱式变压器和汇集升压站三部分网络。

风电机组间隔层采用光纤环网连接方式与主干交换机进行星型连接。

箱式变压器间隔层采用光纤环网连接方式，然后与主干交换机进行星型连接。

汇集升压站通过网络与本间隔其他设备、站控层设备通信，可传输 MMS 报文及 GOOSE 报文。

5. 现地过程层网络

现地过程层网络完成间隔层与过程层设备、间隔层设备之间及过程层设备之间的数据通信，可传输 GOOSE 报文，仅设置在汇集升压站。

3.3   架构设计

3.3.1   集团管控层

1. 集团管控层的平台能力

风电基地智慧体系架构中，集团管控层设置以跨域协同一体化云平台为核心，部署有各类智能应用的一体化软硬件平台，核心是管理企业级数据资产能力、基于数据挖掘和以AI故障算法为主的故障智能诊断能力。

集团管控层以云计算大数据平台为依托，为设备或系统接入以及智能应用运行提供标准接口，提供模型统一管理、统一服务以及统一界面定制；为企业级的数据资产提供统一的数据管理、部署与访问服务；通过智能报警、智能诊断、智能工单等应用软件赋能平台，逐步构建真正的智能化诊断分析平台，实现数据共享、集中管理与协同互动。

平台基于开源架构实现现场大量异构信息的采集和处理，通过梳理企业设备资产的数据模型关系建立统一数据标准模型，实现企业级数据资产共享，形成企业级数据中心；基于统一的大数据中心构建各类智能诊断算法，进行数据分析和挖掘，实现故障诊断分析，形成以状态监测和故障诊断为核心的业务中心，通过对现场设备状态进行分析诊断，实现设备状态检修，提供优化的运维策略和智能决策支持；通过构建的核心智能应用，对现场设备的运行状态进行健康评估，从而有效触发维护、备件、人员安排、防误闭锁等业务流程，同时基于5G的物联网设备应用，实现现场各场站相关设备之间、设备与运维人员之间的智能联动和快速响应，同时提供各种数据分析功能，为现场运维安全、设备和物料的集约化管理、生产指标分析提供数据支撑的业务决策，实现场站经济安全运行。

2. 集团管控层的实质

少量传统风电场设有集团管控层，但基本都是基于传统风电场监控业务建立监视功能，限于现场生产数据的收集和显示，仅能满足集团对辖管风电场的业务报表功能，且业务报表也更多地依赖人工统计。区别于传统风电场，智慧风电基地的集团管控层将是一个全新构建的企业级的数据信息共享平台和智能分析、处理中心，形成企业级数据中心和业务中心。集团管控层以大数据分布式存储、分布式计算及分布式调度技术、微服务、容器云、开发运营维护（Dev Ops）及低代码开发等先进技术为支撑，构建企业集团级的云，集中部署风电机组等设备智能预警、故障诊断、业务联动等各类智能应用，支持风电企业各级单位进行深度交互，实现数据、应用、管理等信息的交互和业务快速部署及响应。基于集团管控层云平台跨域协同的工作模式，可以为各场站提供智能的运行管理与决策支持。

因此，集团管控层一体化云平台是风电基地智慧体系建设重心和成果的直接体现，是信息共享的综合平台，是综合设备状态因素、电网调度因素、外部气象因素等全面深入分析的应用平台和知识平台，是连接设备、人员、物料、环境多种因素，打通生产与运维业务流程的综合业务应用平台。该平台将是一个不断进行数据积累、不断进行算法优化的自我学习、自我提升的智慧平台，它将基于已有的或不断增加量化的故障案例库、诊断知识库、故障标准库、AI算法模型库，不断积累丰富企业知识资产，使运维体系越来越智慧，运维工作越来越轻松。

3.3.1.1 架构

集团管控层系统平台严格遵循公开的国际标准，实现面向设备对象、具备数据自描述能力的信息建模。系统的分区、隔离及防护遵守电力监控系统安全防护规定要求，具备即插即用的插件式功能组态，并提供统一的应用组件管理。系统采用分布式的应用部署模式，具备开放性和可扩充性，系统架构示意如图 3-7 所示。

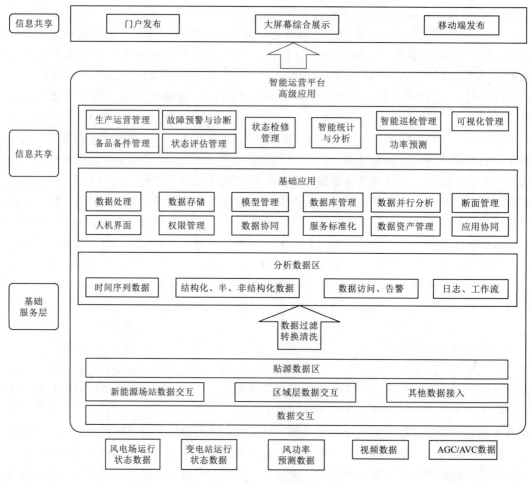

图 3-7　集团管控层系统架构示意图

云平台是一整套复杂的设施及部署在上面的软件，它不仅包括计算机系统和其他配套的设备（例如存储和网络），还包括冗余的数据通信链接设备、环境控制设备、监控设备以及各种网络安全装置。

IaaS 层搭建有数据采集接入服务器、应用和存储服务器、Web 服务器；服务器、工作站均运行在 X86 架构或 arm 架构的 Linux 操作系统上，各应用和存储服务器采用负载均衡器提供服务、各数据采集接入服务器采用集群方式。

PaaS 层提供业务的开发运行环境、API 接口，提高开发效率，融合各类智能应用；融合大数据平台，对 PB 级数据的计算和存储虚拟化，采用融合部署或分离部署方式，提供企业级数据资产共享服务。

SaaS 层提供应用服务，包括风电智慧运维系统等。对于风电基地存在多家业主单位共建模式的问题，通过构建 SaaS 层的服务可以采用租用资源或服务等多种方式为多家单位提供智慧运维服务，这也是对于基地项目应用模式的一种新型应用。

集团管控层网络架构示意如图 3-8 所示。

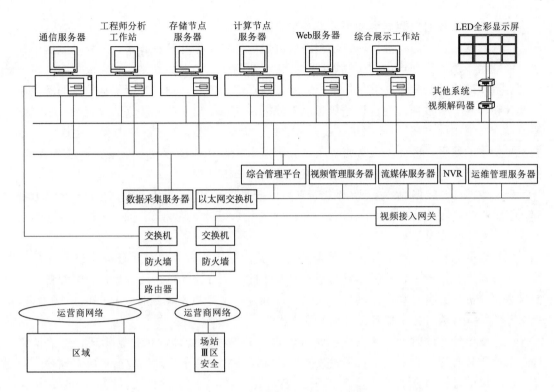

图 3-8　集团管控层网络架构示意图

3.3.1.2　主要基础服务功能

面对海量的实时运行数据以及归档历史数据，对其进行高效的分析处理、压缩、归档；对风电生产运行设备及资源进行统一建模，实现基于统一模型的数据组织与管理；与区域集控层对接，实现数据共享、应用共享和管理的协同。

基础服务就是指为实现这些功能而部署的大数据、云平台应提供的基础工具能力以及对数据资产、高级智能应用的协同管理能力，主要包括数据集成、数据存储、数据计算、数据治理、数据应用、数据分析和运维管理等功能，提供关系数据库、实时数据库、数据分析挖掘服务、工作流管理系统、数据资源管理、数据服务和运维管理一体化平台等功能部件，通过数据集成将下层数据源接入至大数据平台进行数据管理，上层通过数据服务支撑各类应用建设，实现对业务数据统一管理、统一分析、统一应用，支撑业务应用整体情况的全方位展示，以及为智慧应用提供决策支撑。具体要求如下：

（1）数据采集。数据采集支持多源异构数据的分布式采集。通过平台可实现各类接口数据的无缝可视化接入，如关系型/非关系型数据、实时性/时序性数据、各种主流非结构化数据等，并且能针对不同类型的数据提供统一的协议接入、数据清理、数据转换、数据路由、数据入库的处理和编程扩展支持，能针对特定数据提供高速的传输接入支持。

（2）数据存储。可采用不同压缩比的压缩算法对存入的数据进行有效的压缩后存储。实时数据库软件在线采集、存储每个监测设备提供的实时数据，并提供清晰、精确的数据分析结果，便于用户浏览当前生产状况，对工业现场进行及时的反馈调节；历史数据通过建设存储各类信息的关系数据库，主要完成事务型和流程型的业务逻辑，作为标准化模型的实际存储,实现对象数据模型和关系模型之间的映射。

(3) 数据处理。通过数据一致性校验、数据清理、数据筛选等技术,从海量数据中筛选出能应用于运维管理当中的有效数据,并将有效数据处理成标准格式,完成数据的实时清洗和数据的实时处理。能够根据生产、运行和管理的特点,通过分析不良数据的产生原因及存在形式,对数据流的过程进行考察、分析,并总结出一些方法(数理统计、数据挖掘或预定义规则等方法),去除错误或异常数据、无关的数据,将不良数据转化成满足数据质量要求的数据。因此,在解密解压之后,需要按照相应的规则对采集数据进行清洗。同时平台提供实时数据处理能力,支持流式数据的加工处理。

(4) 数据湖及数据沙箱管理。数据资产可以按照业务领域、所有权及用途进行分区域管理。按照业务领域及所有权,可以分为面向风电设备运维的数据湖和面向生产管理的数据湖。

(5) 数据并行分析计算能力。数据并行分析计算能够有效地分解任务,进行并行计算,实现对大数据的有效分析,自动平衡调整并行度,有效优化系统资源;通过配备专业的大数据分析和计算工具,提供自助式的分析服务,来挖掘不同数据项之间的关联关系,提取系统特征参数,并生成各类可视化图文报表。

(6) 数据资产的管理。包括数据标准管理、数据模型管理、元数据管理、主数据管理、数据质量管理、数据安全管理、数据价值管理、数据共享管理、数据集成管理等。

(7) 风电业态数据标准。参照国际电工委员会(IEC)公共信息模型(common information model,CIM)标准,提出数据模型标准,指导大数据平台建设,促进大数据标准化治理与共享。

(8) 数据访问服务。提供各种数据类型的标准访问接口,对外支持各企业如企业资源计划(enterprise resource planning,ERP)等系统数据访问需求,对内支持平台各应用数据使用要求,为基地场站运营管理提供支持,为智能化系统应用提供数据支撑。

(9) 数据协同。标准规则、数据资产目录、数据资产等均应与区域集控中心协同。与区域集控中心之间的大数据传输可采用 Web 服务形式、文件传输服务形式、中间数据库形式,实现两级平台之间的数据订阅分发。

(10) 应用协同。主要实现应用、模型、知识的跨域订阅分发、接收和部署。部署风电智慧运维系统、智能故障诊断系统。为区域集控层二级应用云平台提供风电智慧运维系统、智能故障诊断系统数据和功能接口。

(11) 管理协同。主要实现跨域数据和应用的权限管理、节点管理、调度管理和运维管理。

(12) 服务的标准化功能。服务的标准化功能实施服务标准化建设,包括制定设备编码等规范、大数据平台的数据接口封装服务、应用数据回写服务、标准数据库的导入及关联等。制定设备编码等规范就是指为了实现数据共享,需制定一些标准规范,这是实现数据共享的基础工作,并对应用开发者进行约束和指导,达到整个平台的一致性,方便后期的管理和运维。大数据平台的数据接口封装服务是指大数据平台通过对各种数据的标准化服务封装,实现数据的共享。应用数据回写服务是指大数据平台支持应用系统能够将其生成的需要其他应用访问的数据写入大数据平台,实现此部分数据的共享服务。标准数据库的导入及关联包括建立各类设备的标准数据库、建立设备维护处理指导数据库、建立安全管理系统库、建立与设备厂商的物资管理系统的关联等。例如：根据设备设计资料、出厂资料（试验报告等）、安装调试资料等，建立各类设备的标准数据库；将已有设备维护处理指导意见（包括设备典型维护工作流程、方法、使用工器具、备件材料数据）以标准格式写入平台数据库，并开放给第三方软件方使用；与其他设备厂商的物资管理系统的数据（包括备品备件设备库等）进行关联，及时了解设备厂商物资储备、工器具资源，便于查找场站所需物资；将已有安全管理系统数据（设备设施安全风险预警、安全隐患、安全台账、日常安全工作开展等）以标准格式写入平台数据库。

（13）大数据平台运维管理能力。实现对所有硬件设备节点、所有组件状态、各节点的资源占用情况、各任务进程、任务的完成时间、完成任务的记录、系统故障报警日志的统一管理，实现对所有以上内容的可视化展示，实现对数据安全访问控制，能够提供基于角色的授权以及多用户的管理模式。

3.3.1.3　主要智能应用功能

建立企业级数据资产，提供以大数据预警为核心的预防性维护，建立集团级智能故障诊断系统，确保企业设备的健康高效运转，提升设备 MTBF；提供基地规模的集中功率预测，有效提升预测精度，为企业有效提升发电量；通过 5G 共享基站建设运营模式，可通过共享电力杆塔、变电站 UPS 电源等电力基础设施部署 5G 基站，为电力应用带来 5G 加速度，支持各种智能应用，同时可将 5G 基站运维纳入风电基地整体运维体系中，最终建立"平台＋智能班组终端＋移动 App"的运维管理体系，实现智能监屏、智能巡检、智能两票、智能工单、智能联动、智能告警、可视化智能监视、智能闭环流程管理、智慧移动办公、智能经济运行的分析和指导，实现人员行为及设备管控进行关联的智能安全管理模式；建立企业级的设备资产台账和统一、透明的对标体系的技术管理体系和智能分析系统；从而形成设备运维管理、资产管理、技术管理、人力资源的管理、安全管理和经营等全方位的风电基地智慧运维管理模式。

智能应用就是指为实现这些智能生产运维等综合应用的决策支持服务功能。

1. 运行状态监视功能

可通过 GIS 地图导航方式查询各风电场实时运行、生产等的详细信息，并可查看每台风电机组的运行状态和运行参数。

能够对设备运行状态进行分析和智能告警，实现对大量告警信息及人机界面的智能处理。

能够从集团级不同区域、不同类型场站的实时数据，从场站 PR、场站等效利用小时数、落后风电机组等多个方向呈现场站实时发电情况。

能够从各风电机组、汇集升压站设备、箱式变压器等运行和故障及报警信息状态总览、AGC 状态、AVC 状态、发电量出力总览、风功率预测总览、指标经营分析完成总览等多个维度进行监控。

2. 智能定位管理

通过现场人员定位信息，实现人员行走定位、轨迹追溯、视频实时对讲、误入间隔报警、近电报警、违章行为识别等功能。

智能定位管理能够与智能工单进行关联，当工单办理完成后可向运维人员发送到达工作地点的导航地图，准确指导人员到达现场，行走路线可在平台的电子地图上显示，路线偏离或走错间隔时及时报警提示。

具备与无人机智能管理系统进行信息交互的能力，能够将巡检路线等要求下达给无人机智能管理系统，使无人机根据预定义好的路线进行巡视，在检查过程中如发现缺陷，系统可实时接收无人机回传的结构化、非结构化的各类信号，并可启动缺陷处理流程。

3. 智能安全帽管理

具备与智能安全帽进行信息交互的能力，能够实时采集智能安全帽的所有信息，包括视频、音频、报警、定位等内容；能够与智能巡检和智能工单关联，将运维路线等要求下达给智能安全帽，并根据预定义好的路线进行运维，在检查过程中如发现缺陷，系统可实时接收回传的结构化、非结构化的各类信号，并可启动缺陷处理流程；可实现在大传输技术的支持下，远方视野实时共享、场景电子管控等，大幅提升佩戴者预知、预警和预控安全风险的能力；可与智能安防系统关联，结合场站现地的电子围栏等，实现各方人员的生产过程、安全行为等全方位的风险防控；能够进行模型训练，通过智能安全帽采集的视频、音频等信息对现场设备进行智能分析。

4. 智能巡检机器人管理

智能巡检机器人是融合现有的自动化控制技术、通信技术、定位技术、传感器技术及大数据分析技术等构建的机器人产品，系统包括前端机器人设备、后端计算大脑系统等。智能巡检机器人能模拟人的视觉、听觉、嗅觉等感官功能，实现现场设备设施的图像、声音、温度、振动、气体等信息的感知、分析和传输，具备前端分析处理功能。

能够采集前端异常信息，进行运算分析，并根据分析后的结果将指令下达给智能巡检机器人，大幅提升各类突发事件的分析处理和应急处置能力。

5. 无人机智能管理

设置无人机巡航功能，能够与风电故障诊断系统关联，根据故障诊断所提示的趋势预警，由无人机巡航系统设定航线指定无人机到场站的预警位置附近进行拍照，并够将无人机巡航获得的图片进行图像识别处理，辅助判断设备故障，由系统进行智能分析。

具有图像识别功能，能够将无人机巡航所获取的图像进行整理汇总后，采用图像识别技术对图像进行辨识，通过图像预处理、图像分割、特征提取等技术，将数据传送给平台，平台可共享其数据。

无人机智能管理系统首先需要对风电场微观地形进行三维建模，并对场站风电机组等设备位置进行设置。

在此基础上，具有智能巡检功能，可根据预定航线进行巡检，能达到人工不方便到达的高度和肉眼难以企及的精度进行巡检，并以先进的技术在第一时间发现并准确定位问题。

具有回传图像功能，当发现可疑点时，采集高清画面作为记录。通过高清图像回传，可以准确无误地提供现场数据，也能保存记录到的图像资料，方便后期分析和研究。

具有风电场无人机巡视三维数据采集、建模及设备标注的功能。

6. 智能钥匙管理

智能钥匙采取授权开锁方式，并融入电气"五防"隔离、错误报警提示和使用信息追溯，实现了所有锁具只有在授权后才能按照开启顺序开启和开错锁具报警等功能，有效避免了因开错锁具误操作带来的安全风险隐患，安全生产过程更加高效流畅。

与智能工单等安全管理功能模块互动，拟定的工单将自动关联智能钥匙的开锁范围和开锁顺序，非工作区域的锁具均无法打开，工作区域的锁具不按照顺序操作也无法打开，从技术上真正实现防止误动、误碰、误操作等功能，实现场站钥匙的数字化管控，有效确保员工生命安全和设备安全。智能钥匙能够与移动 App 客户端进行关联，并支持 NFC、RFID 等无线近场通信。

7. 视频监控系统与事件联动服务

视频监控系统与事件联动服务是指，由平台提供统一的视频联动服务，平台提供服务调用、事件触发接口，通过预先进行的联动配置，将热点区域的视频信息推送给平台，平台内部自动关联安防系统、消防系统等，实现在推送的视频小窗上弹出该地点监控画面、监控视频联动抓拍、录像，对现场状况进行记录等功能。

8. 智能安防管理

与场站门禁系统进行关联，具备工单与门禁系统联动功能：在签发操作票、许可工单时自动生成工作区域门禁当日或当前时间段密钥，防止工作人员走错工作区域，工单重新开会生成新的密钥。

建立典型工单库，具备工单与设备实际状态闭锁功能：典型作业、操作自动生成工单，将监控系统开关量与工单相关联，实现工单与设备实际状态互为闭锁功能；建立工单与安健环体系、作业指导书的关联。

与场站视频系统进行关联，具备视频监控智能化功能：实现故障自动画面切换，人员处置（操作）过程全程视频监控，视频监控应有视频识别、视频跟踪和自动调整功能。

与场站定位系统等进行关联，具备人员实时定位管理功能：实现人员位置、周边声音采集、实时视频采集，以及人员异常行为报警、近电报警、SOS 报警等。

9. 智能派发工作任务及移动运维管理

系统能够根据设备运行状况，并结合运行人员实际情况进行工作任务的自动派发。

移动运维管理可以把系统各功能模块和工作流程延伸到移动端，完成数据的交互和应用结果的调用，从而完成风电业务的综合发布功能，并能根据每一个用户场景，提供更加友好与方便的用户界面，实现 PC 端、移动端对报警信息、风电机组运行状态、发电量出力浏览、集中功率预测、指标经营分析完成情况的查询等操作。

通过移动运维管理，为集团提供统一的企业移动平台方案，协助移动端与后台端的应用服务快速搭建起通信，实现远程服务调用、信息推送、数据抓取、即时通信等功能。并为设备管理人员和决策者提供可随身携带的移动工作平台、信息获取平台，以便在任何需要的时间和场合，能方便、高效、迅速地获取和处理业务信息。

10. 报表统计分析管理

通过报表统计分析管理功能可以生成报表模板，并完成风电业务的分析和报表管理：可以产生各种格式类型的报表；能够自动生成电量及各类综合专业报表；可对资产、维护、库存等信息进行查询统计；能够对年度生产指标进行统计分析及预警；能够对综合的分析结果进行展示和管理，实现面对不同用户，定制企业所需的各种固定式和非固定式综合风电业务的生产报表，完成企业生产信息的自动汇总与统计，实现对企业范围内的各类生产进行统计、分析和对标功能；能够用可视化、图表化方式对运营指标进行多维度（时间、空间）、多层级（集团、区域、场站）分析，并进行纵向（相同目标不同时间对比、同比环比）、横向（同一时间不同目标的对标）对标对比分析，从而制订合理的生产计划，减少设备的无效运行情况，并为设备检修提供数据依据，实现绩效闭环管理。

11. 智能操作助手

建立语音识别操控系统，在平台建立语言输入单元和语音输出单元，能够提供对话应答，同时具备人脸识别系统，具备权限的相关运行人员能够根据电网调度的指令向运维平台传输相关指令、口令，监控系统识别后完成控制指令的执行。

12. 综合展示

能够从平台数据库中提取相关数据信息，友好地展示集团生产、管理全方位综合信息，并提供 GIS 服务，可通过直接点击地图热点查看站点的详细信息，可通过平台视频集中监视系统对各场站实时图像信息进行展示，从而形成集团公司业务状况和形象全方位展示的窗口。

可以轻松实现直观、实时、全方位地集中显示各个系统的信息，信息可根据需要以任意大小、任意位置和任意组合在大屏幕上进行显示，并且对显示信息进行智能化管理，具备信息显示的直观性和可操作性。

13. 智能分析及对标

根据各场站多年风向和风速统计值进行分析，对资源情况进行对比分析。

对各场站风电机组段、箱式变压器与线缆段、并网段各段损耗进行分析，找出损耗大的分段。

结合各区域、各场站的月度、季度、年度发电量完成情况，对系统发电效率进行分析。

结合数值气象数据及生产运行数据，用集中功率预测系统数据对发电出力进行预测。结合预测结果，对设备运行状态进行分析，如基于功率预测等边界条件进行发电量、负荷率、厂用电率、风电机组效率的分析等。

横向对各场站不同设备的运行年限、平均发电效率、等效利用小时数、转换效率和故障率进行对比分析。

横向对比各场站的故障损失电量数据。

横向对比不同型号风电机组的功率曲线，发现不同厂商、不同型号风电机组的性能差异，支撑风电机组设备选型。

对各厂商风电机组的实际功率与理论功率的拟合程度进行曲线对比分析和排名，支撑风电机组设备选型。

对不同容量、不同型号、不同厂商风电机组的发电效率、等效利用小时数、故障率以及其他关键 KPI 数据进行多维对比分析，评估不同风电机组在不同场站的运行情况。

对场站运行指标对标，如实际发电量、可利用率、厂用电量的实际值与计划值、设计值、一流值的对标。

对场站环境对标。

以场站为分析对象，横向对比各场站在该区域的限负荷率指标。

以场站为分析对象，横向对比各场站的综合厂用电率及可利用率。

对风电机组单机实际功率曲线与最优曲线、标准曲线进行对标。

14. 智能故障诊断管理功能

智能故障诊断管理能接收设备故障、状态报警等对设备健康有影响的数据信息，统一进行管理和分析，发现运行状态最差设备；通过多维度分析，精确定位设备亚健康原因；利用设备当前和历史数据，通过识别内外部风险因素，提出设备状态评价结果；基于上述分析结果，利用智慧任务调度策略，制定维护检修策略，可自动产生工单请求，现场完成工单，实现设备健康问题的闭环管理。

（1）建立智能预警管理系统，也就是通过对设备的运行数据、运行趋势、生产过程数据及振动摆度数据进行整合，形成设备的全景数据中心，通过故障判断的分析算法、故障表象、历史经验，进行设备故障的预警分析，通过相关的措施，以便减少设备故障发生率。

1）建立设备故障编码库，将风电场各系统、部件与可能发生的故障进行总结并编码形成故障编码库，以标识设备的可能故障模式，设备编码需按照平台统一标准进行编制。

2）建立设备事故信号相关量库，具备事故追忆和处理指导功能。例如针对发电机差动保护信号，生成差动保护信号发出时前后 1min 内相关电流、电压及其他信号高精度采样数据报告。

3）建立描述设备间相互关系的设备关系库，能够根据关联设备的相关状态对相关设备异常进行预警，支持大部件实时运行参数、风电机组振动摆度数据（发电机轴承、齿轮箱轴承及主轴承）、齿轮箱散热异常等预警。

（2）建立故障诊断管理系统，也就是通过基于设备机理的故障诊断和基于大数据分析的人工智能诊断，提取设备状态特征量，对设备指标数据进行分析评价，最终得出设备故障部位、故障类型、故障原因、故障时间和故障程度，同时利用设备当前和历史状态指标数据，采用时间序列算法预测和评价设备今后某一时期的健康状态发展趋势，进而依据状态评价导则和设备相关规程标准，通过识别设备潜在的内部缺陷和外部威胁，分析设备遭到失效威胁后的资产损失程度和威胁发生概率，通过风险评估模型得出设备的风险等级。

1）建立设备运行趋势数据库（温度的变化、局放的变化、振动摆度的变化、效率的变化、各种损耗的变化、运行参数的变化等），通过设备运行趋势、状态信息及在线监测数据评价设备运行状态。生成设备健康状况评估报告，指导设备检修。

2）应能对历史数据进行挖掘，跟踪设备运行过程中特征参数变化规律，分析设备在不同运行工况、不同运行条件下的运行参数，根据设备健康运行标准，对设备实时运行状态进行比较分析。

3）建立反映设备结构和运行历史的背景知识库以及反映领域专家丰富的诊断经验的诊断知识库。在系统的应用过程中，根据诊断对象的特点和用户经验积累，通过知识库管理系统可以增加、修改、存储、删除有关的故障、特征和诊断规则，把经验形成诊断规则，这样可以逐步提高诊断的准确性；同时，还提供典型故障图谱、常见故障机理和特征、信号分析和故障诊断技术及故障案例等。

（3）基于故障预警和故障诊断的分析结论，建立设备状态和设备失效风险度二维关系模型，综合优化设备检修次序、检修时间和检修等级安排。并依据状态检修导则确立的分级维修标准，确定具体的检修项目和检修时间，最终将建议结果递交产品管理人员或传送到相关的外部生产管理系统进行实施安排。

1）建立设备故障案例库，对设备缺陷、故障进行统计分类，相同的设备故障设立统一的故障代码，具备较大故障缺陷（事故故障处理）的技术支持和远程指导功能（可通过智能安全帽、手持式记录仪等方式与专家进行互动得到技术支持，同时能够融合线上专家库）。

2）建立作业指导书和检修文件包，对设备的故障特征、故障模式和对应的处理措施自动进行关联，关联设备典型维护工作流程、方法、使用工器具、备件材料及工单等，用于指导现场维护工作，提高工作效率，具备设备计划检修管理功能。

3）生成设备状态分析诊断报告。系统通过获取设备资产的基础数据、运行巡视、监视、缺陷、故障等数据，同时根据故障预警和设备故障诊断结论、设备状态评价结果及设备维修决策建议等信息，生成设备状态分析诊断报告，可以作为设备档案管理的一部分自动被生产管理系统进行设备归档存储及其查阅调用。

4）建立检修策略模型，进行综合分析、推理、诊断，给出检修建议，提供分析结论及维修建议供系统查询引用，有效支持状态检修工作的具体实施。

3.3.1.4 主要软硬件配置

1. 软件配置

部署云架构方式，设置云平台 PaaS 软件、大数据平台软件、分布式存储管理软件、综合移动 Web 及 App 发布软件，进行综合展示、风电智能预警、故障诊断、智慧运维等应用软件的部署。

2. 硬件配置

平台硬件满足技术成熟、先进可靠、便于维护、可扩展性强的需要。

物理设备搭建有数据采集接入服务器、应用和存储服务器、Web 服务器及网络设备等。

表 3-1 列举了集团管控层自动化设备配置情况。此处仅从功能角度说明各安全区需要配置的节点名称，具体数量需要根据基地数据规模确定。数据规模越大，越应采用高端的计算机设备和网络设备，以满足系统的性能要求。

表 3-1 　　　　　　　　　　　集团管控层自动化设备配置表

序号	设备名称	序号	设备名称	序号	设备名称
硬件配置					
1	数据接入路由器	5	数据采集服务器	9	Web 服务器
2	数据接入防火墙	6	通信服务器	10	工程师分析工作站
3	数据接入交换机	7	存储服务器	11	视频系统及综合展示工作站
4	安全Ⅲ区核心交换机	8	应用服务器	12	安全防护系统设备
软件配置					
1	云平台管理软件	3	大数据服务软件	5	智能健康管理系统
2	智能生产运维管理系统	4	综合展示软件	6	Web 及移动 App 发布系统

3.3.2 区域集控层

在整体跨域协同一体化云平台体系架构基础上,区域集控层位于中间层级,起到承上启下的连接作用,主要部署远程集控系统和二级应用云平台,其中二级应用云平台作为边平台,集团管控层云平台作为主平台,二者一同协同工作。

区域集控层是部署有远程集控业务以及为快速响应主平台而部署计算协同、任务协同及运维协同等业务的一套软硬件平台,核心是实现"无人值班、少人值守"的远程集控以及支撑集团管控层主平台数据共享和业务开发的协同工作能力。

区域集控层提供远程集中监控管理以及海量多源异构数据的采集、存储、计算分析等基础服务,支撑区域业务应用运行,同时区域集控层的边平台与集团管控层的主平台可以进行数据、管理、应用的跨域协同交互,以保证集团管控层主平台对区域集控层边平台的协同任务进行实时监控、有序调度及全面管理。

通过数据协同,区域集控层边平台能够接收并解析集团管控层主平台下发的各类数据标准、目录标准及质量规则。同时,能够将本地的元数据信息、资产目录、数据质量稽核过程和报告、数据资产等内容同步至集团管控层主平台。通过落实数据协同要求,在集团全域范围内共享一套数据资产目录和标准,有利于数据资产在集团内的共享流通,提升区域集控层边平台数据质量,形成良性数据管理循环,降低数据管理工作强度,最终达到数据资产价值的最大化。

通过管理协同,区域集控层边平台需能够及时响应集团管控层主平台提出的计算协同、任务协同及运维管理等业务要求,实现模型在各个区域集控层边平台的复用,保证各类跨域协同工作流统一管理和交互,实现云边统一运维管理,降低区域集控层边平台研发和维护成本,提升管理效率。

通过应用协同,可以将集团管控层主平台的各类高级智能应用同步到区域集控层边平台运行,可通过调度策略,在本地按照跨域调度策略执行,将结果返回,并可按照组合应用进行统一跟踪管理。

因此,区域集控层集控系统和二级应用云平台是支撑风电基地实现智慧运维的基础,为广域分散场群实现互联提供支撑,为集团、区域二级单位、场站级管理和运维的不同业务价值用户提供更加便利、高效、优质的数字化服务,它是提高集团业务运营效率、扩散分享增量价值、集团各层智慧运维的基础保障条件。

3.3.2.1 远程集控系统

区域集控层部署远程集控业务,对场群远程集控,实现"无人值班、少人值守"。区域集控层的场群远程集控是区域集控层的特有功能和核心任务之一。

3.3.2.2 二级应用云平台

区域集控层核心任务除包括场群远程集控建设外,还主要包括场站的数据采集、PaaS建设、集团管控层云平台 SaaS 的二级应用等,这些任务主要由二级应用云平台实现。

1. 区域集控层二级应用云平台定位分析

集团管控层云平台部署风电基地智慧运维系统、智能诊断系统等智能应用,区域集控层作为集团管控层的二级应用云平台,按照跨域协同工作模式与集团管控层主平台协同工作，二者为主平台与边平台关系。

集团管控层将从区域集控层获取数据，并利用应用软件分析结果指导区域集控层业务工作。区域集控层从各场站获取数据，并利用集团管控层主平台应用软件预警等功能，对各场站进行监测及运维。

集团管控层和区域集控层通过数据传输进行信息传输和共享，通过 SaaS 层多级应用实现业务管理协同。

集团管控层和区域集控层技术架构遵从统一建设框架要求，平台与平台、平台各模块采用标准化松耦合模式，二级应用云平台需实现与集团管控层主平台的有效对接。

集团管控层实现云平台及各项智能应用功能的统一集中管理和智能化运维，区域集控层在大数据的数据模型、数据标准、数据抽取、数据仓库和数据分析上均会不同程度地与主平台存在交互关系。因此，区域集控层应基于集团管控层主平台同样架构进行设计。

2. 区域集控层二级应用云平台建设需求

对于二级应用云平台而言，通过建设云平台并部署相应的 SaaS 层应用，着力打通集团管控层主平台与各场站之间的数据共享能力及业务管理协同能力，构建风电基地跨域协同的一体化运营管控平台。

因此，区域集控层平台在业务上服从集团管控层主平台的整体规划，同时具备对集团管控层云平台应用软件指令结果的执行能力，从技术架构、构成模块、数据协同、应用建设等方面均需要与集团管控层云平台保持严格一致。通过标准规范的一致性，严格保证两级平台建成后可实现有效协同。

区域集控层二级应用云平台与集团管控层云平台作为两个运营主体存在一定的运营独立性，各自承担相应的业务职责，为此两级平台之间需要采用松耦合建设模式，以保证集团管控层云平台与区域集控层二级应用云平台分别适应各自的业务场景，同时区域集控层二级应用云平台内部各组件也需通过标准化接口的形式实现松耦合，以保证未来维护管理中的局部改造不影响整体的要求。

区域集控层作为二级应用云平台，系统轻量级部署，不重复部署应用软件和复杂策略模型。整个体系架构基于开源的主流分布式系统架构的大数据和云计算技术为基础平台，进行开发高级功能应用软件。各功能模块采用容器和微服务架构技术，使部署、管理和服务功能交付变得更加灵活简单、可靠性高、易扩展，实现数据的高度共享和集中的平台运维。

在风电基地智慧化实施过程中，应本着务实的态度积极推进，在满足主平台、二级应用云平台总体架构的前提下，以实用为原则部署区域集控层云平台业务功能，不考虑复杂功能及过高运维要求，以降低区域集控层二级应用云平台的运维保障能力，业务部署可首先进行业务处理层及管理中的低层管理，稳步向中高层管理及全面自动化过渡。全部人机操作充分考虑企业的具体情况和实际需要，操作简单实用，便于升级。应用软件采用的结构和程序应模块化构造，可维护和可移植。

3. 区域集控层二级应用云平台主体架构

区域集控层二级应用云平台可跨域共享集团管控层云平台的数据资源、各类自助式计算分析和研发组件资源、成熟模型和应用成果资源，降低了区域集控层二级应用云平台技术门槛和应用研发成本。同时，云边之间按照统一的标准进行信息交互，消除信息孤岛。

区域集控层二级应用云平台功能架构由三层构成，即基础设施层、平台组件层、应用部署层，如图 3-9 所示。

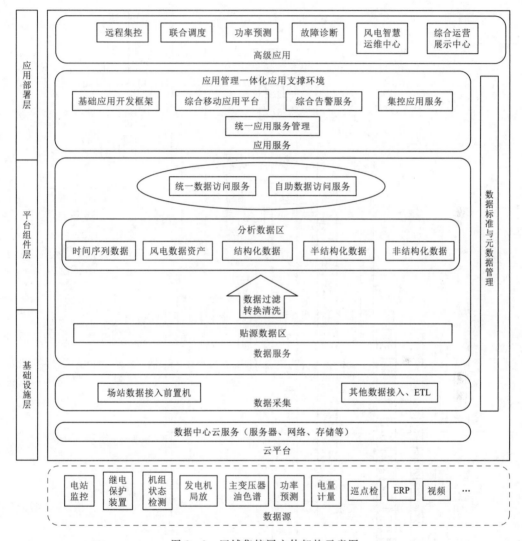

图 3-9　区域集控层主体架构示意图

基础设施层提供支持平台运行的硬件基础设施，包括计算、存储、网络等硬件资源，用来支持区域集控层二级应用云平台的应用功能的实施。

平台组件层提供数据服务，包括数据采集、处理、存储和共享等服务，能够支持各类时序数据的采集或结构化、半结构化、非结构数据的采集、传输和在线数据处理（重传、对齐、异常数据过滤和对结构化数据的抽取、清洗、转换）等。

应用部署层支持容器化技术的应用部署模式，支持应用协同运行所需的环境。

区域集控层网络架构示意如图 3-10 所示。

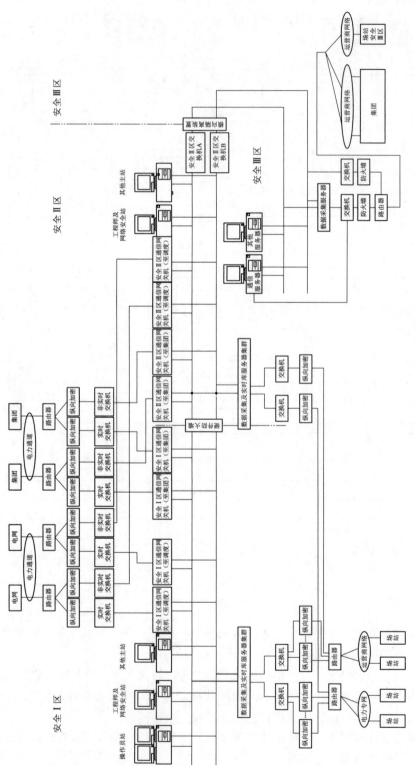

图 3 - 10　区域集控层网络架构示意图

3.3.2.3 主要功能

1. 数据采集

（1）平台数据类型及系统容量。平台底层数据采集支持各种定义数据源，包含风电生产运行领域、经营管理领域数据及运检中心等信息数据。

实时生产数据由区域集控系统和场站端发送至安全Ⅲ区，并按规定格式以全量数据提供给区域集控层平台前置采集服务器集群系统。

平台数据类型包括：安全Ⅰ区的各类实时生产数据，包括各种类型风电机组、各种箱式变压器、各类升压站的所有设备的实时运行数据，例如电气量（有功功率、无功功率、电能、电流、电压等）、非电量（油位、效率、温度等）、各类设备开关隔离刀闸的状态、设备的状态信息和故障告警信息等；安全Ⅱ区数据，包括集中功率预测、电能量计量、保护及故障信息、状态监测等系统的运行数据；安全Ⅲ区的管理数据，包括风电场地形数据及风电机组微观位置数据、设备台账数据（设备编码、厂家、名牌参数）、缺陷（设备编码、缺陷类型、等级、故障代码、时间等）、设备检修数据（设备编码、检修类型、测量类型、测量项目、标准值、测量值、测量时间、结论等）、运行记录数据（设备编码、开停机时间和次数、保护动作时间和次数、设备定检、故障停机、维护、试验等相关资料等）、巡点检记录数据（设备编码、巡点检项目、标准值、实际参数值、时间等）。

（2）数据采集要求。边平台可以支持多源异构数据的分布式采集，实现各类接口数据的无缝可视化接入，如关系型/非关系型数据、实时性/时序性数据、各种主流非结构化数据等，并且能针对不同类型的数据提供统一的协议接入、数据清理、数据转换、数据路由、数据入库的处理和编程扩展支持，能针对特定数据提供高速的传输接入支持。

数据采集对所采集的实时信息进行数据标准化、有效性检查、工程值转换、信号接点抖动消除、去重等加工，从而提供可应用的各种实时数据。

采集数据存储需根据应用场景不同，对采集数据进行存储服务，包括 Redis、Hive、HBase、HDFS 等。

采集信号处理实现断点续传能力和压缩处理。

采集并行处理要求数据采集采用多进程工作模式，某一进程发生故障不影响其他的采集。

采集任务可视化监控即数据采集过程中可实时监控，可监控与异构数据节点之间的数据接收、发送及数据处理情况，实现大批量数据导入导出全过程的连续管控。同时，对采集过程中出现的任何异常和故障提供实时告警。

2. 大数据建设服务

针对每个主平台 SaaS 应用分别建立业务管理数据库、工业实时数据库和文件管理数据库，数据库均基于业务系统的部署要求进行构建，支持 SaaS 应用的安全管理及性能、运维需求，业务管理数据库主要是基于关系数据库工具、数据仓库工具进行构建，工业实时数据库主要是基于时序数据库工具进行构建，文件管理库主要是基于文档数据库工具进行构建。

3. 大数据存储服务

包括关系数据库服务、时序数据库服务、文档数据库服务、数据仓库服务。关系数据库服务提供虚拟机及容器化部署，支持双活热备；时序数据库服务提供虚拟机及容器化部署，支持分布式部署；文档数据库服务基于分布式文件系统的文档数据库服务，为 SaaS 应用提供文件系统存储及访问服务，文档数据库具备高可用性，支持容器化部署；数据仓库服务需提供基于 Hadoop 的数据仓库服务。

4. 数据资产管理

数据资产管理在整个数据治理体系中处于非常重要的环节。数据资产管理贯穿于数据采集、应用和价值实现等整个应用数据资产生命周期全过程。数据先被规范性定义、创建或获得，然后存储、维护和使用，最终被销毁。数据资产管理包括数据标准管理、数据模型管理、元数据管理、主数据管理、数据质量管理、数据安全管理、数据价值管理以及数据共享管理、数据生命周期管理、数据资产管理制度体系、数据集成管理、数据实时清洗等方面。

（1）数据标准管理。数据标准是指保障数据的内外部使用和交换的一致性和准确性的规范性约束。数据标准通常可分为基础类数据标准和指标类数据标准。基础类数据标准一般包括数据维度标准、主数据标准、逻辑数据模型标准、物理数据模型标准、元数据标准、公共代码标准等；指标类数据标准一般分为基础指标标准和计算指标（又称组合指标）标准。

数据标准的制定由集团管控层主平台完成，区域集控层二级应用云平台作为执行平台，按照主平台制定的数据标准完成对数据的统一标准化处理。因此，作为二级应用云平台，数据标准管理的目标是通过执行统一的数据标准，按照统一标准与主平台进行数据交互，能够对主平台数据标准发布过程、二级应用云平台数据标准执行过程及对数据标准执行的质量和结果进行监控，能够快速准确地定位数据标准执行过程中的问题，并将信息反馈给主平台和二级应用云平台，完成对数据标准发布、数据标准执行过程及交互环节的监控和反馈，同时当主平台数据标准根据企业发展需求升级时，二级应用云平台能够方便灵活地保持与主平台数据标准的同步，实现企业大数据平台数据的完整性、有效性、一致性、规范性、开放性和共享性管理。

数据标准管理的关键活动通常包括：

1）理解数据标准化需求。

2）识别数据标准体系和规范。

3）制定数据标准管理办法和实施流程要求。

4）开发可视化的数据标准管理工具。通过数据标准管理工具，可以规范数据资产格式、命名的准确性和口径的一致性。通过数据标准管理工具能够实现：

a. 标准识别：通过接口调用识别主平台发布的数据标准，可按照业务领域、业务主题、信息分类、信息项等具体识别。

b. 标准映射：可以将主平台制定的标准与实际数据进行关联映射，即实现数据标准的落地执行，维护标准与元数据之间的落地映射关系，包括元数据与数据标准的映射、元数据与数据质量的映射，以及数据标准和数据质量的映射，能在线手工映射配置，并能对映射结果做页面展示。

c. 信息反馈查询：当二级应用云平台生成数据与标准不一致时可发出消息反馈，并重新生成数据，同时对问题快速定位；能够对标准执行情况及上述过程轨迹进行查询。

d. 映射查询：查询标准项与元数据之间的落地情况并可以方便地进行下载。

e. 标准导出：按照当前系统中发布的最新标准或者选择版本来下载标准信息。

（2）数据模型管理。是指在信息系统设计时，参考业务模型，使用标准化用语、单词等数据要素来设计企业数据模型，并在信息系统建设和运行维护过程中，严格按照数据模型管理制度，审核和管理新建数据模型，数据模型的标准化管理和统一管控，有利于指导企业数据整合，提高信息系统数据质量。数据模型是数据资产管理的基础，一个完整、可扩展、稳定的数据模型对于数据资产管理的成功起着重要的作用。

区域集控层数据模型的构建规则由集团管控层主平台完成，区域二级应用云平台作为执行平台，按照集团管控层云平台数据模型要求完成数据模型的构建，并保持与集团管控层云平台的同步，可采用将集团管控层云平台数据模型移植的方式。对于集团管控层云平台未设置的业务领域，其相关数据模型应由二级应用云平台进行构建。

数据模型管理包括对数据模型的设计、数据模型和数据标准词典的同步、数据模型审核发布、数据模型差异对比、版本管理等。

数据模型管理的关键活动包括：

1）定义和分析企业数据需求。

2）定义标准化的业务用语、单词、域、编码等。

3）设计标准化数据模型。

4）制定数据模型管理办法和实施流程要求。

5）建设数据模型管理工具，统一管控企业数据模型。通过数据模型管理工具可以实现：

a. 数据模型设计：支持对于新建系统的正向建模能力，还应支持对原有系统的逆向工程能力，通过对数据模型进行标准化设计，能够将数据模型与整个企业架构保持一致，从源头上提高企业数据的一致性。

b. 模型差异稽核：提供数据模型与应用数据库之间自动数据模型审核、稽核对比能力，解决数据模型设计与实现不一致的现象，针对数据库表结构、关系等差别形成差异报告，辅助数据模型管理人员监控数据模型质量问题，提升数据模型设计和实施质量。

c. 数据模型变更管控：支持数据模型变更管控过程，提供数据模型从设计、提交、评审、发布、实施到消亡的在线、全过程、流程化变更管理。同时，实现各系统数据模型版本化管理，自动生成版本号、版本变更明细信息，可以辅助数据模型管理人员管理不同版本的数据模型。

（3）元数据管理。元数据是描述数据的数据，按用途不同分为技术元数据、业务元数据和管理元数据。元数据管理是数据资产管理的重要基础，是为获得高质量的、整合的元数据而进行的规划、实施与控制行为。

元数据管理的关键活动包括：

1）理解企业元数据管理需求。

2）开发和维护元数据标准。

3）创建、采集、整合元数据。

4）管理元数据存储库。

5）分发和使用元数据。

6）元数据分析（血缘分析、影响分析、数据地图等）。

7）建设元数据管理工具。通过元数据管理工具可以实现：

a. 元数据采集：能够适应异构环境，支持从传统关系型数据库和大数据平台中采集数据产生系统、数据加工处理系统、数据应用报表系统的全量元数据，包括过程中的数据实体（系统、库、表、字段的描述）以及数据实体加工处理过程中的逻辑。

b. 元数据展示：能够根据类别、类型等信息展示各个数据实体的信息及其分布情况，展示数据实体间的组合、依赖关系，以及数据实体加工处理上下游的逻辑关系。

c. 元数据应用：元数据的应用一般包括数据地图，数据的血缘分析、影响分析、全链分析等。

d. 元数据搜索：可根据数据源库、类型等搜索元数据信息。

（4）主数据管理。主数据是指用来描述企业核心业务实体的数据，是企业核心业务对象、交易业务的执行主体，是企业业务运行管理和决策分析的基础。

主数据管理的关键活动通常包括：

1）理解主数据的整合需求。

2）识别主数据的来源。

3）定义和维护数据整合架构。

4）实施主数据解决方案。

5）定义和维护数据匹配规则。

6）根据业务规则和数据质量标准对收集到的主数据进行加工清理。

7）建立主数据创建、变更的流程审批机制。

8）实现各个关联系统与主数据存储库数据同步。

9）建立主数据管理工具，用来定义、管理和共享企业主数据信息，具有企业级主数据存储、整合、清洗、监管以及分发等功能，以保证这些主数据在各个信息系统间的准确性、一致性、完整性。通过主数据管理工具可以实现：

a. 主数据存储、整合：实现主数据整合、清洗、校验、合并等功能，根据企业业务规则和企业数据质量标准对收集到的主数据进行加工和处理，用于提取分散在各个支撑系统中的主数据并集中到主数据存储库，合并和维护唯一、完整、准确的主数据信息。

b. 主数据管理：支持对企业主数据的操作维护，包括主数据申请与校验、审批、变更、冻结/解冻、发布、归档等全生命周期管理。

c. 主数据分析：实现对主数据的变更情况进行监控，为主数据系统管理员提供主数据分析、优化、统计、比较等功能。

d. 主数据分发与共享：实现主数据对外查询和分发服务。

（5）数据质量管理。数据质量是保证数据应用的基础。衡量数据质量的指标体系有很多，几个典型的指标有：完整性、规范性、一致性、准确性（数据是否错误）、唯一性、时效性等。

数据质量管理的关键活动通常包括：

1）开发和提升数据质量意识。

2）定义数据质量需求。

3）剖析、分析和评估数据质量。

4）定义数据质量测量指标。

5）定义数据质量业务规则。

6）测试和验证数据质量需求。

7）确定与评估数据质量服务水平。

8）持续测量和监控数据质量。

9）管理数据质量问题。

10）分析产生数据质量问题的根本原因。

11）制定数据质量改善方案。

12）清洗和纠正数据质量缺陷。

13）设计并实施数据质量管理工具。

14）监控数据质量管理操作程序和绩效。

15）建立数据质量管理工具，以满足从数据使用角度监控管理数据资产质量的目标。通过数据质量管理工具可以实现：

a. 质量需求管理：对数据使用过程中产生的问题进行收集、存储、分类并提供查询检索功能，为质量规则的制定提供依据。

b. 规则设置：能够提供稽核规则设置功能，用于设置一个稽核规则应用于哪类数据。

c. 规则校验：能够对所关注的数据执行数据质量规则的校验任务。

d. 任务管理：能够提供稽核任务调度功能，指定稽核任务按周期执行。

e. 报告生成：能够对校验结果的质量问题进行记录，积累形成问题知识库，并生成报告，在此基础上，能够根据检核结果，生成问题数据质量提高的建议，并可直接操作修改数据。

（6）数据安全管理。是指对数据设定安全等级，保证其被适当地使用。企业通过数据安全管理，规划、开发和执行安全政策与措施，并针对不同使用者，以确认、授权等方式，予以访问与审计。

数据安全管理的关键活动通常包括：

1）理解数据安全需求及监管要求。

2）定义业务敏感数据对象。

3）定义数据安全策略。

4）定义数据安全标准。

5）定义数据安全控制及措施。

6）管理用户、密码和用户组成员。

7）管理数据访问视图与权限。

8）监控用户身份认证和访问行为。

9）定义数据安全强度，划分信息等级。

10）部署数据安全防控系统或工具，结合信息安全的技术手段保证数据资产使用和交换共享过程中的安全，以防范可能的数据安全隐患。通过数据安全防控系统可以实现：

a. 数据获取安全：数据获取需要经过申请与审批流程，保障数据获取安全。

b. 数据脱敏：对数据脱敏规则、脱敏算法及脱敏任务进行管理及应用，一般情况下，脱敏方式有动态脱敏和静态脱敏两种。

c. 统一认证：定义数据安全策略，定义用户组设立和密码标准等。

d. 租户隔离：管理用户、密码、用户组和权限。

e. 角色授权：划分信息等级，使用密级分类模式，对企业数据和信息产品进行分类。

（7）数据价值管理。数据价值管理是对数据内在价值的度量，可以从数据成本和数据应用价值两方面来开展。数据成本一般包括采集获取和存储的费用和运维费用；数据应用价值主要考虑数据资产的分类、使用频次、使用对象、使用效果和共享流通等因素。

数据价值管理的关键活动通常包括：

1）确定企业数据集成度水平。

2）确定企业数据的应用场景。

3）计算数据在不同应用场景下的收益。

4）计算企业数据资产的总体价值。

（8）数据共享管理。是指数据的所有者通过对数据产品化注册实现数据产品的发布，数据订阅者通过受控的审批流程获取数据的订阅能力，实现企业数据以合规安全的形式完成共享交换，使得数据具有更大的价值，提供各应用场景使用。

数据共享管理的关键活动包括：

1）根据自身业务需求，发布者进行数据主动发布或订阅者提交数据产品需求申请单，实现数据产品需求的定制化。

2）基于数据中心对象，可针对单个对象发布标准产品，支持自定义 SQL 脚本。

3）针对敏感数据提供多种方式的脱敏规则，保护用户隐私。

4）提供产品发布审核功能，最大限度保障数据安全。

5）提供基于关键词的全文检索，便于用户精确查找所需产品。

6）基于数据时效性，提供非实时、实时的产品获取能力。

（9）数据生命周期管理。是指协助数据管理组织和人员，在数据从产生、应用、归档到销毁的整个生命周期全过程进行有效的管理，有效管控系统整体在线数据规模，降低系统运营成本，满足用户的数据访问和应用的需求。

数据生命周期管理的关键活动通常包括：

1）数据需求分析：通过数据库或者数据平台的各种数据分布分析和访问状态分析，协助数据管理人员确定数据生命周期管理策略，有效发现和挖掘当前数据平台或者数据库中历史数据增长最快的关键数据，同时，为管理业务部门需求，满足业务部门对数据使用的要求提供有效的数据化支撑。

2）策略管理：通过可视化的方式，由数据管理员在线建立清晰、合理、完整、可操作性强的数据生命周期管理基线和规范，并且以此为基准实现全企业的数据生命周期管理策略发布和需求管理，为企业建立一个行之有效的数据生命周期变更管理和变更审查机制。

3）自动化数据管理：根据在工具中建立的数据生命周期管理策略，实现数据在异构平台中的全自动化迁移、归档、清理，建立一个多层次的自动化数据分级存储技术体系，实现数据生命周期管理策略实施的自动化、标准化和规范化。

4）其他辅助能力：工具需要支持数据校验能力，保持迁移和清理前后的数据一致性和有效性。

（10）数据资产管理制度体系。为了保障数据资产管理的顺利实现，风电基地智慧化建设过程需要建立一套完整的覆盖数据资产管理的规范和制度，包括元数据管理规范、生命周期管理规范、数据质量管理规范以及数据安全管理规范等。规范的标准一般包括基础分类标准、命名规范要求、数据架构划分、存储与数据权限规则、元数据信息完整性要求等，在此基础上，规范需细化至接口设计、接口开发、模型设计、模型开发、数据开放以及服务封装等内容。

（11）数据集成管理。需提供数据集成管理工具，该工具应包括但不限于以下功能点：

1）支持丰富的数据源。支持跨集群的数据导入，直接从 Oracle/DB2 等传统关系数据库将数据导入至 Hadoop，支持导入 OGG、CDC、Shareplex、DataStage 产生的增量文件，实现准实时的数据同步。

2）支持丰富的导出格式。支持直接导出数据至传统关系数据库，以及实现跨集群导出；支持多种数据导出格式，如 CSV、JSON、XML。

3）支持多种数据转换操作。需支持多种数据转换操作，帮助实现数据的清洗、加工，包括但不限于字段映射、数据关联、集合操作、聚合操作、过滤、去重等。

（12）数据实时清洗。根据风电生产、运行和管理的特点，通过分析不良数据的产生原因及存在形式，对数据流的过程进行考察、分析，并总结出一些方法（数理统计、数据挖掘或预定义规则等方法），去除错误或异常数据、无关和重复的数据，将不良数据转化成满足数据质量要求的数据。按照相应的规则对采集数据进行清洗。

提供重复记录标准判断规则集合，根据现场实际情况选择符合实际场景需要的判断规则，数据清洗需要通过分析各种数据的来源、运行环境和工况、设备与传感器特点，提供有针对性的清洗实施方案，从而保证数据清洗结果的质量。

5. 应用系统支撑服务

（1）门户及安全。提供统一的信息访问入口门户及安全框架，支持权限管理和统一认证服务，实现单点登录。该工具作为二级应用云平台的安全与应用集成软件，其中安全子系统实现了统一用户认证、授权管理与鉴权服务，门户子系统实现了基于菜单导航的简单应用集成。

（2）流程引擎。提供工作流程引擎工具，支持面向工作流程的建模及自动化执行，该工具应包括但不限于以下功能：

1）管理已上线的工作流程，查看、控制当前流程状态等。

2）管理正在设计的工作流程，设定类别，查错并发布。

3）支持条件分支节点、并行分支节点、多重调节分支节点。

4）支持内嵌或者外联、子流程、拖拉拽实现流程设计。

5）管理业务工单，支持创建、修改、发布、导入、导出。

6）监控工作流程状态，包括正在运行的、已经完成的和系统报错的。

7）当前节点无法处理时，支持委托任务给代理人。

（3）规则引擎。提供规则引擎工具，支持面向业务规则的数据分析及分类处理，该工具应包括但不限于以下功能：

1）支持规则的自定义。

2）支持规则动态发布。

3）支持业务逻辑的解析。

4）改变的规则在线热部署，无须重启计算节点。

5）支持分布式数据在线实时计算。

6）分布式计算节点在线动态扩展。

7）实现分布式数据计算负载均衡。

（4）微服务网关。支持多个微服务对外提供的 API 的集中注册、发布及服务路由。主要包括以下功能：

1）认证鉴权，业务网关支持针对应用的调用请求，对其所访问的 API 进行认证鉴权，确保 API 调用的合法性和安全性；支持针对应用基本信息、调用源 IP 地址/域名等的 API 访问权限控制，支持白名单、黑名单设置等。

2）API 调用路由，针对应用调用 API 的请求，业务网关将其路由至对应的微服务，并可实现请求和返回间的唯一关联。

3）API 调用策略控制，针对应用调用 API 的行为，业务网关支持策略控制。业务网关可区分租户、应用的服务等级，对其来访请求进行不同的策略控制，如设置不同访问频率限制、设置不同访问次数限制等。

4）负载均衡，针对应用的 API 调用请求，业务网关支持负载均衡策略控制。支持主流的负载均衡策略，可根据需求灵活设置。

5）API 调用监控及日志，业务网关支持 API 调用的实时监控及日志记录。可以通过 TCP、UDP、file、HTTP、SysLog 等多个方案进行日志记录，支持分布式日志记录。

（5）二级应用。作为主平台各类智能应用软件的二级应用云平台，应符合主平台统一运维管理框架，部署主平台统一建设的运维一体化管理客户端及运维管理二级应用，保持与主平台的同步，该工具应包括但不限于以下功能：

1）实时上送二级应用云平台应用、数据库、容器、服务的运行状态、运行日志、事件消息。

2）汇总后对故障及定期状态信息等有效信息进行筛选，按照配置策略对主平台上报运维有效信息。

3）主平台根据二级应用云平台上报的运维信息及处理预案，形成处置策略，管理人员确认后下发至二级应用云平台。

4）二级应用云平台根据上级下发的处置策略，自动执行或手动执行。

（6）容器云服务。包括平台资源管理、多租户管理、安全管理、应用容器编排、高可用性、运维管理业务等。

（7）大数据传输服务。

1）Web 服务。系统支持以 Web 服务形式实现两级平台之间的数据订阅分发。Web 服务传输适用于间歇性少量数据订阅分发模式，数据发送方可以根据分发配置信息自动生成数据发送端的 Web 服务，Web 服务协议及规范应与主平台保持一致，通过 Web 服务可以向外界提供一个能够通过 Web 进行调用的 API，数据订阅方将根据订阅配置信息定期访问数据发送端的 Web 服务，获取结构化 XML 或 JSON 格式数据，并进行解析处理。

2）文件传输。系统支持以文件传输服务形式实现两级平台之间的数据订阅分发。文件传输适用于间歇性大数据订阅分发模式，具体实现方式如下：①系统订阅方应首先提供用于接收文件的文件接收服务，并做好相应的用户安全配置；②系统发送方根据订阅配置信息定期向订阅方的文件服务器发送格式化的数据报文；③数据订阅方按需对接收到的数据报文进行解析处理；④文件传输工具应与主平台的文件服务器类型保持一致，至少包括 FTP 工具。

3）中间数据库。系统支持以中间数据库形式实现两级平台之间的数据订阅分发。中间数据库传输适用于局域网内关系数据订阅分发模式，具体实现方式如下：①系统订阅方应首先建立用于接收数据的中间数据库，并做好相应的用户安全配置；②系统发送方根据订阅配置信息定期向订阅方的中间数据库写入订阅数据；③数据订阅方按需对接收到的中间库数据进行解析处理；④文件传输工具应与主平台的文件服务器类型保持一致，至少包括 Oracle、MySQL、SQLServer 工具。

4）消息中间件。系统支持以消息中间件形式实现两级平台之间的数据订阅分发。消息中间件传输适用于大批量连续性数据（如工业实时数据）订阅分发模式，具体实现方式如下：①系统订阅方及发送方应首先建立消息中间件通道，并做好相应的用户安全配置；②系统发送方根据订阅配置信息将工业实时数据按规定格式送入消息中间件；③消息中间件对发送方信息进行缓存以防止数据丢失，消息中间件按照订阅配置信息在发送方及订阅方之间完成数据分发；④数据订阅方实时地从消息中间件获取数据进行解析处理；⑤文件传输工具应与主平台的文件服务器类型保持一致，至少包括 kafka 及 MQ 工具。

（8）大数据公共基础服务。

1）基于容器化部署的分布式文件系统服务，如 hdfs。

2）基于容器化部署的分析型数据仓库服务，如 hive。

3）基于容器化部署的实时流处理服务，如 SparkStreaming、Flink 等。

4）基于容器化部署的 Nosql 数据库服务，如 Hbase。

5）基于容器化部署的数据挖掘平台服务，如 SparkR。

6）基于容器化部署的大规模搜索引擎服务，如 Elasticsearch。

3.3.2.4　主要软硬件配置

表 3-2 为风电基地区域集控层自动化设备配置表。此处仅从功能角度说明各安全区需要配置的节点名称，具体配置参数随单台服务器的内存和硬盘容量大小等而有所不同，不作强制性要求，以满足边平台的具体应用需求为准。

表 3-2　　　　　　　　　　区域集控层自动化设备配置表

序号	设备名称	序号	设备名称	序号	设备名称
硬 件 配 置					
1.1	安全Ⅰ区	1.2	安全Ⅱ区	1.3	安全Ⅲ区
1.1.1	安全Ⅰ区核心交换机	1.2.1	安全Ⅱ区核心交换机	1.3.1	数据接入路由器
1.1.2	数据接入路由器	1.2.2	数据接入路由器	1.3.2	数据接入防火墙
1.1.3	数据接入纵向加密	1.2.3	数据接入纵向加密	1.3.3	数据接入交换机
1.1.4	数据接入交换机	1.2.4	数据接入交换机	1.3.4	数据采集服务器
1.1.5	数据采集及实时库服务器	1.2.5	数据采集服务器	1.3.5	安全Ⅲ区核心交换机
1.1.6	历史数据库服务器	1.2.6	集中功率预测服务器	1.3.6	通信服务器
1.1.7	应用服务器	1.2.7	电能计量服务器	1.3.7	Web 服务器
1.1.8	平台通信服务器	1.2.8	故障信息管理服务器	1.3.8	工程师分析工作站
1.1.9	操作员站	1.2.9	状态监测服务器	1.3.9	综合展示工作站
1.1.10	工程师站	1.2.10	安全Ⅱ区通信服务器	1.3.10	视频系统
1.1.11	安全Ⅰ区通信服务器				
1.1.12	调度通信交换机				
1.1.13	调度通信纵向加密				
1.1.14	调度通信交换机				
软 件 配 置					
2.1	系统软件	2.5	集中功率预测应用软件	2.9	火警主站系统应用软件
2.2	数据库软件	2.6	故障信息管理应用软件	2.10	PaaS 云平台
2.3	应用软件	2.7	状态监测应用软件	2.11	大数据服务
2.4	网管软件	2.8	电能计量应用软件	2.12	场站通信软件

3.3.3　场站一体化监控

3.3.3.1　架构

　　汇集升压站和风电机组监控系统体系架构均采用以计算机监控为主的分层分布式体系架构，其监控系统软件配置方案在行业上已经得到成熟应用，但目前各风电场设备制造厂商使用私有通信协议，导致风电场中不同厂商提供的设备之间无法实现互操作，集团集成复杂，难以实现最优控制；一个风电场采用多个厂商的风电机组，需要配多套监控系统，运行维护复杂，运营成本高。常见的风电场设备通信协议转换方案见表 3-3。

表 3-3　　　　　　　　　常见的风电场设备通信协议转换方案

设备名称	通信方式	数　　据
风电机组监控	ModbusTCP	业主授权、厂商开放接口并提供点表
能量管理平台	ModbusTCP	业主授权、厂商开放接口并提供点表
无功补偿装置	ModbusTCP/RTU	业主授权、厂商开放接口并提供点表
电气综合自动化系统	IEC 104	业主授权、厂商开放接口并提供点表
"五防"系统	IEC 104	业主授权、厂商开放接口并提供点表
箱式变压器	Modbus/IEC 104	业主授权、厂商开放接口并提供点表

因此，为提高对全新的风电基地智慧体系跨域协同的一体化云平台的基础支撑能力，需对接入区域集控层平台的接口提出全新要求。

1. IEC 61850 体系研究

IEC 61850 已经实现在智能变电站的应用，包括现地过程层的总线连接，但应用于发电领域还有待技术进一步发展，包括《风力发电场的监事和控制系统的通信》（IEC 61400-25）、《分布式能源的通信系统》（IEC 62350）、《水电厂的监事和控制系统的通信》（IEC 62344）。未来，IEC 61850 体系在发电领域以及电力系统的操作和管理都将得到应用。

IEC TC88 联合 TC57，以 IEC 61850 为基础制定 IEC 61400-25，目的是为风电场监控系统提供一个网络通信标准，实现不同厂商设备互操作，从而使各系统得到优化提升。

IEC 61400-25 标准共规划为 6 个部分，目前已公布 IEC 61400-25 的 1、2、3、5 四个部分，这 6 个部分分别涉及如下内容：

（1）《风力发电场监控通信 原理和模型概述》（IEC 61400-25-1），包括整个标准介绍和概貌。

（2）《风力发电场监控通信 信息模型》（IEC 61400-25-2）包括风电场信息模型的建模方法和逻辑节点、公用数据类的介绍。

IEC 61400-25-2 继承并遵守 IEC 61850 建模原则，所定义的 LN 以 W 开头；继承了 IEC 61850 所定义的 CDC，并做了部分的扩展。IEC 61400-25-2 定义的信息模型涵盖风场如下组件：

1）风电机组组件：转子、传动、发电机、逆变器、齿轮箱、风塔、告警系统等部分。

2）气象系统：风场气象条件。

3）风电场管理系统：风电场控制。

4）电力系统：风电场与电网互联。

在实际应用中，当需要描述开关、测量等信息时，可直接使用 IEC 61850 所定义的逻辑节点。IEC 61400-25-2 继承了 IEC 61850 所定义的 CDC，并做了部分扩展。

（3）《风力发电场监控通信 信息交换模型》（IEC 61400-25-3）包括信息交换的功能模型和抽象通信服务接口的描述。

IEC 61400-25-3 定义与 SCADA 之间的通信，不包括风电机组组件内部的通信。IEC 61850-7-2 和 IEC 61400-25-3 对 ACSI 的差异进行说明，具体如下：

1）风电场可能不会用的 ACSI 有：Substitution File。

2）在 IEC 61850 所定义的 ACSI 基础上，新增了 AddSubscription 和 RemoveSubscription 两种服务。

3）风电场不会用的 IEC 61850 ACSI 有 SGCB、GoCB、GsCB、MSVCB、USVCB。

（4）《风力发电场监控通信 面向通信协议的映射》（IEC 61400-25-4）包括映射通信协议描述和映射方法介绍。

IEC 61400-25-4 定义了 ACSI 到具体协议栈的映射，而 IEC 61850 只定义了 ACSI 到 MMS 的服务。IEC 61400-25-4 共定义了 5 种映射，除 MMS 外，新增了 4 种映射，

具体情况如下：

1）定义了到 Web Services 的映射。

2）定义了到 OPC XML – DA 的映射。

3）定义了到 MMS（IEC 61850 – 8 – 1）的映射。

4）定义了到 IEC 60870 – 5 – 104（IEC/TS 61850 – 80 – 1）的映射。

5）定义了到 DNP3 的映射。

（5）《风力发电场监控通信 一致性测试》（IEC 61400 – 25 – 5）。

IEC 61400 – 25 – 5 定义了通信一致性测试的原则、流程和测试用例。继承了 IEC 61850 – 10 的技术原则与路线，但做了部分扩展。例如，增加了对客户端检测的要求与测试用例，增加了系统稳定性测试等内容。

由此可见：

1）IEC 61400 – 25 是在 IEC 61850 基础上结合风电场监控系统的实际情况制定的，与 IEC 61850 在技术上一脉相承，两者在技术上存在很多相似性。

2）IEC 61850 标准已经等同引用为中国电力行业标准，国内权威检测机构建立了 IEC 61850 一致性检测实验室，一大批设备制造商能够提供支持 IEC 61850 标准的产品，该标准已批量在变电站工程中得到应用，大批电力系统用户开始熟悉和掌握 IEC 61850 标准和产品。IEC 61850 的成功推广为 IEC 61400 – 25 标准的推广应用奠定了良好的基础。

3）风电基地智慧体系应加大对 IEC 61400 – 25 的宣传力度，将 IEC 61400 – 25 引用为我国的国家标准或行业标准。

4）IEC 61400 – 25 标准适用于风电场的组件和外部监控系统之间的通信。风电场组件的内部通信不在 IEC 61400 – 25 标准的适用范围内。IEC 61400 – 25 标准应用范围涵盖风电场运营所涉及的部分方面，包括风电机组、气象系统、电气系统以及管理系统，但不包括与馈电线和变电站有关的信息。

5）IEC 61400 – 25 标准由 IEC TC88 技术委员会起草制定，是 IEC 61850 标准在风力发电领域内的延伸，专门面向风电场的监控系统通信，旨在实现风电场中不同供应商设备之间的自由通信，通过对风电场信息进行抽象化、模型化、标准化，实现各设备之间的相互通信，使各设备之间具有互联性、互操作性和可扩展性。

（6）《风力发电场监控通信 用于环境监测的逻辑节点类和数据类》（IEC 61400 – 25 – 6）。

IEC 61400 – 25 系列的核心内容继承了 IEC 61850 标准，并包含了大部分 IEC 61850 的特点，如：①采用面向对象建模技术；②使用分布、分层体系；③使用抽象服务通信接口（ASCI）；④采用特定通信服务映射（SCSM）；⑤具有互操作性；⑥具有面向未来、开放的体系机构。

因此，当前采用 IEC 61400 – 25 标准的目标是最大限度地应用现有的标准和被广泛接受的通信原理，在不同制造商提供的设备之间实现良好的互操作性，实现数据的标准化接入。

2. 场站层架构

从上面分析可以看出，IEC 61400 – 25 为风电场一体化监控系统提供了一个统一的通信基础，采用客户/服务器通信模式，从风电场信息模型、信息交换模型、这两种模型到通信协议之间的映射方面对风电场监控系统进行了定义。

因此，场站层基于 IEC 61400-25 标准体系，可打通风电机组与汇集升压站的数据壁垒、建立无缝对接，最终实现风电机组、箱式变压器与汇集升压站一体化监控网络，其网络结构示意图如图 3-11 所示。

3.3.3.2　数据接入方式

风电基地地理位置分布分散，各风电场监控中心布置形式各异，有的布置在汇集升压站附近，有的布置在风电场场址区内；物理逻辑连接上存在风场与汇集升压站交叉汇集的情况；风电基地场站规模大，现场设备数据信息量更大。因此，针对这种高度分散的大基地场群来说，如何组织风电场数据流向，如何构建安全Ⅰ区、安全Ⅱ区和安全Ⅲ区的数据流向变得尤为重要。

风电基地数据量流向的组织与数据量的大小紧密相关：对于百万千瓦级风电场，通过计算，从场站到中心的网络通道为十几兆比特的带宽；对于千万千瓦级能源基地规模，通过计算，从场站到中心的网络通道为上百兆比特的带宽。由此可见，大规模风电场数据全部通过汇集升压站上送并不现实。同时，考虑各种高级智能应用，除了生产现场的实时数据，还需上送大量的视频等数据。因此，必须考虑根据集控和高级智能应用需求对数据进行分区分组进行上送。

1. 汇集升压站的接入方式

在安全Ⅰ区、安全Ⅱ区分别构建双星型以太网，安全Ⅲ区构建单星型以太网，安全Ⅰ区、安全Ⅱ区通过硬件防火墙连接，安全Ⅱ区、安全Ⅲ区通过横向隔离装置连接；生产运行数据均分别通过安全Ⅰ区、安全Ⅱ区通信服务器上送至区域集控层。生产管理信息及视频监控系统等数据分别通过安全Ⅲ区通信服务器或视频系统网关机上送至区域集控层，由区域集控层统一实现与集团管控层的数据共享。

汇集升压站数据接入集控方式示意图如图 3-12 所示。

2. 风电机组的接入方式

安全Ⅰ区生产数据通过风电机组集中监控主机的多方向独立以太网接口，利用汇集升压站集控数据网设备，采用双通道方式接入区域集控层集控系统；安全Ⅱ区生产数据通过风电机组 CMS 主机，利用汇集升压站集控数据网设备接入区域集控层集控系统；场站视频监控系统与汇集升压站视频监控系统共网，统一通过运营商通道传至区域集控层边平台，其他生产管理类数据信息通过安全Ⅲ区运营商通道送入区域集控层边平台。风电机组监控主机数量将根据区域集控层对风电机组控制实时响应需求及风电机组监控厂商实际配置的硬件性能综合确定。

风电机组数据接入集控方式示意图如图 3-13 所示。

3.3.3.3　硬件配置

表 3-4 列举了风电基地场站端接入自动化设备配置情况。此处仅从功能角度说明各安全区需要配置的节点名称，具体配置参数随单台服务器的内存和硬盘容量大小等而有所不同，不作强制性要求，以满足边平台的具体应用需求为准。

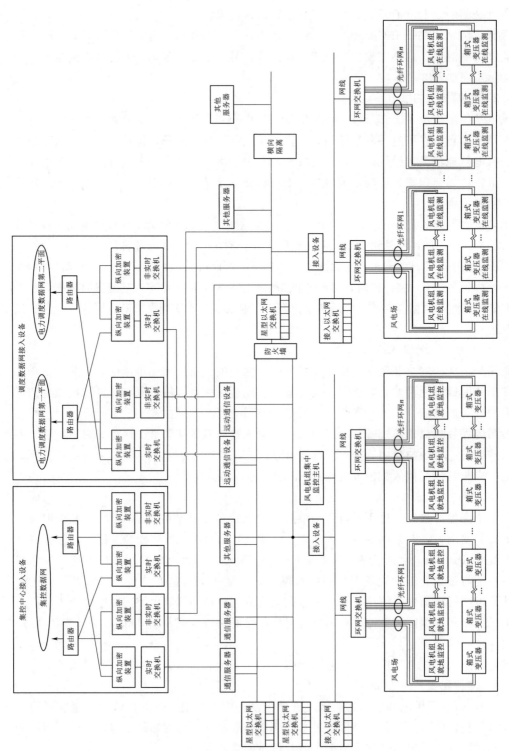

图 3-11　场站层网络结构示意图

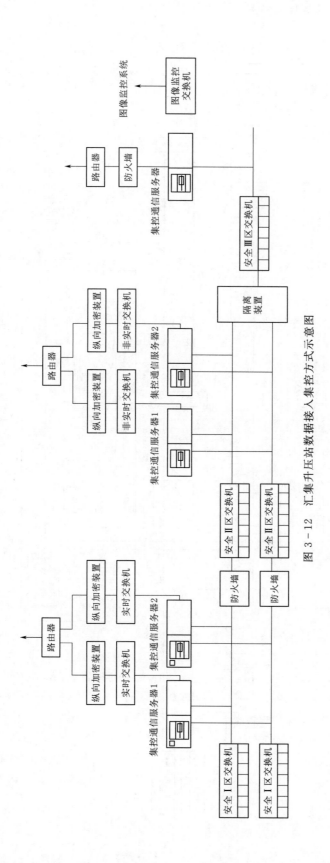

图 3 - 12 汇集升压站数据入集控方式示意图

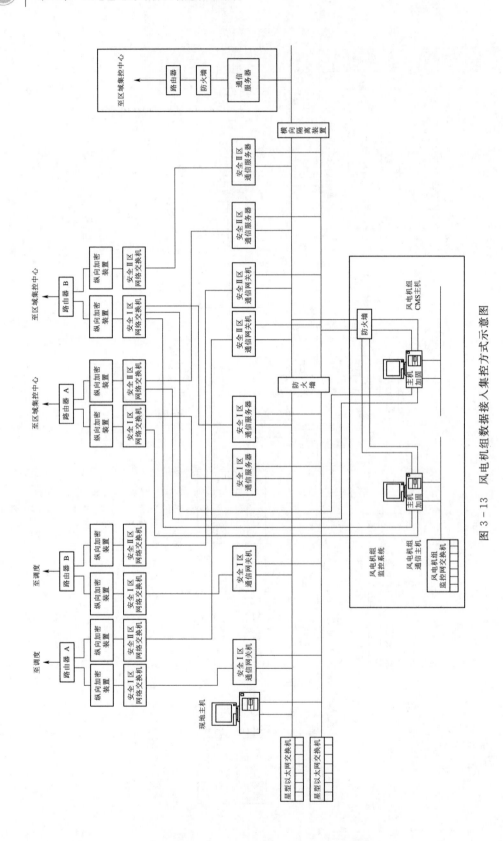

图3-13 风电机组数据入集控方式示意图

表 3-4   场站端接入自动化设备配置表（以下为每个站的配置表）

序号	名　称	序号	名　称
硬　件			
1.1	通信服务器	1.5	纵向加密
1.2	安全Ⅰ区、安全Ⅱ区工控防火墙	1.6	路由器
1.3	安全Ⅱ区、安全Ⅲ区隔离装置	1.7	管理区防火墙
1.4	交换机	1.8	管理区路由器
软　件			
2.1	系统软件	2.3	通信软件
2.2	数据库软件	2.4	接入配合

3.3.4　场站间隔层架构

场站间隔层以各测控保护装置及发电单元设备为主，汇集升压站和风电场间隔层设备已经比较成熟，但在安全Ⅱ区的在线监测系统暂未形成网络连接。对于风电基地智慧体系采用一体化自动化结构体系，为实现在线监测系统与监控一体化结构，支撑在线监测更为丰富的判据逻辑、更为智能的状态检修提供基础条件。因此，在线监测现地采集设备与监控系统一体化架构将为故障预警、故障识别提供更为有利的条件，这将在在线监测及故障诊断系统中进一步深入研究。

3.3.5　现地过程层架构

智能汇集升压站中广泛采用以智能终端或合并单元为主的现地过程层设备以及现地过程层 SV、GOOSE 网络，在风电机组单机监控体系内尚不具备现地过程层网络的连接条件，目前风电机组单机监控多采用内部总线连接方式。

3.3.6　网络通道

网络通道是场站、区域集控中心、集团管控中心、电网调度管理部门、不同风电企业管控中心之间的神经和纽带，是实现集中监控、统一管理的基础，是确保场站安全、稳定运行的重要技术手段，如果通道出现故障，场站将失控，电网的安全运行将受到极大威胁。因此，构建场站、区域集控中心、集团管控中心、电网调度管理部门、不同风电企业管控中心之间的网络通道形成集控数据网和调度数据网，实现风电基地数据安全可靠上传，从而实现"无人值班、少人值守"运行模式，是风电基地智慧体系运行管理的重要目标之一，伴随风电基地的迅猛发展，场站、区域集控中心、集团管控中心、电网调度管理部门、不同风电企业管控中心之间的网络通道也成为电网运行管理系统中一个非常重要的组成部分。

场站、区域集控中心、集团管控中心、电网调度管理部门之间的通道要求可靠度高、抗干扰性强、通信速率高、有双通道冗余机制。场站经由通道将实时数据上传到区域集控中心，区域集控中心经由通道下发远程控制命令，同时区域集控中心将数据上传至电网调度部门和集团管控中心，电网调度部门经由通道下发远控指令。区别于调度系统，场站、区域集控中心、集团管控中心数据采集的特点是数据非常详细，数据量相当大。而增大的数据量带来的问题是对通信带宽的需求，常用的 2M 传输速度渐渐不能满足要求，场站至调度端通过 2M 的电力专线的数据传输速度已不能照搬照抄，带宽往往需要根据基地规模不断增大，需要根据业务需求，规划建立各场站至区域集控层、各场站至电网部门、区域集控层至集团管控层、集团管控层至不同风电企业管控中心（根据具体需求）的通信路由，以满足各类信息的传输需求。场站至区域集控层、区域集控层至集团管控层、集团管控层至不同风电企业管控中心、区域集控层至电网部门之间的监控数据通信通道按双通道设计原则考虑，可采用不同方式或不同路由的双通道，尽可能具备光纤环网方式。通信通道方式根据电力通信专网、风电场集电线路光纤通道和运营商网络建设情况进行选择。

基本网络通道初步规划如下：

（1）场站至区域集控层之间生产数据采用电力调度数据网和运营商网络，构成生产数据的主备通道，管理数据采用运营商网络。

（2）区域集控层至集团管控层、集团管控层至不同风电企业管控中心之间的管理数据和视频信息均采用运营商网络。

（3）区域集控层至电网部门之间的生产数据采用电力调度数据网双平面方式。

（4）部分路径网络之间存在部分光纤网络需要自建的情况。

3.3.7　电力二次系统安全防护

电力二次系统安全防护总体方案是依据《国家能源局关于印发电力监控系统安全防护总体方案等安全防护方案和评估规范的通知》（国能安全〔2015〕36 号）的要求，并根据我国电力调度系统的具体情况编制的，目的是防范对电网和电厂计算机监控系统及调度数据网络的攻击侵害及由此引起的电力系统事故，规范和统一我国电网和电厂计算机监控系统及调度数据网络安全防护的规划、实施和监管，以保障我国电力系统的安全、稳定、经济运行，保护国家重要基础设施的安全。

智慧风电基地接入数据网络的电力控制系统越来越多，较传统风电场而言，智慧风电基地数据交换环节更为复杂，网络传输更为频繁：要求在调度中心、企业集团、企业区域集控、风电场、用户等之间进行更为频繁的数据交换。此外，"无人值班、少人值守"的运行管理模式是今后发展的必然趋势，大量采用集中监控，采用网络方式进行数据传输，以及移动运维、各种物联网设备、Internet 网络技术、5G 通信的广泛使用，对电力控制系统和数据网络的安全性、可靠性、实时性提出了新的严峻挑战。

因此，智慧风电基地跨域协同云平台整体方案架构针对实时闭环监控系统、调度数据网及企业集团网络的安全，必须采取完善的二次系统安全防护措施。

3.3.7.1　安全防护的总体策略

电力二次系统安全防护的总体原则是"安全分区、网络专用、横向隔离、纵向认证"。安全防护主要针对网络系统和基于网络的电力生产控制系统，重点强化边界防护，提高内部安防能力，保证电力生产控制系统及重要数据的安全。

电力二次系统安全防护总体框架结构示意如图 3-14 所示。

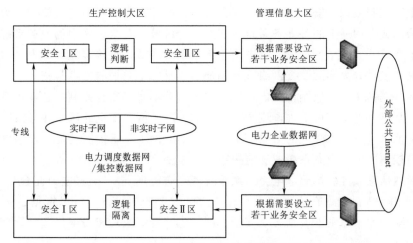

图 3-14   电力二次系统安全防护总体框架结构示意图

（1）安全分区。发电企业、电网企业、供电企业内部基于计算机和网络技术的业务系统，原则上划分为生产控制大区和管理信息大区。生产控制大区可以分为安全Ⅰ区和安全Ⅱ区；管理信息大区内部在不影响生产控制大区安全的前提下，可以根据各企业不同安全要求划分安全区。

（2）网络专用。电力调度数据网在专用通道上使用独立的网络设备组网，在物理层面上与风电场网络安全隔离。

电力调度数据网应当在专用通道上使用独立的网络设备组网，采用基于 SDH/PDH 不同通道、不同光波长、不同纤芯等方式，在物理层面上实现与电力企业其他数据网及外部公共信息网的安全隔离。

（3）横向隔离。在生产控制大区与管理信息大区之间必须设置经国家指定部门检测认证的电力专用横向单向安全隔离装置。生产控制大区内部的安全区之间应当采用具有访问控制功能的设备、防火墙或者功能相当的设施，实现逻辑隔离。

（4）纵向认证。在生产控制大区与广域网的纵向交接处应当设置经过国家指定部门检测认证的电力专用纵向加密认证装置或者加密认证网关及相应设施。

（5）按《信息安全技术 信息系统安全等级保护基本要求》（信安字〔2007〕12 号）部署物理安全等综合防护措施。综合防护是国家信息安全等级保护工作的相关要求，对电力监控系统从主机、网络设备、恶意代码防范、应用安全控制、审计、备份和容灾等多个层面进行信息安全防护的过程。

3.3.7.2   安全防护总体方案要求

1. 安全分区

电力二次系统划分为不同的安全工作区，反映了各区中业务系统的重要性差别。不同的安全区确定了不同的安全防护要求，从而决定了不同的安全等级和防护水平。

根据电力二次系统的特点、目前状况和安全要求，整个二次系统分为生产控制大区和管理信息大区两个大区。生产控制大区划分为安全Ⅰ区、安全Ⅱ区。管理信息大区可根据业务系统的状况再细分。

(1) 生产控制大区。安全Ⅰ区是指由具有实时监控功能、纵向连接使用电力调度数据网的实时子网或专用通道的各业务系统构成的安全区域。安全Ⅰ区中的业务系统或其功能模块（或子系统）的典型特征为：是电力生产的重要环节，直接实现对电力一次系统的实时监控，纵向使用电力调度数据网络或专用通道，是安全防护的重点与核心。

安全Ⅱ区是指在生产控制范围内，由在线运行但不直接参与控制的各业务系统构成的安全区域，是纵向连接使用电力调度数据网的非实时子网。安全Ⅱ区中业务系统或功能模块的典型特征为：是电力生产的必要环节，在线运行但不具备控制功能，使用电力调度数据网络，与控制区中的业务系统或功能模块联系紧密。

(2) 管理信息大区。按照《电力二次系统安全防护规定》（国家电力监管委员会令 第5号），管理信息大区内部在不影响生产控制大区安全的前提下，可以根据各企业不同安全要求划分安全区，原则上应划分为安全Ⅲ区（生产管理区）和安全Ⅳ区（管理信息区）。

2. 分区总体原则

(1) 根据业务系统的实时性，使用者、功能、场所与各业务系统的相互关系，广域网通信的方式以及受到攻击之后所产生的影响，将其分置于各安全区之中。

(2) 进行实时控制的功能或系统均须置于安全Ⅰ区。

(3) 电力二次系统中不允许把本属于高安全区的业务系统迁移到低安全区。允许把属于低安全区的业务系统的终端设备放置于高安全区，由属于高安全区的人员使用。

(4) 某些业务系统的次要功能与根据主要功能所选定的安全区不匹配时，可把业务系统根据不同的功能模块分为若干子系统，分置于各安全区中。各子系统经过安全区之间的通信来构成整个业务系统。

(5) 自我封闭的业务系统为孤立业务系统，其划分规则不作要求，但需遵守所在安全区的安全防护规定。

3. 各安全区内部防护的基本要求

(1) 对安全Ⅰ区及安全Ⅱ区的要求。

1) 禁止安全Ⅰ区和安全Ⅱ区内部的 E-mail 服务；禁止安全Ⅰ区的 Web 服务。

2) 允许安全Ⅱ区纵向 Web 服务，其专用 Web 服务器和 Web 浏览工作站均在"非军事区"的网段，专用 Web 服务器是经过安全加固且支持 HTTPS 的安全 Web 服务器，Web 浏览工作站与安全Ⅱ区业务系统工作站不得共用，而且必须由业务系统向 Web 服务器单向主动传送数据。

3) 在安全Ⅰ区、安全Ⅱ区内禁止使用 IDS 与防火墙的联动。

4) 允许安全Ⅱ区内部采用 B/S 结构的系统，系统必须采取措施进行封闭。

5) 安全Ⅰ区、安全Ⅱ区的重要业务采用认证加密机制。

6) 安全Ⅰ区、安全Ⅱ区内的相关系统间采取访问控制等安全措施。

7) 对安全Ⅰ区、安全Ⅱ区进行拨号访问服务，用户端应该使用 UNIX 或 Linux 操作系统且采取认证、加密、访问控制等安全防护措施。

8) 安全Ⅰ区、安全Ⅱ区应该部署安全审计措施，把安全审计与安全区网络管理系统、入侵检测系统（instrusion detection systems，IDS）、敏感业务服务器登录认证和授权、应用访问权限相结合。

9）安全Ⅰ区、安全Ⅱ区必须采取防恶意代码措施。病毒库和木马库的更新必须离线进行，不得直接从 Internet 下载。

10）安全Ⅰ区、安全Ⅱ区内的系统必须经过安全评估。

（2）对安全Ⅲ区的要求。

1）安全Ⅲ区允许开通 E-mail、Web 服务。

2）对安全Ⅲ区的拨号访问服务必须采取访问控制等安全防护措施。

3）安全Ⅲ区必须采取防病毒和恶意代码措施。

（3）安全Ⅳ区的防护应严格遵照电力二次系统安全防护总体方案进行。

4. 安全区之间的横向隔离要求

在各安全区之间均需选择适当安全强度的隔离装置。具体隔离装置的选择不仅需要考虑网络安全的要求，还需要考虑带宽及实时性的要求。隔离装置必须是国产设备并经过国家或电力系统有关部门认证。

（1）安全Ⅰ区与安全Ⅱ区之间的隔离要求。安全Ⅰ区、安全Ⅱ之间采用经有关部门认定核准的硬件防火墙或相当设备进行逻辑隔离、报文过滤、状态检测、访问控制，禁止 E-mail、Web、Telnet、Rlogin 等服务穿越安全区之间的隔离设备。

（2）安全Ⅲ区与安全Ⅳ区之间的隔离要求。安全Ⅲ区、安全Ⅳ之间采用经有关部门认定核准的硬件防火墙或相当设备进行逻辑隔离、报文过滤、访问控制。

（3）安全Ⅰ区、安全Ⅱ区与安全Ⅲ区、安全Ⅳ区之间的隔离要求。安全Ⅰ区、安全Ⅱ区不得与安全Ⅳ区直接联系，安全Ⅰ区、安全Ⅱ区与安全Ⅲ区之间必须采用经有关部门认定核准的专用隔离装置。专用隔离装置分为正向隔离装置和反向隔离装置。从安全Ⅰ区、安全Ⅱ区往安全Ⅲ区单向传输信息须采用正向隔离装置，由安全Ⅲ区往安全Ⅱ区甚至安全Ⅰ区的单向数据传输必须采用反向隔离装置。反向隔离装置采取签名认证和数据过滤措施（禁止 E-mail、Web、Telnet、Rlogin 等访问）。

5. 安全区与远方通信的纵向安全防护要求

安全Ⅰ区、安全Ⅱ区所连接的广域网为电力调度数据网 SPDnet，应采用 MPLS-VPN 技术的 SPDnet 为安全Ⅰ区、安全Ⅱ区分别提供两个逻辑隔离的 MPLS-VPN。安全Ⅰ区、安全Ⅱ区接入 SPDnet 时，应配置纵向加密认证装置，实现网络层双向身份认证、数据加密和访问控制。

安全Ⅲ区所连接的广域网为发电集团/公司内部局域网，通道可采用发电集团公司内部局域网或租用运营商网络，该通信网为综合数据通信网时应采用物理隔离。安全Ⅲ区接入综合数据通信网时应配置硬件防火墙。

处于外部网络边界的通信网关的操作系统要进行安全加固，安全Ⅰ区、安全Ⅱ区的外部通信网关增加加密、认证和过滤功能。

3.3.7.3 安全防护总体方案

1. 总体结构

安全防护总体方案结构如图 3-15 所示。

（1）网络结构安全。集团管控层、区域集控层和场站自动化系统均采用全分布、分层式体系结构，即采用功能及监控对象分布方式和分布式数据库系统，自动化系统的各种设

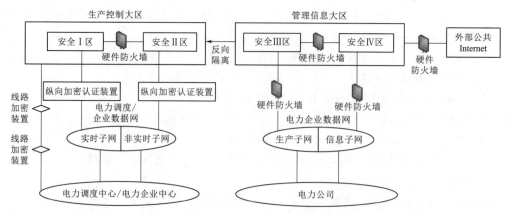

图 3-15   安全防护总体方案结构图

备以节点的形式通过网络组件形成局域网，实现数据信息共享。自动化系统全部功能由分布在系统网络上的各个节点计算机设备共同完成，每个节点计算机设备严格执行被指定的任务并通过系统网络与其他节点进行数据通信。

集团管控层设置管理信息大区网络，区域集控层和场站层自动化系统网络主要包括生产控制大区安全Ⅰ区网络、生产控制大区安全Ⅱ区网络和管理信息大区网络。网络结构采用星型以太网结构，通信协议采用 TCP/IP 协议，遵循 IEEE 802.3 标准，整个网络发生链路故障时能自动切换到备用链路。

电力调度数据网、集控数据网在专用通道上使用独立的网络设备组网，在物理层面上，集团管控层、区域集控层和场站网络做安全隔离。本工程设置电力调度数据网接入设备，分为实时子网和非实时子网，分别连接安全Ⅰ区和安全Ⅱ区。

安全Ⅰ区：包括计算机监控系统、同步时钟系统、功率控制系统等，这类系统对数据通信的实时性要求为毫秒级或秒级，其中负荷管理系统为分钟级。该区与调度、集控的外部边界是电力调度数据网、集控数据网的实时子网和专用通道。

安全Ⅱ区：包括电能量采集、网络安全监测、二次安全防护系统、继电保护及故障录波管理信息系统。数据的非实时性是分钟级、小时级、日级、月级甚至年级。该区与调度、集控的外部边界目前主要是电力调度数据网、集控数据网的非实时子网。

管理信息大区：目前，该区与调度、集控的外部边界主要采用通信数据网的专线方式。

（2）分区防护。根据业务系统或功能模块的实时性，使用者、功能、场所、各业务系统的相互关系，广域网通信的方式以及受到攻击之后所产生的影响进行安全分区并采取相应的防护措施。

各层级自动化系统采用横向分区的体系结构，集团管控层主要设置管理信息大区，区域集控层和场站层分为生产控制大区（安全Ⅰ区和安全Ⅱ区）和管理信息大区，如图 3-16 所示。安全Ⅰ区完成实时监控业务功能；安全Ⅱ区完成继电保护及故障信息管理系统、电能计量、故障录波、状态监测、集中功率预测等业务功能；管理信息大区完成生产信息管理等业务。根据相关系统的安全分区划分，集团管控层、区域集控层和场站各层级监控系统通过数据通信网关机、实时/非实时交换机、硬件防火墙、正反向安全隔离装置、纵向认证加密装置与其他系统进行数据交换，以避免外部系统的非法入侵和干扰。

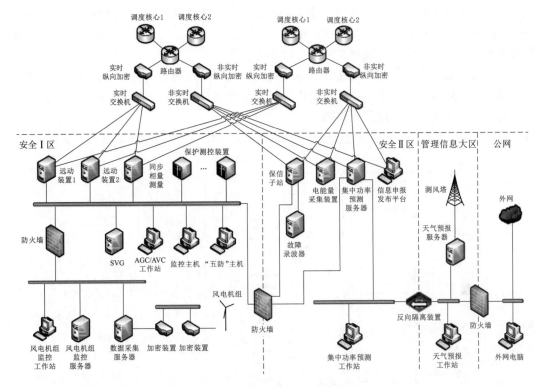

图 3-16　风电场安全防护框架结构图

（3）横向通信防护。横向隔离是电力二次系统安全防护体系的横向防线，采用不同强度的安全设备隔离各安全区，在生产控制大区与管理信息大区之间必须设置经国家指定部门检测认证的电力专用横向单向安全隔离装置，隔离强度应接近或达到物理隔离。电力专用横向单向安全隔离装置作为生产控制大区与管理信息大区之间的必备边界防护措施，是横向通信防护的关键设备。生产控制大区内部的安全区之间应当采用具有访问控制功能的网络设备、防火墙或者相当功能的设施，实现逻辑隔离。横向通信防护框架结构图如图 3-17 所示。

图 3-17　横向通信防护框架结构图

（4）纵向通信防护。纵向加密认证是电力二次系统安全防护体系的纵向防线，采用认证、加密、访问控制等技术措施实现数据的远方安全传输以及纵向边界的安全防护。集团管控层、区域集控层和场站各层级在生产控制大区与广域网的纵向连接处应当设置经过国家指定部门检测认证的电力专用纵向加密认证装置或者加密认证网关及相应设施，实现双向身份认证、数据加密和访问控制。

纵向加密认证装置及加密认证网关用于生产控制大区的广域网边界防护。纵向加密认证装置为广域网通信提供认证与加密功能，实现数据传输的机密性和完整性保护，同时具有类似防火墙的安全过滤功能。加密认证网关除具有加密认证装置的全部功能外，还应实现对电力系统数据通信应用层协议及报文的处理功能。

电力调度数据网、区域集控层和场站两侧均应配置纵向加密认证装置。电力调度数据网、区域集控层和场站的安全Ⅰ区、安全Ⅱ区各系统相互接入的数据网应配置有纵向加密认证装置，实现正、反方向的纵向隔离。

在风电场与汇集升压站接入端口设置纵向加密和防火墙，其框架结构如图3-18所示。

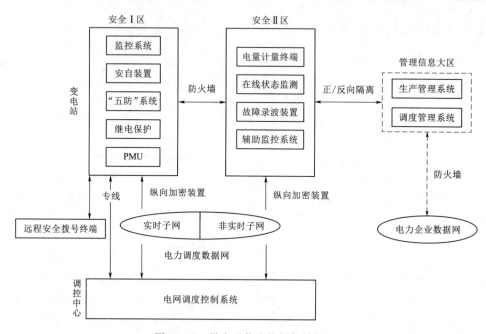

图 3-18   纵向通信防护框架结构图

（5）系统漏洞管理防护。安全风险除了外部的因素外，还来自于系统自身的弱点。电力监控系统层面存在的安全隐患，很容易成为内部用户或外部非法入侵者进行攻击的对象，因此有必要进行分析和评估，发现存在的隐患或弱点后进行修补及加固。

需要采用漏洞扫描技术对电力监控系统内的漏洞进行自动检测。

漏洞扫描技术是现阶段最先进的系统安全评估技术，漏洞扫描系统能够测试和评价系统的安全性，并及时发现安全漏洞。

（6）主机加固。设置主机加固系统，以控制木马病毒的源头为基础，根据程序白名单，控制程序模块的装载过程，允许合法名单中的程序运行，拒绝执行不合法的程序。这样能彻底摆脱传统的杀毒模式，基于主动防御模式，从源头禁止木马病毒程序运行，杜绝木马病毒的感染。

（7）网络安全审计。通过部署网络审计系统，实现对核心网络节点流量的收集、记录、审计及告警。

随着各项安全工作的深入开展，一个突出的问题是在处理这些异构设备产生的安全事件时，缺少一种好的分析和协调方式。尤其是复杂的网络环境下，网络安全行为更加复杂，现有的网络技术与管理缺少对海量原始数据的良好安全监控与分析手段，因此构建了一个统一的网络安全监测系统，通过采集汇聚系统内各类设备的安全信息，同时结合网络安全法和公安机构要求日志留存 6 个月以上的规定，需要网络审计系统对安全设备、网络设备日志进行存储分析，从而确保监控系统安全稳定运行，为电网、发电等生产控制类业务提供切实可靠的网络安全防护支撑。

综上，风电基地安全防护总体安全部署如图 3-19 所示。

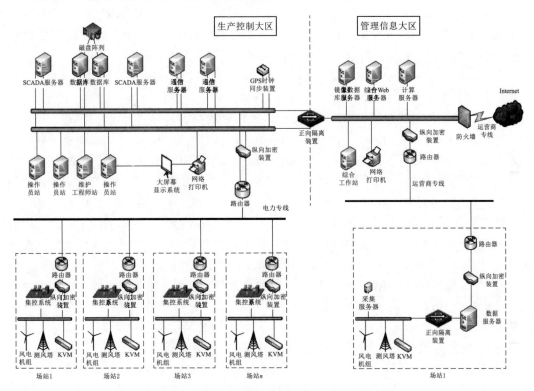

图 3-19　风电基地安全防护总体安全部署示意图

2. 数据安全

风电基地智慧体系广泛应用"云大物移智"技术，与传统风电场相比，风电基地智慧体系也重新构建了能源互联网，它具有更加开放的共享网络和更多层面的数据来源，这将带动整个电力工业体系产业升级。作为以数据驱动作为核心的智慧风电基地，数据是核心资产，将覆盖生产、传输、交易等各个环节，整体上呈现数据分散广、规模大、类型多样的特点，且数据同时跨接场站、电力调度数据网、企业局域网和运营商网络，而能源互联网本质是开放、共享机制，为此也容易产生恶意的网络攻击，从而对电力各环节数据在采集、传输、存储、处理、交互和应用等全生命过程中的安全性造成极大的威胁，因此对于风电基地智慧体系的数据安全提出了更高的要求。

近年来，我国陆续发布了一系列数据及其安全相关的法律法规和标准规范，包括《中华人民共和国国家安全法》《中华人民共和国网络安全法》《中华人民共和国数据安全法》《中华人民共和国个人信息保护法》，数据资产价值得到确认，政府部门、企业持续加大在数据治理、数据存储、数据保护、数据加密等方面的重视程度和投资力度，但针对电力生产、传输和交易各环节，以及涉及广域场群、集控中心、集团云中心、电力调度中心的数据安全还未形成成熟技术。

风电基地智慧体系数据增量大，数据安全包括数据存储、处理安全、所涉及技术和基础设施的安全以及数据权属带来的安全。

首先，海量、多元和非结构化成为智慧风电基地数据常态。数据多来自生产现场，环境呈现多样化、复杂化特征，大量文本、图片、视频等非结构化数据被产生、存储和使用。例如，各类传感设备采集的数据从单一内部小数据形态向多元动态大数据形态发展，产生的海量数据给数据安全存储、管理及使用带来了压力。

其次，数据实时性处理变得需求迫切。例如，在功率控制应用场景中，需要快速实时的数据安全采集、安全存储和安全分析处理。

最后，新型数字技术催生海量数据呈现多元化处理特征。在"云大物移智"、边缘计算、5G等一系列新型数字技术对智慧风电基地应用场景支撑中，产生海量数据，提出了多元化处理需求，这对数据中心应用更安全、高效支撑新型数字技术提出了挑战。例如，在无人巡检产生的原始图像数据处理就需要综合采用"云大物移智"、5G等一系列新型数字技术。

因此数据安全存在着以下风险：

1）数据泄露风险。云平台提供了大量的应用和服务，一旦被恶意攻击，大量数据将破坏和窃取；大数据在传输过程中存在数据泄露的风险。

2）数据高性能存储风险。随着广域基地的迅速开发，增量数据日益增大，智慧风电基地数据达到PB级，这些数据要求在短时间内完成数据处理，存储时长10年以上，用于机器学习。

3）计算性能和自主创新风险。系统基于开源软件实现，存在不可信的安全风险。

4）数据全生命周期管理风险。智慧风电基地存在大量异构数据，接口和通信协议不统一，数据采集过程容易导致过度采集、隐私泄露等问题。工业数据传输、处理实时性要求高，工业互联网数据多路径、跨组织、跨地域的复杂流动，容易导致数据传输过程追踪溯源问题。

（1）数据安全对核心技术能力的诉求。数据的生命周期分为采集、传输、存储、处理、交换和销毁六个阶段。各阶段数据安全对核心技术能力诉求见表3-5。

表3-5　　　　　　　　数据生命周期各阶段数据安全对核心技术能力诉求

数据生命周期	核心技术能力诉求
数据采集	数据分类和分级、身份认证、权限控制等
数据传输	身份认证、传输通道加密、敏感数据加密、密钥管理等
数据存储	软硬件数据加密、数据隔离存储、完整性保护/WORM、数据度量、数据容灾备份等
数据处理	访问控制、用户间隔离、防侧信道攻击、REE/TEE/SEE硬件隔离机制、日志审计等
数据交换	数据脱敏/水印等
数据销毁	安全擦除/消磁等，数据管理、数据可视化管理、数据安全策略管理等

（2）数据安全总体策略。当前数据产业面临的威胁和风险不仅针对数据本身，也包括承载数据的关键信息基础设施，因此，需要以数据为中心，构建全方位的数据安全治理体系，保护数据资源，在风险可控的基础上实现数据的增值和自由流转。

数据存储层是数据产业的核心层，主要包括存储网络、存储介质和存储服务，由相关存储设备的硬件和软件组成，是数据业务和配套安全方案的根基。

数据处理层在保证数据安全存储的基础上，选择相应的数据库、大数据软件、分析工具以及相关的技术架构，对数据进行采集、存储、检索、加工、变换和传输。从大量杂乱无章的、难以理解的数据中抽取并推导出有价值、有意义的数据，挖掘和开发出数据的价值。数据处理场景涉及数据协同共享处理场景、数据跨网或跨省份场景等，这类场景处理多为数据授权、审计跟踪、数据脱敏等。目前，行业上已基本具备数据库和大数据产业基础。

数据使能层可对数据进行治理、分析和管理。数据使能场景从数据使用和流动的角度进行提炼，包括内部数据使用、各业务应用交互场景、业务系统安全防护、移动应用等场景。数据使能需要根据界定的数据安全治理业务对象，识别数据资产，发现和定位具体数据管理对象，可以是静态存储的数据库系统、文档存储系统，也可以是动态数据处理系统，包括数据接口 API、传输数据的网络系统等。

总体来说，数据存储层以硬件能力为主，数据处理层和数据使能层以软件能力为主，需要大力发展和培育软件产业生态，共同应对产业挑战，数据安全的主要目标是保护数据安全，防止数据泄露，确保数据安全流动共享。

3．数据安全关键技术

对于风电基地智慧体系，数据的安全防护包括从软件到硬件，从网络边界到内部，从事前准备到事后追溯，其关键技术主要包括以下内容：

（1）设备系统安全。防止攻击者利用设备软硬件的安全漏洞发起对数据的攻击。数据越敏感，对承载其存储和使用的设备的系统安全性要求越高。

（2）密码学及隐私保护算法。在数据脱离系统安全机制保护的情况下，对数据安全和隐私提供保护。

（3）认证和访问控制。根据数据等级以及相关业务的配套安全策略，对访问者的身份和权限进行管控。

（4）数据安全管理。根据数据面临的风险，配置策略，构建对攻击快速感知和响应以及事后审计能力。

随着风电基地智慧体系的推广和我国数字经济的发展，智慧风电基地不断产生的海量数据将作为各企业集团的宝贵资产，可以预见，行业将围绕数据安全战略，提升数据安全产业基础能力，加快研究和应用数据安全防护技术，健全完善行业数据安全规范与标准，构筑数据安全战略。

3.3.8 基础设施

3.3.8.1 对时系统

对于风电基地智慧体系，需要针对集团管控层、区域集控层、风电场和汇集升压站统一考虑,将整个跨域协同的一体化系统的不同层级的不同设备提供精准对时,以保证系统内各生产设备在统一基础精准授时下的运行状态。

电力系统是时间相关系统,无论电压、电流、相角、功角如何变化,都是基于时间轴的波形。近些年,随着我国电网的快速建设及站内自动化设备的大规模应用,为了保证继电保护装置、自动化装置、安全稳定控制系统、能量管理系统和生产信息系统等基于统一的时间基准运行,以满足同步采样、系统稳定性判别、集电线路故障定位、故障录波、故障分析与事故反演时间一致性要求,确保集电线路故障测距、相角和功角状态监测的准确性,提高运行效率及其可靠性,对时间同步系统提出了更高要求。

现阶段可选择的网络时钟同步对时方案有以下几种:

(1)简单网络时间同步协议(simple network time protocol,SNTP)。

(2)插值同步。

(3)IRIG-B 外时钟源同步。

(4)IEC 61588 对时。

各同步对时方案的优缺点比较见表 3-6。

表 3-6　　　　　　　　　各同步对时方案的优缺点

对时方案	实施方案	优　点	缺　点
SNTP	直接利用以太网传输网络,一般应用于站控层计算机类设备	简单,无须专门敷设同步对时网络	精度智能达到毫秒级,只能满足站控层计算机类设备的对时要求,不能满足采样值同步要求
插值同步	光纤点对点,一般应用于 IEC 60044-8	简单、可靠	不支持信息共享,IEC 60044-8 已经被废除
IRIG-B 外时钟源同步	需专门铺设星型光纤同步网,可应用 IEC 60044-8、IEC 61850-9-1、IEC 61850-9-12	实际工程应用经验丰富	网络复杂,工程施工量大
IEC 61588 对时	直接利用采样值传输网络,应用于 IEC 61850-9-2	支持双时钟源主变压器冗余,同步精度高,误差小于 1μs,无须专门敷设光纤同步网络,结构简单,易于施工	网络交换机需支持 IEC 61588 标准,对交换机、合并单元的要求高

针对基地项目各汇集升压站及风电场布置分散、占地面积大的特点,对集团管控层、区域集控层及场站层时间同步系统,根据业务和应用软件的具体要求,提出不同的对时要求,保证整个基地时间同步系统的可靠性。

集团管控层、区域集控层及场站层设备的网络传输对实时性的要求不同,因此应根据需要选择不同的对时方式。

(1)集团管控层、区域集控层主要业务集中在分析和决策,区域集控层还具有实时控制的业务,但多为手动控制,多不参与实时性要求非常高的自动控制,且设备多为机架式服务器,设备相对单一。因此,推荐采用 SNTP 对时方式,既能满足对时要求,又不需要敷设专门的同步网络。对时系统配置 GPS、北斗两套时钟,主备工作方式,该配置不会因为两套系统采用同一产品发生故障或精度劣化等问题而降低系统可靠性及精度。

（2）场站层不同于集团管控层或区域集控层，其站内装置种类众多，对时钟同步提出了更高要求。对于站控层设备，对时的实时性要求不高，因此可采用 SNTP 对时，配置 2 套主时钟同时运行，互为备用；对于场站间隔层设备，IEC 61850 规定采样值同步的精度须达到 $1\mu s$ 以上，由于 SNTP 对时精度只能达到毫秒级，不能满足采样值同步的要求；插值同步一般采用光纤点对点连接，应用 IEC 60044 - 8 规约通信，而目前大多智能变电站采用 IEC 61850 - 9 - 2 规约，因此也不推荐采用插值同步方式，IRIG - B 外时钟同步可靠性高，是目前多采用的方式；对于现地过程层设备智能组件，IEC 61850 规定采样值同步的精度须达到 $1\mu s$ 以上，SNTP 对时精度不能满足采样值同步的要求；IEC 61588 是行业发展趋势，IEC 61588 支持 PTP 同步机制，可确保基于功能的采样同步，交换机作为时钟源实现对于合并单元的采样同步，GPS、北斗完成对交换机同步源的精确对时，即使 GPS、北斗时钟源丢失，也不影响基于间隔交换机功能自治的合并单元采样同步。目前，部分现地过程层交换机支持 IEC 61588 标准对时功能。但 IEC 61588 对时过程中需要对传输链路延时进行测量和补偿，通常链路延时为几百纳秒左右，由于现地过程层网络抖动等原因，装置计算出的链路延时会出现毫秒级别的数据，异常链路延时就会引起装置同步偏差加大，从而导致现地过程层设备报警同步丢失。综上，现地过程层仍采用 IRIG - B 对时。

3.3.8.2　电源系统

随着云计算、大数据时代的到来，风电基地智慧体系的集控中心或数据中心的规模和性质较传统风电场发生了质的变化，增量数据更为庞大，对数据处理计算要求更为快速和高效，设备选用的机架功率密度不断增长，其耗电量也较大，这一切无疑对电源系统提出了更大的要求。为此，电源系统除了需保证可靠、稳定外，还需考虑巨大电能消耗情况下的"绿色、节能"设计和应用。

1. 负荷特点分析

智慧风电基地集控中心或数据中心的主要设备集中在各种服务器、工作站，其发热量很大，因此机房制冷系统耗电量大。以某个千万千瓦级区域集控为例，区域集控中心最大负载总容量约为 1910kW，其中服务器容量约为 500kW，机房空调容量约为 480kW，中心冬季电散热器最大功率约为 600kW，给排水设备容量约为 110kW，其他负载约为 220kW。制冷系统耗电量占总负荷容量的 25%，考虑远期扩容，制冷系统耗电量还将有所增长；另外，对于主要工作设备的故障容错率、宕机时间和可靠性均有较高要求，为此，对于这类设备的供电需要提供不间断的供电能力；最后，数据中心电能使用效率不宜太高，以千万千瓦级区域集控为例，IT 设备能耗在总能耗的占比约为 26%，考虑到远期扩容，总能耗与 IT 设备能耗的比值控制在 2.1～2.4。

2. 交流 380V 供电系统

对于电力生产的风电基地而言，其集控中心或数据中心的各种生产用 IT 设备由各种电子设备组成，这些电子设备将实时控制现场各类电力设施以及指导现场运维人员参与生产和现场维护过程，因此这些电子设备对于电源系统的技术要求也更为苛刻。为了满足供电可靠性要求，交流 380V 供电系统配置两路独立的电源，且具备自动投切功能。

3. 交流不间断电源系统（UPS）

考虑事故情况下供电可靠性及供电质量，集控中心或数据中心还需配置独立的 UPS，采用双机并联冗余接线方式，两组相同的 UPS 容量都可单独供给全部负荷。正常运行时，两组 UPS 并联供电，当一组 UPS 故障时，另一组 UPS 向全部负荷供电。

但并非所有的设备都需要使用 UPS 电源装置供电，因此在进行 UPS 容量选择计算时，应充分分析系统中各个负载的性质，从满足集控系统的建设和发展要求出发，选择合适的 UPS 容量。

4. 配套储能的电源系统整体方案

结合集控中心或数据中心负荷特点，为保证供电的可靠、绿色、节能，在整体电源系统的配置上，可结合本身建筑形式，利用如屋顶光伏等新能源形式，同时结合储能，提供可互补的能源供电方式。

配置一路工作电源和一路备用电源，外带储能设备。机房空调、消防等重要负荷接入400V 保安电源母线，在主用电源与备用电源均失电或主用电源掉电切至备用电源的过程中，其供电电源由储能系统提供。带储能系统的 400V 配电系统如图 3-20 所示。

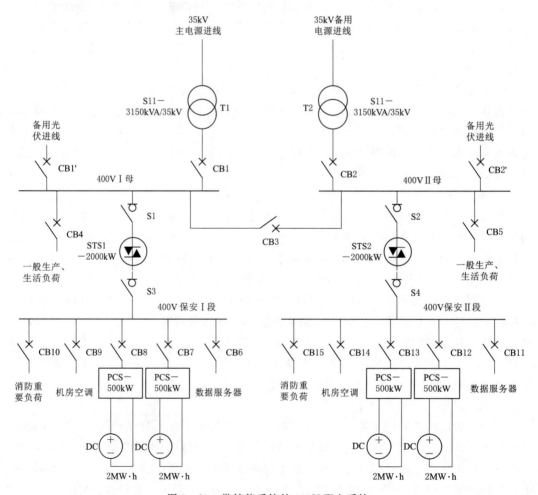

图 3-20　带储能系统的 400V 配电系统

（1）储能系统主要设备选择。

1）电池选择。长期以来，铅酸电池在数据服务供电领域占主导地位，但铅酸电池循环寿命短，占地大，对机房承重要求高，生产过程容易造成环境污染。而锂电池具有能量密度高、占地小、长循环寿命等铅酸不具备的优势。锂电池与铅酸电池主要参数对比见表5-7。

表 3-7　　　　　　　　　锂电池与铅酸电池主要参数对比

电池类型	锂 电 池		铅酸电池
	三元锂电池	磷酸铁锂电池	
标称电压/V	3.7	3.2	2
长期存储温度/℃	−25～50	−20～40	−25～60
运输储存温度/℃	−40～60	−20～50	
重量能量密度/(W·h/kg)		80～120	30～40
体积能量密度/(W·h/L)	280～370	180～310	80～120
最大充电电流	2C	2C	0.2C
最大放电电流	4C	3C	0.4C
循环寿命 (1C, EOL80%)/次	100%DOD，>3000 90%DOD，>4500	100%DOD，>3000 80%DOD，>5000 20%DOD，>30000	充电 0.2C，放电倍率和放电时间、终止电压有关

与三元锂电池相比，磷酸铁锂电池中的磷酸铁锂分子结构更稳定，不易失控，且高温（450℃）下产热峰值不明显，总产热量低于三元锂。高温或高压情况下，三元锂易分解（180℃）且析氧，会加剧燃烧，峰值产热功速率约 80W/min，容易触发爆炸式燃烧（秒级），系统难以反应控制。因此，储能电池推荐采用磷酸铁锂电池。

2）储能变流器选择。在正常的运行环境下，储能变流器不应出现误停机、误报警和其他无故停止工作的情况。当出现故障时，储能变流器应能够按照设计的功能可靠动作。储能变流器机体内应装有环境温度、湿度控制、保护继电器以加强整机的环境控制、保护能力。其基本功能及工作模式如下：

a. 储能双向变流器采用三电平设计，以提高开关频率、转换效率和系统稳定性，降低输出谐波、开关损耗。

b. 具备充放电功能、有功功率调节（满功率调节）和无功功率调节功能［功率因数调节范围：0.9（滞后）～0.9（超前）］，具备 $P-f$ 多拐点下垂功能，且下垂斜率、拐点可远程设置。

c. 具备低电压穿越功能（图 3-21）、快速恢复功能、多机恢复一致性功能。

储能变流器并网点电压跌至 0 时，储能变流器能够保证不脱网连续运行 0.15s；储能变流器并网点电压跌至 1p.u. 以下时，储能变流器可以从电网切出；电力系统故障期间没有切出的储能变流器，其有功功率在故障清除后应能快速恢复，自故障清除时刻开始，以至少 30%额定功率/s 的速度恢复至故障前的值。

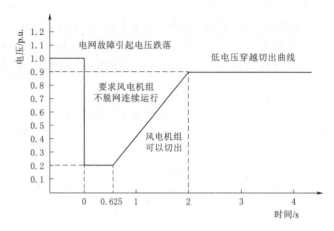

图 3-21　低电压穿越性能

d. 具备极端三相不平衡功能。

e. 具备黑启动及软启动功能。

f. 具备完善的电池管理功能,能实现储能电池三段式充电管理,可以兼容多种不同配置和型号的储能电池。

g. 储能变流器应具有完善保护功能,主要功能包含极性反接保护、内部短路保护、输入过压/过流保护、过热/过湿保护、交流进线相序错误保护、接地故障保护、故障的记录。

(2) 电池管理系统 (battery management system,BMS)。采用三级架构,一级电池管理单元(BMU)位于电池模组内,完成对电池箱内部电池信息(如单体电压、温度、内阻和单个模组的总电压等数据)的监测;二级电池簇管理单元(CMU)位于直流汇流柜内,负责电池簇的管理工作,通过接收电池架内部 BMU 上传的详细数据,并采样电池簇的总电压和总电流,进行电池剩余电量百分比(SOC)、电池当前容量与出厂容量百分比(SOH)的计算和修正,通过控制继电器开关完成电池组预充电和充放电管理,对电池簇之间的电压进行均衡,并通过通信接口将相关数据上传给三级电池堆管理控制器(BAMS)系统;三级 BAMS 安装在直流汇流柜内,BAMS 负责整套电池组单元的运行管理,接收电池组端控制和管理单元(BCMU)上传的数据并进行分析和处理,能够实施对电池 SOC、SOH 的计算,并对电池组单元的功率进行预测、对内阻进行计算,BAMS 与外部设备可通过干接点进行交互,BAMS 通过 RS485 接口以 Modbus-TCP 与外部系统进行通信,并将电池架系统数据转发给电池系统后台监控系统显示和保存。

(3) 储能系统集成。储能系统布置在集装箱内,中间通过隔热层分为配电室和电池室,其中电池室含电池架、消防柜、BMS 控制柜、空调及照明装置、烟感装置等,配电室含 1 套 PCS、消防控制箱、照明装置和烟感装置等。

3.3.8.3　模块化机房

1. 机房设施

智慧风电基地的集控中心或数据中心,服务器、工作站、网络设备均是专业性强、对运行环境要求高的 IT 设备，其安全度、可靠性、使用效率等要求均很高，因此采用具有冷通道、可靠供电、环境优良的模块化机房是十分有必要的，如图 3-22 所示。

图 3-22　模块化机房展示图

采用模块化设计理念，最大限度地降低基础设施对机房环境的耦合。建设模块化机房，集成供配电、暖通、通风、机柜、综合布线、动环监控等子系统，提高平台的整体运营效率，实现快速部署、弹性扩展和绿色节能。模块化机房可减少现场安装、接线、调试工作，实现系统即插即用扩展。模块化机房是由机柜、配电柜、精密空调、动环监控系统、冷通道等组成的一个封闭空间。

由于安全级别的上升，门禁系统应增加身份识别、出入记录、入侵报警等功能，同时门禁系统的数据信息应上送管理系统。

2. 布置荷载及环境

(1) 荷载：模块化机房荷载按 $800 kg/m^2$ 考虑。

(2) 温度：温度设置标准（开机时）：$(23\pm1)℃$；

温度设置标准（停机时）：5～35℃；

机房环境温度范围：18～27℃；

蓄电池室、通信设备室温度范围：18～25℃；

允许温度变化率：<5℃/h。

(3) 湿度：相对湿度（开机时）：40%～55%；

相对湿度（停机时）：40%～70%。

(4) 尘埃：静态条件下测试，空气含尘浓度为每升空气中尘埃粒度大于或等于 $0.5\mu m$ 的尘埃粒数小于 18000 粒。

(5) 噪声：在操作员位置测量的噪声值应小于 65dB（A）。

(6) 电磁干扰：当无线电干扰频率为 0.15～1000MHz 时，区域运管系统无线电干扰场强不应大于 126dB；区域运管系统内磁场干扰环境场强不应大于 800A/m。

(7) 震动：模块化机房地板表面垂直及水平向的震动加速度不应大于 $500 mm/s^2$。

(8) 静电：模块化机房绝缘体的静电电位不应大于 1kV。

(9) 接地：主接地网的接地电阻不大于 4Ω。

(10) 绝缘电阻：交流回路外部端子对地的绝缘电阻为 10MΩ 以上，不接地直流回路对地的绝缘电阻大于 5MΩ。

(11) 绝缘强度：500V 以下、60V 及以上机柜框架和机柜外壳间应能承受交流 2000V 电压 1min；60V 以下机柜框架和机柜外壳间应能承受交流 500V 电压 1min。

3. 机房总平面布置功能

根据功能及管理使用需求，机房划分为模块化机房及其配电区、辅助工作区。

（1）模块化机房。包括微模块单元内的所有配置，包括机柜单元、冷通道单元、配电列头柜单元、照明单元、环境监控单元（包括温湿度、漏水传感器及其实时监测和报警单元）、火灾自动报警单元、微模块监控管理单元等。

（2）配电区。主要考虑为 UPS 系统除蓄电池以外的所有设备提供布置位置的区域。

（3）辅助工作区。主要考虑为空调设备、气体消防设备以及大屏幕附件等设备提供布置位置的区域。

4. 技术要求

（1）总体原则。

1）机房模块规模，包括电源、空调等容量的确定，应根据设备的数量和功耗，以及机房空间要求统一考虑，电源等公用设施一并应考虑远期机房扩容要求。

2）机房模块配置数量，结合平台设备要求，同时考虑远期扩容空间，综合确定。

3）微模块应满足部分可变性和可重新配置的要求。

4）微模块应合理布局，满足设备检修、搬运以及设备测试等对通道的要求。

5）微模块应满足安装环境条件，包括：模块＋设备的荷载、安装地面和基础条件、温湿度环境、噪声、电磁干扰、震动及静电等。

（2）主要技术要求

1）机柜及底座。适应机房环境的综合布线功能需求；高可靠、专业化的配电系统设计，适应 IT 系统大容量、快速变化的机柜配电需要；满足日益增长的服务器、核心交换机等大容量设备对高密度通风散热的需要。机柜需能提供上下走线方式，方便现场布线。能兼容冷通道设计与现场安装施工，能配套现场冷通道封闭式的冷却方案与现场安装施工。机柜系统应有完善的抗震、减振对策，配备减振部件、抗震部件实现内部对机柜内部设备的保护。底座框架采用拼装形式，可以根据需要扩展。

2）行间空调。微模块内机柜的冷却通过行间空调实现，送风方式为水平送风或下送风循环，行间空调采用出风温度控制，精确控制进入冷通道的气流温度，可灵活设置，适应冷热通道隔离的冷却形式。

行间空调控制系统支持 RS485 接口、MODBUS 通信协议，可将重要参数（包括进出风温湿度、电源状态、运行状态、风扇状态、告警等信息）上传至微模块监控管理单元。

3）冷通道。密闭冷通道能有效地优化气流组织，避免冷热气流混合，有效提高制冷效率，提高能效比。

4）配电列头柜单元。列头柜考虑系统扩展、升级，预留备用容量，配电柜应有充足的备用回路。

5）模块布线单位。模块化机房设置模块布线系统，顶部分别设置强电电缆桥架和弱电电缆桥架。电缆桥架紧贴微模块机柜顶部，不应占用机房的高度空间。

6）微模块监控管理单元。主要包括环境监控系统、设备监控系统、安全防范系统、消防监控系统以及综合管理平台。

微模块监控管理平台实现微模块内环境监控、设备监控、安全防范、消防监控、整个机房内监控和安防系统的综合管理，各功能系统需监控以下内容：

a. 环境监控系统：温湿度、漏水。

b. 设备监控系统：空调、轴流风机、配电柜、照明、防雷监测。

c. 安全防范系统：视频服务器、一体化网络摄像机、模块化机房的门禁管理。

d. 消防监控系统：烟感探测器的监测及其与消防翻窗的联动、与整体火灾自动报警系统的联动等。

e. 综合管理平台：包括嵌入式主机，能够整合上述各系统，完成对机房的统一管理，同时能够与接入机房一体化管控平台。

3.4 智慧体系架构在新型电力系统的适用性

随着大规模场站的开发建设，基地的开发越来越趋向于涵盖风力发电、光伏发电、光热发电、抽水蓄能、储能等多种能源互补的基地开发模式，各个企业集团管控的场站类型也趋向多样化发展。多种能源基地中业务类型丰富，对业务交互不仅仅局限于独立的监控管理，更趋于安全和发电效益最优化发展。因此智慧体系架构的适用性不再仅仅满足于风电基地的生产运营管理体系要求，而是具有更强通用性和适用性，是能够综合管控涵盖风力发电、光伏发电、光热发电、抽水蓄能、储能等多种能源基地的智慧体系架构，是集生产、信息监测、数据分析、业务综合应用、综合展示等于一体的新能源综合信息服务平台，为多种能源基地提供运维决策、故障处理、日常管理等全方位的综合管控。

3.4.1 风电基地智慧体系架构的通用性

前面已经对跨域协同智慧体系架构在风电基地领域的应用作了详细描述，正因为风电基地智慧体系架构是底层开放、系统松耦合、分布式的开源体系结构，是电力行业与"云大数物移智"技术结合的产物，从根本上针对数据异构、业务壁垒两大问题提出了全新的解决思路。针对广域新能源场群设备模型的多样性、数据异构性、信息孤岛的不确定性，可以在智慧体系架构基础上，对模型不确定性进行学习和辨识、对量测数据的不确定性进行估算、对复杂运行方式提出优化建议。

为此，基于风电基地智慧体系架构，针对其他能源形式发电，如光伏发电、光热发电、抽水蓄能、储能等的具体特点，构建数据的标准模型，提出业务的互动方式，从而得出新能源基地智慧体系的架构模式，增强该智慧体系架构的通用性。

3.4.2 新能源基地智慧体系架构

通过对风电基地智慧体系架构通用性分析，我们得出新能源基地智慧体系架构建设思路：新能源基地智慧体系架构为跨域协调-云边共享的体系结构，纵向上为五层四网分层分布式体系结构,逻辑上由集团管控层、区域集控层、场站层、场站间隔层和现地过程层构成,横向上按业务功能进行分区,涵盖生产控制大区和管理信息大区。

区别于风电基地智慧体系,新能源基地智慧体系更为丰富和饱满,主要体现在数据层面和业务层面两方面。

1. 数据层面

新能源基地智慧体系数据体量更为庞大,类型更为丰富。新能源基地智慧体系数据层面将接入风电、光伏、抽水蓄能、储能等多种能源形式,实现数据的安全可靠接收、采集、加工处理及加工结果数据的存储和查询等。这些数据包括:

(1) 风电机组各电气量 (有功功率、无功功率、电能、电流、电压等)。

(2) 风电机组各非电量 (叶片角度、转速、压力、轴承温度、轮毂温度、电机温度、齿轮箱压力、油温、风速、风向、气压等)。

(3) 风电机组开关状态量 (风电机组、齿轮箱油泵、叶片限位开关等的状态信息和故障信息等)。

(4) 光伏电站各电气量 (有功功率、无功功率、电能、电流、电压等)。

(5) 光伏电站各非电量 (效率、温度等)。

(6) 光伏电站开关状态量 (设备状态信息和故障告警信息等)。

(7) 箱式变压器各电气量 (有功功率、无功功率、电能、电流、电压等)。

(8) 箱式变压器各非电量 (温度等)。

(9) 箱式变压器开关状态量 (断路器位置的状态信息和箱式变压器故障信息等)。

(10) 升压站各电气量 (有功功率、无功功率、电能、电流、电压等)。

(11) 升压站各非电量 (变压器温度等)。

(12) 升压站开关状态量 (断路器、隔离开关等设备的状态信息和故障信息等)。

(13) 水轮发电机组、辅助设备各电气量 (有功功率、无功功率、电能、电流、电压等)。

(14) 水轮发电机组、辅助设备各非电量 (导叶位置、转速、压力、定子和轴承温度、流量等)。

(15) 水轮发电机组、辅助设备开关状态量 (导叶位置、励磁、调速、辅控、保护系统等设备的状态信息和故障信息等)。

(16) 火电机组、辅助设备各电气量 (有功功率、无功功率、电能、电流、电压等)。

(17) 火电机组、辅助设备各非电量 (烟尘浓度、温湿度、压力、吸收塔浆液密度、除氧器水位等)。

(18) 火电机组、辅助设备开关状态量 (磨煤机、给煤机、引风机等设备的状态信息和故障信息等)。

2. 业务层面

新能源基地智慧体系业务类型不再局限于风电领域,将延续至光伏、抽水蓄能的智能诊断以及多种业务相互交织的智能应用,如多种能源互补等。

由此提出新能源智慧体系架构如图3-23所示。

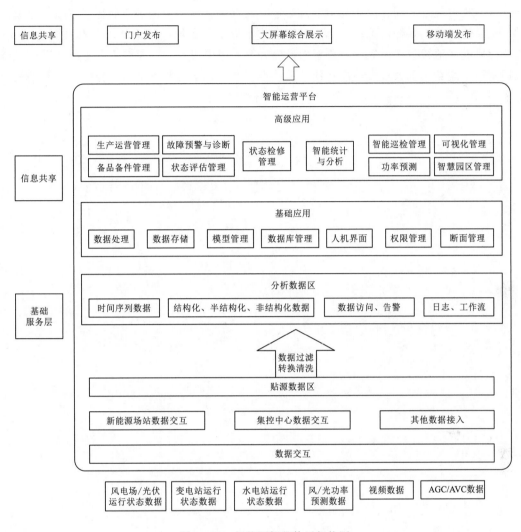

图 3-23　新能源智慧体系架构图

3.5　小结

　　本节提出了风电基地跨越协同-云边共享智慧生产运营管理体系的架构模式,该生产运营管理体系架构为五层四网分布式结构,涵盖集团管控层、区域集控层、场站层、场站间隔层及现地过程层。五层四网分布式结构纵向包括集团管控层云平台、区域集控层集控中心和二级应用云平台、电站层一体化监控系统、场站间隔层设备和现地过程层设备;跨域协同架构模式,通过分层汇聚数据资产方式,形成海量信息汇聚,形成企业的数据共享中心,从而进行数据分析和挖掘,形成以集团管控层统一部署的风电智能预警、故障诊断、智慧运维为核心的智能决策中心,通过区域集控层分层应用方式,对现场设备的运行状态进行健康评估,从而有效触发维护、备件、人员安排、防误闭锁等业务流程,实现现场各电站相关设备之间、设备与运维人员之间的智能联动和快速响应的智慧运维。通过科学、全面的架构体系构建了跨域协同工作模式，提出了各层级功能要求和典型配置方式，为今后风电基地智慧建设提出了典型的设计方案和建设思路。同时对平台扩展性进行引申应用阐述，能够实现大规模多能互补基地的生产调度、全面监测、运营分析、协调控制和全景展示。

第 4 章
云边共享在线监测及故障诊断系统

4.1 技术背景

风电基地的发展必然向着大功率长叶片风电机组、高电压等级汇集升压站、复杂化地址条件、集电线路距离日益增长的方向发展；风电多为外送通道打捆送出形式，肩负着电力通道组织能力提升的责任；风电基地设备规模、结构复杂程度日趋增大，设备的维护要求日趋细致。加之风电基地项目分布在广阔的野外，地域宽广，且风电场运维环境属高空作业，作业面狭窄，具有一定危险性。因此风电基地设备的在线准确监测和精准预警显得尤为重要。

基于跨域协同一体化云平台集中部署的故障诊断系统，通过场站在线监测系统数据上送云平台，由云平台进行数据存储、管理，并进行大数据分析，这样的故障诊断系统，更关注数据本身产生的价值，对于业务领域知识存在欠缺，虽然系统与业务结构相对松耦合，但需要来自生产运行现场的大量、高频、增量数据做支撑，因此对云平台的计算和存储资源、网络时延、网络带宽和数据安全带来很大压力。

而风电基地场站在线监测系统虽然与生产运行现场最为靠近，现场往往敷设光缆进行设备的互联互通，但面对丰富的设备类型产生的大量异构数据，由于现场计算资源的缺乏，难以打通数据壁垒、进行在线采集和处理。另外，风电基地场站各设备在线监测业务相对独立，同样，由于现场计算资源的缺乏，模型较为单一，缺少相关性分析，往往只能借助少量参数建立特定数学模型，对第三方厂商机型的适用性相对薄弱，欠通用性，难以适应各种复杂的实际运行工况，难以有效提升设备故障诊断的精确度。加之传统风电场限于设备投资，未能完整地设置风电机组在线监测系统，在线监测系统数据未能得到有效的分析和充分利用，未能与其他系统进行有效整合……这些都是行业面临的巨大困扰。

上述这些方面都不能满足智慧风电基地在生产、管理、维护、监测、诊断工作方面对设备在线监测和故障诊断应用的支撑需求，难以满足风电场优化运维策略、提升发电量、提供友好电网接口等安全、可靠及经济方面的要求。

通过利用边缘计算靠近数据源、实时性好、低时延、响应快、数据安全性高、对业务关系更加密切、对业务知识更加了解的特点，可以实现不同设备中异构数据的在线采集，边缘计算资源配置可以满足云平台数据离线处理和分析，从而保障各类数据的安全传输和处理。此外，边缘计算借助高速通信技术可以降低网络时延，提高网络传输带宽的利用率，实现高效稳定的数据传输。同时，云平台提供弹性计算资源承载深度学习模型，可以实现边缘侧模型优化。因此，针对风电基地在线监测及故障诊断，面对不同机型、不同厂商、不同设备类型、不同开放性的现实情况，为提升智能化精准预测和诊断，提出边缘计算和云平台相结合的一体化在线监测与故障诊断系统，这是风电基地智慧体系架构下的全新应用，它通过场站在线监测和云平台故障诊断的云边共享工作模式，对设备状态进行在线采集、传输、监测和分析，全面掌握风电机组、变压器、开关设备和集电线路的运行状态，从而及时排除设备故障而减少不必要的停机和事故。

4.2　系统架构

基于智慧体系的云边共享在线监测及故障诊断系统，是基于跨域协同一体化云平台的全新应用，是基于设备机理的场站在线监测和基于大数据分析的云平台智能诊断系统的深度融合应用，是基于边缘计算的数据采集处理和实时分析，是基于数字孪生技术的风电机组模型优化，是基于云边共享协同工作模式下的模型迭代，是云边共享的一体化计算体系，是涵盖风电机组一体化在线监测、汇集升压站一体化在线监测、集电线路在线监测和云平台故障诊断系统的综合性系统。

4.2.1　边缘计算在智慧风电基地在线监测及故障诊断系统中的应用

4.2.1.1　边缘计算的含义

ISO/IECJTC1/SC38 对边缘计算的定义为：边缘计算是一种将主要处理和数据存储放在网络的边缘节点的分布式计算形式。

边缘计算产业联盟（Edge Computing Consortium，ECC）于 2016 年成立，是边缘计算的积极推动者。边缘计算是指在靠近物或数据源头的网络边缘侧，融合网络、计算、存储、应用核心能力的分布式开放平台，就近提供边缘智能服务，满足行业数字化在敏捷连接、实时业务、数据优化、应用智能、安全与隐私保护等方面的关键需求。它可以作为连接物理和数字世界的桥梁，使能智能资产、智能网关、智能系统和智能服务。

电信标准化组织（European Telecommunications Standards Institute，ETSI）对边缘计算的定义为：为在移动网络边缘提供 IT 服务环境和计算能力，强调靠近移动用户，以减少网络操作和服务交付的时延，提高用户体验。随着 5G 技术的逐步成熟，MEC（multi‑access edge computing，也称为 mobile edge computing）作为 5G 的一项关键技术，成为行业上下游生态合作伙伴们共同关注的热点。目前，ETSI 对 MEC 的定义是指在网络边缘为应用开发者和内容服务商提供所需的云平台计算功能和 IT 服务环境。

上述边缘计算的各种定义虽然表述上各有差异，但基本都在表达一个共识：在更靠近终端的网络边缘上提供服务。

2017 年，ECC 和工业互联网产业联盟联合发布《边缘计算参考架构 2.0》，重点阐释了边缘计算的概念、特点、价值，分别从概念视图、功能视图、部署视图三个维度全方位展现 ECC 边缘计算参考架构 2.0，提出构建模型驱动的智能分布式开放架构，实现架构极简，OICT（operational、information、communication technology）设施自动化和可视化，以及资源服务与行业业务需求的智能协同，通过全层次开放架构推动跨产业的生态协作，在网络边缘侧的智能分布式架构与平台上，通过知识模型驱动智能化能力，实现物自主化和物协作。

图 4-1 通过概念视图来展示边缘计算参考架构，阐述边缘计算的领域模型和关键概念。

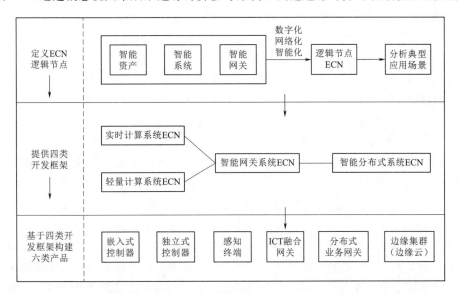

图 4-1 概念视图：边缘计算内部网络（ECN）、开发框架和产品实现

智能边缘计算节点（Edge Computing Node，ECN）兼容多种异构连接、支持实时处理与响应、提供软硬一体化安全等。智能资产、智能系统、智能网关具有数字化、网络化、智能化的共性特点，提供网络、计算、存储等 ICT 资源，可以在逻辑上统一抽象为 ECN。

根据 ECN 节点的典型应用场景，系统定义了四类 ECN 开发框架。每类开发框架提供了匹配场景的操作系统、功能模块、集成开发环境等。

ECN 节点典型功能包括：总线协议适配、实时连接、实时流式数据分析、时序数据存取、策略执行、设备即插即用、资产管理。

ECN 四类开发框架包括：

（1）实时计算系统框架。面向数字化的物理资产，满足应用实时性等需求。

（2）轻量计算系统框架。面向资源受限的感知终端，满足低功耗等需求。

（3）智能网关系统框架。支持多种网络接口、总线协议与网络拓扑，实现边缘本地系统互联并提供本地计算和存储能力，能够和云平台系统协同。

（4）智能分布式系统框架。基于分布式架构，能够在边缘侧弹性扩展网络、计算和存储等能力，支持资源面向业务的动态管理和调度，能够和云平台系统协同。

基于这四类框架，可以采用六类产品实现，这六类产品及应用场景见表 4-1。

表 4-1 六类产品及应用场景

产品实现	应用场景
嵌入式控制器	vPLC、机器人等场景
独立式控制器	工业 PLC 场景
感知终端	数字化机床、仪表场景
ICT 融合网关	梯联网、智慧路灯等场景
分布式业务网关	智能配电场景
边缘集群（边缘云）	智能制造车间场景

对于风电场在线监测及故障诊断系统边缘侧节点，主要指系统网络边缘的基础设施，包括边缘侧设置在线监测现地采集器、分析服务器等智能终端设备。

目前行业上不少主流的设备厂商也研发了具有部分边缘计算功能的采集器，如远景能源有限公司 CMS 边缘模块 MITA WP4200 系列控制器，具备数据协同能力，能够与现地多种传感器、终端设备通信，能够与平台进行通信，具有以太网、RS485、WiFi 等通信方式；此外，边缘计算应具备感知边缘各节点 ICT 资源状态（如 CPU 占有率等）、实时性的能力，能够为计算负载的分配和调度提供关键输入；具备感知系统提供的服务、计算任务和任务执行状态的能力，能够为计算任务的调度提供输入；具备数据协同能力，能够提供安全服务（实现网络和域的隔离）等。

4.2.1.2　边缘计算在智慧风电基地的应用分析

首先，为提升智慧风电基地的精准故障诊断，需要将数量庞大的各种设备联网，包括风电机组振动在线监测、风电机组基础沉降在线监测、叶片在线监测、塔筒螺栓在线监测、变压器油中溶解气体在线监测、变压器铁芯接地在线监测、变压器局放在线监测、避雷器在线监测、GIS 局放在线监测以及传输线路上各种在线监测终端设备等，作为一体化的整体系统。而这些联网设备数据不仅规模达到 TB 级甚至 PB 级，而且具有非常强的专业领域性，数据异构性很强。因此，智慧风电基地在线监测及故障诊断系统需要提供标准化开放的环境，能够具备和其他系统互联及互操作的能力，使得数据能够就地进行归一化处理。

其次，风电机组、变压器和 GIS 等设备体型庞大、自动化程度高、运行工况复杂，目前行业主要依赖人工线下分析或借助设备厂商提供的远程分析，为保证运行过程的安全可靠（部分在线监测超阈值可实现与实时控制联动）及部分应用强调的对数据响应的实时性，要求各种在线监测系统设备均应具有自主研发的算法，能够对采集信号进行算法处理，如幅值调制、阶比分析等，这些都存在大量的在线计算和分析诊断。因此智慧风电基地在线监测及故障诊断系统更需要提供就近的计算和网络覆盖，使得数据采集、处理和使用都发生在离数据源很近的范围内，接收并响应请求的时延降低，满足系统实时在线分析要求。

再次，风电机组在线监测面临着风能随机变化、在运行模式上转速和负荷不断变化的监测难点，叶片在大风运行环境中有效振动信号十分微弱的监测难点，塔筒体量大、螺栓数量大导致少量螺栓松动或个别焊缝开裂难以监测的难点，每个风电场的资源情况均有差异，从而单一设备的在线监测难以实现设备的故障诊断和状态检修，需借助大量历史数据和人工智能对算法不断修正。因此智慧风电基地在线监测及故障诊断系统更需要提供弹性的计算资源、智能的分析策略，能够使得云平台和边缘侧协调工作，实现智能化的分析诊断和评估。

最后，在线监测及故障诊断数据是生产过程的重要数据，为保证这些生产数据的安全可靠传输，需加强风电场与云平台之间网络通道的可靠性。目前风电场与云平台之间的网络通道通常采用租用电力专网、租用运营商网络和部分自建相结合的方式，在线监测及故障诊断系统传输数据量对通道资源要求较高，租用费用高。另外，场站上送数据中有重复和无效数据，这些更多的需要依靠云平台资源进行数据的处理和分析，从场站到云平台过长的服务链条降低了生产数据的及时性和可靠性，加大了云平台的资源需求。因此，智慧风电基地在线监测及故障诊断系统更需要提供高可靠性的既安全又经济的网络资源和就近设备的计算资源，采用风电场边缘计算可节省大量的通道资源和云平台资源。

由此可见，边缘计算具有巨大的技术优势，它与云平台相辅相成，具有靠近数据源低时延、响应快、数据安全性高、对业务关系更加密切的能力；它通过风电场边缘侧服务器或采集器等终端设备承载的计算分析平台，能够就近提供设备故障诊断的实时分析，并与云平台协同工作；它利用云平台弹性计算资源承载深度学习模型提升边缘智能水平，最终形成风电场场站边缘侧的计算、网络、存储、安全等能力的全面边缘处理模式，以满足智慧风电基地在线监测及故障诊断在实时业务、智能应用、安全与隐私保护等方面的基本需求。

风电基地在线监测及故障诊断专业性很强，复杂程度高，对边缘计算、云计算的应用和融合需要控制领域与信息化领域长时间的研究实践。目前，行业主流设备制造商也越发意识到边缘计算在生产领域的优势，行业正逐步向这方面靠拢，一方面着重异构数据通信接口能力的提升，注重一体化平台的应用；另一方面重点对测点、模型算法的开发和升级进行研究。主流设备厂商已经将边缘计算技术应用在前端采集器，实现了与监控系统的一体化、与辅控系统（图像、消防）的一体化，并将近百个计算模型前置在采集器。

4.2.1.3 边缘计算主要应用场景

边缘计算的实质上是分布式运算架构，对实时性、安全性和可靠性有严格要求的应用、数据与服务的运算，由云平台迁移部署至基地网络的场站边缘，让数据在最短的服务链条内得到处理，不需穿越多个节点使数据失真或丢失，同时将重要数据限制在最小的网络范围内以提高安全性。数据在网络边缘进行聚合、存储和分析，自然会减少网络拥塞，也降低了成本。因此，将云上承担的数据汇集、分析、计算等业务合理化解耦并部署至场站端，进而缓解云平台系统压力，进一步提升系统响应和告警的可靠性。

（1）数据采集和设备互联。智慧风电基地在线监测及故障诊断系统的传感器类型更为丰富，其数据类型包括风电机组振动和运行数据、环境数据及其他现场的采样数据等，具有高通量（瞬间流量大）、流动速度快、类型多样、关联性强、分析处理具有一定的实时性、系统运行具有一定因果关系的特点；风电机组系统各在线监测子系统之间、与风电机组监控之间、汇集升压站各主设备在线监测子系统之间、与汇集升压站监控系统之间的连接使用协议和接入类型各有不同，数据不能完全开放，一般只能通过规约转换装置进行部分数据的协议转换；当数据统一接入云平台时，由云平台数据中心对数据统一处理，往往遇到数据不通畅、缺少自描述能力，实时性差的问题。通过边缘计算的应用，以及风电场在线监测现地采集器和智能终端的应用，实现就地化多通道采集传感器数据，实现在线监测与风电机组 SCADA 异构数据的采集和互联。

（2）数据处理。以风电机组振动在线监测为例，需要实时采集发电机主轴承径向、齿轮箱（若有）径向、发电机轴承径向、机舱轴向及横向、塔架上部轴向及横向的振动传感器数据，另外还需采集机组风速、桨距角、机舱位置及机组功率相关电气量等信号，边缘侧需要对这些采集数据统一处理，实现对原始数据的过滤、优化和语义解析，对无效数据、噪声数据进行识别和清理，有效提取异常数据、建立异常数据库，并基于预定义规则和数据分析结果，在本地进行策略执行，或者将数据转发给云平台进行处理并实现告警阈值动态设定等自主训练。

（3）边缘计算。原来由云平台完成的专家系统分析业务可部分下沉到场站部署，如在风电机组在线监测采集器中部署专业的故障机理模型，通过系统算法对采集信息进行频谱分析，包括振幅、频率、时域波形、轴心轨迹、相位等。这些计算分析与现场实际运行工况和运行环境紧密相关，如果把这些计算完全交由云平台处理，对网络带宽将产生较大压力，也难以实现实时的在线监测和分析处理；如果全部交由监控系统处理，将对监控系统提出巨大计算能力的需求，且一旦出现故障将对整个系统的安全可靠性产生影响。因此需要交由边缘采集器完成该计算分析，得出设备状态参数并传输至云平台。

（4）边缘侧的智能化。利用边缘计算并采用数字孪生技术，针对电力系统主设备运行工况具有一定因果关系、大数据注重数据关联关系的特点，将基于设备机理模型和基于机器算法模型相结合，把云平台训练成熟的智能算法下沉到边缘侧，并可以根据实际运行工况进行调优，从而把人工智能功能和数字分析功能部署在风电场边缘侧采集器和智能终端，以真正实现在边缘局域范围内完成实时的特征值抽取、故障诊断实时处理分析，提升边缘侧的智能化水平。

（5）实时性控制业务。在线监测及故障诊断系统实时采集的振动、摆度数据信息量较大，可以实时给安全Ⅰ区提供监控业务，从数据产生到控制闭环的响应时间达到毫秒级，实现实时控制功能。

边缘物联智能终端总体架构如图4-2所示。

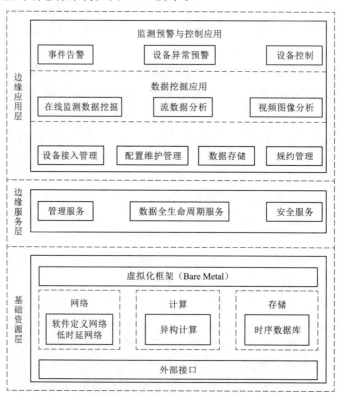

图4-2 边缘物联智能终端总体架构

4.2.2 总体方案

4.2.2.1 主要体系架构

基于智慧体系下云边共享的在线监测及故障诊断系统总体架构如图4-3所示。

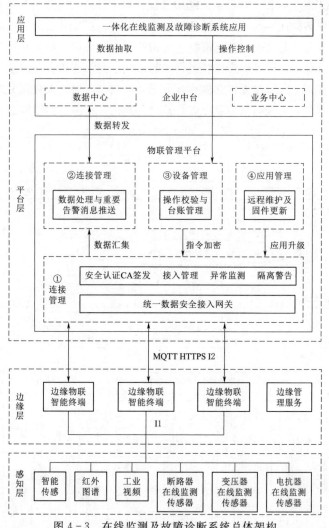

图4-3 在线监测及故障诊断系统总体架构

云边共享在线监测及故障诊断系统作为智慧风电基地的核心应用，其体系结构是基于智慧风电基地体系结构基础之上，更面向信息化、网络化、综合化的监测诊断系统，其体系架构将以边缘计算与云计算结合为特点，应用专业领域知识，充分融合边缘分析计算、云平台大数据分析技术，将分散独立的子系统信息孤岛集成为网络化的综合系统，具有更便捷、更丰富的弹性资源以支撑状态检修等智能应用。

智慧风电基地在线监测设备对象众多且分散，运行工况复杂，选择分布式结构，采用边缘侧专业机理分析计算与云平台大数据关联分析计算的协同工作架构是合适的。为此应构建一个以现场各主设备在线监测系统为主体，具有实时数据采集、数据分布式计算、数据过滤和分析处理、与云平台算法模型动态迭代的边缘侧，以及以云计算为核心，具有大数据采集和存储、大数据分析和模型训练的集中云平台，形成以云平台协同多边缘侧设备资源，实现云边模型同步优化的智能化分析、低时延、低能耗、高可靠的云边协同的在线监测及故障诊断系统。

从逻辑和物理架构上，整个体系由前端边缘设备（主设备在线监测系统和现地感知设备）、网络连接设备和云平台构成。前端边缘设备部署在风电场、汇集升压站侧，通过风电场自动化网络实时获取设备参数，利用在线监测模型进行初始分析和计算，对云平台集中训练的深度学习模型进行迭代和优化，对设备综合性能进行实时评估。网络连接设备将连接前端边缘设备和云平台。云平台为前端边缘设备提供存储和计算能力的支撑，通过大数据分析对模型评估结果进行验证、训练和优化，对设备健康状况进行拟合和评估。其体系架构如图4-4所示。

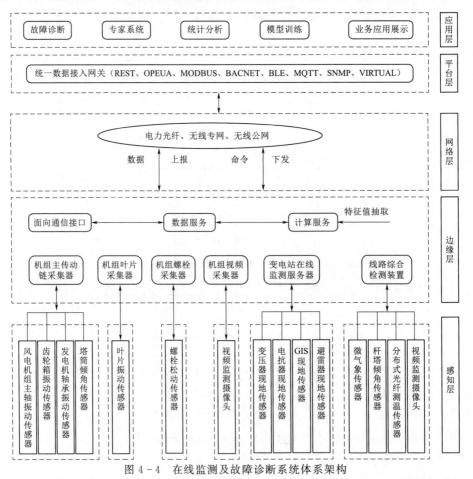

图4-4 在线监测及故障诊断系统体系架构

1. 感知层

包括以智能传感器为主的各类在线监测感知设备，实现对设备运行状态的深度感知。具体监测设备包括风电机组、变压器、GIS、断路器、集电线路等主设备，以及视频、消防设施等辅助设备。

感知层主要实现运行设备状态的实时感知，通过机舱传动链的低频加速度传感器、频率加速度传感器、齿轮箱油液传感器、叶片加速度传感器、轴承加速度传感器、塔筒的晃动传感器、基础沉降的倾角传感器以及变压器油位、油温、局部放电传感器等现地探测设备的设置，实现对风电机组传动链、叶片、塔筒、基础、汇集升压站变压器、电抗器、GIS、避雷器、集电线路等设备的振动、摆度、温度、压力、油位、密度、绝缘、机械特性等状态实时感知，进行数据采集，并将数据通过专用物联协议或总线方式上送至边缘计算设备，如采集器和智能终端，从而为智慧风电基地提供更为丰富的现地测点、为各状态信息量的多维展示及智能分析提供基础数据。

2. 边缘层

位于网络层和感知层之间，以各类采集器、在线监测分析服务器为主，具备边缘计算功能的各类智能终端设备，向下支持各类感知设备的接入，向上通过网络层与云平台进行数据互联和模型交互，承载边缘计算和边缘管理服务，边缘层设备部署在风电机组内部、汇集升压站或其他主设备就近区域，具备网管、存储和计算功能。边缘层是基于风电机组、汇集升压站和集电线路在线监测领域技术的发展，使得在线监测采集、处理和分析变得更贴近现场工况的信息化采集和处理技术。

智慧风电基地在线监测及故障诊断体系结构采用统一开放平台架构下的分布式体系，改变了传统风电场在线监测自成独立体系的结构模式，因此对边缘层设备提出了新的要求。边缘层各采集器、服务器需要提供三个方面的能力：第一是网络和资源的覆盖，保障异构边缘节点和弹性的基础设施来覆盖现场感知设备的接入；第二是提供边缘的基础算力，包括计算、存储、网络、安全、调度等一些基础能力；第三是建立边缘远程运维体系，支持边缘应用的快速部署、升级和监控。

因此，边缘层需要基于开源基础架构实现基础服务响应，需具备边缘侧数据的实时在线采集、数据处理和数据共享的能力。

设备状态参数的实时在线采集功能就是对风电机组传动链、叶片、塔筒、风电机组基础、汇集升压站变压器、电抗器、GIS、避雷器等在线监测应用需求的状态参数进行采集和监测，该类参数包括两部分：一部分来自设备现场传感设备，如振动、摆度数据；另一部分通过与风电机组监控或汇集升压站监控通信方式进行采集，如风电机组功率、转速和各类电气参数（如主变压器三相电压、电流）。

边缘数据处理包括异构数据的协议转换、预处理和智能分析。风电基地在线监测和故障诊断系统数据大多来自分散的独立系统，信息孤岛和数据异构特点明显，需要将大量的数据协议转换分散到边缘层处理，以加快数据的处理速度，减少延迟，减少数据在网络通道传输发生数据失真、丢失的概率；针对风电基地在线监测和故障诊断系统数据具有高频率、持续发生、增量数据大、设备运行工况复杂、现场环境恶劣等特点，通过边缘层对数据进行预处理，根据数理统计或特定算法规则去除脏数据，根据阈值对各类参数进行初步判断，从而对现场采集数据的完整、有效性进行检查，将原本完全由云平台集中处理的任务分解为细小的颗粒度，分散到边缘层，变得更为容易管理，形成数据统一管理的基础；实现将感知层设备采集的数据进行汇集，经过存储、实时特征值抽取和计算分析，支撑就地分布式在线监测业务，同时可以与站内其他边缘计算节点级联，实现多边缘节点自由组网和协议转换，进而提升海量数据吞吐、可靠传输与安全通信能力；数据分析具有智能性，通过大量计算可对数据进行频谱、波形等分析，在海量数据中准确提取输入数据的特征值，对特征进行关联组合形成更高层次的抽象特征，从而实现对数据特征的表达，并通过云边协同方式在边缘层分布式架构上，将应用、数据和服务从集中节点推向网络边缘，减少数据上传云平台统一处理所造成的延时和通道带宽压力，同时在靠近数据源头融合网络、计算等核心能力，提升边缘层智能化水平。

数据共享是指将采集的数据和事件消息向平台进行转发，将经过边缘处理的数据和结论上传至平台层，进行进一步处理、分析和综合判断，实现数据共享。

3. 网络层

位于边缘层与平台层之间，包括路由器、交换机和电力二次系统安全防范以及网络通道相关设备，是实现数据和应用互联的重要环节。通过网络层实现边缘层和平台层连接，实现组网和协议转换与数据上传，实现数据共享。

边缘侧在线监测及故障诊断系统与云平台的连接可以采用以下两种方式：一是严格组安全Ⅱ区网络连接、采用电力数据网方式，安全防护采用纵向加密；二是考虑经隔离装置隔离后发布在安全Ⅲ区，直接上云，完全依赖运营商网络。例如集电线路智能终端设备，可以直接上云、现地计算。

4. 平台层

指统一实现物联管理和大数据分析、云计算处理的跨域协同一体化云平台。平台层对下实现场站边缘侧数据的统一汇集，对上向业务应用提供标准化数据与服务，通过接入大数据实现业务聚合和对边缘层设备及其上传数据的统一管理和分析，并向边缘层在线监测应用提供统一数据标准，实现平台层与边缘层之间的通信。平台层云计算技术的引入极大地减轻了云平台数据计算和存储压力，并降低了硬件扩容成本，使得云平台侧重于业务应用的融合和拓展、机器学习和模型的训练，不必过多考虑基础资源的限制，通过平台架构使得大数据共享成为现实，可以最大限度地发挥数据挖掘的价值。

边缘层和云平台工作模式形成互补，云平台的云计算、大数据、人工智能优势可在边缘计算节点上进行拓宽，形成云边共享的一体化协同计算体系。

5. 应用层

主要是在线监测及故障诊断系统的业务应用，包括故障诊断、专家系统、业务应用展示、统计分析以及模型训练等核心功能，实现一定区域范围内监测信息的汇集、存储、报警等功能。对于数据存储、计算分析等占用系统资源较大的业务，通过边缘层进行解耦和释放，交由平台层、边缘层处理。

应用层的关键任务就是做业务架构的演进。在线监测及故障诊断业务需要决定把哪些中心的应用需要做下沉，哪些终端的能力做上移，结合智慧风电基地特点，把具体设备的在线监测的数据采集、数据预处理、现场特征值的抽取放在边缘侧，完成流量的收敛，实现终端访问的低延时，同时减少中心回源的带宽、优化成本。云平台采集在线监测处理后的特征数据（可非实时性）及初级分析结论，进一步采用数理统计等大数据方法作关联分析，并应用自学习进行模型、算法的修正，与边缘侧协同工作。

4.2.2.2　总体网络框架

基于风电基地智慧体系下云边共享的在线监测及故障诊断系统框架结构如图4-5所示。

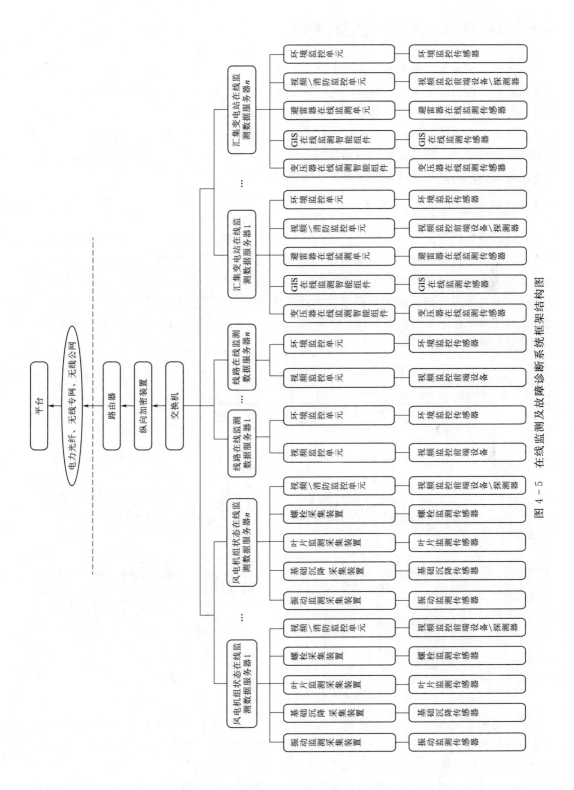

图 4-5 在线监测及故障诊断系统框架结构图

4.3 风电机组一体化在线监测系统

云边共享的风电机组一体化在线监测系统是集成多种支撑能力的一体化系统，它具备完善的监测手段，能够全面感知风电机组主传动链、塔筒、叶片、螺栓等部位的实时状态；能够与风电机组 SCADA 无缝对接，以获取风电机组实时运行工况关键参数，达到辅助判断、修正设备健康指标的目的；拥有就地化的计算能力，能够同步采集异构数据并实时快速提取特征值，通过边缘处的智慧能力与云平台同步，使计算模型更为贴切风电机组实际运行工况，以提升故障诊断分析精准度。

4.3.1 系统结构

系统以风电机组为监测对象，主要由传感器、采集单元、服务器、各类智能终端和软件系统组成，辅以一体化云平台的模型训练和大数据分析，集故障预警和故障诊断于一体。各类高精度传感器数据信息传输至采集装置后，对实时特征值抽取进行在线分析和初步处理，并将采集数据及自动检测指标上送风电机组在线监测数据服务器、一体化云平台，从而实现数据采集、参数设置、故障预警、故障诊断，以及在线监测系统的可视化展示等功能。系统结构如图 4-6 所示。

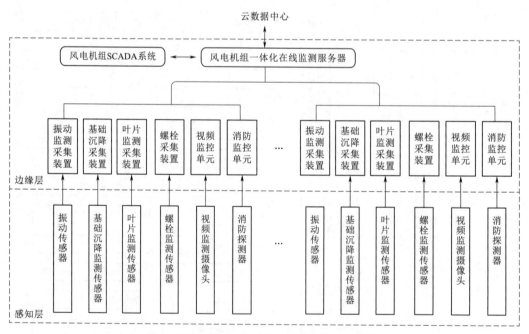

图 4-6 风电机组一体化在线监测系统结构图

（1）感知层。由安装在风电机组大部件中的各类高精度传感器组成，主要包含风电机组主轴振动传感器、齿轮箱振动传感器、机舱振动传感器、风电机组基础倾角传感器、风电机组螺栓紧固传感器、风电机组视频监控、风电机组消防监控等。

（2）边缘层。由各风电机组现地采集器和风电机组在线监测服务器组成，包含风电机组振动在线监测、塔筒基础沉降在线监测、叶片在线监测、螺栓在线监测、视频监测、消防监测等系统采集装置。采集装置和风电机组在线监测服务器，对设备数据进行预处理、指标提取后，根据云边实时训练的算法模型，对风电机组的各个部位的运行状态在边缘侧进行有效判断。风电机组在线监测数据服务器支持多种接口程序，如 Modbus、OPC、IEC 61400 等电力系统标准接口，有良好的响应性、并发性和可扩展性，上传的数据包含时间戳，在通信中断时，能至少保存一定时长的数据，在通信恢复后，继续上送数据，以保证数据的连续性和准确性，能够与风电机组 SCADA 进行通信，实现数据信息的共享，实现风电机组设备经济、稳定、安全、可控的智能化运行。

4.3.2 风电机组振动在线监测

考虑风电机组主传动链是风电机组故障多发、故障恢复时间最长、故障损失最大的机械部件，因此，以风电机组传动链为例，描述云边共享风电机组一体化在线监测系统的应用。首先，对风电机组主传动链典型故障进行分析，确定主传动链振动信号的采集点，有针对性地对风电机组主传动链的振动信号进行实时监测；其次，配置边缘侧的振动监测采集装置，基于数字孪生技术，使之具备边缘侧智慧能力，丰富现地算法模型，实现风电机组振动故障的精准定位。

4.3.2.1 风电机组主传动链典型故障过程分析

风电机组在运行发电过程中，主要由主传动链实现风能－机械能－电能的转变，是风电机组最基本的部分。

1. 风电机组主传动链基本结构

风电机组主传动链根据有无齿轮箱以及发电机的类型可分为双馈、直驱和半直驱风电机组三种类型。双馈风电机组采用异步发电机，含有主轴、齿轮箱以及联轴器等传动部件；直驱风电机组则采用永磁同步发电机，将叶轮直接与发电机相连，用叶轮直接驱动发电机进行发电，从而省去齿轮箱、联轴器等传动部件；半直驱风电机组则兼顾直驱和双馈风电机组的特点，即采用永磁同步发电机，也含有齿轮箱，主传动链结构与双馈风电机组相同，相比于双馈风电机组，其齿轮箱的传动比相对较低，一般采用一级或两级增速齿轮箱，同时，为了减轻机舱的重量，半直驱风电机组往往采用长度较小的低速轴或者直接取消低速轴，将齿轮箱的输出轴与发电机主轴直接相连。

尽管直驱风电机组不需要齿轮箱，提高了可靠性和发电效率，具有较好的应用前景，但也存在一些缺点，如：直驱风电机组的发电机直接受到叶轮的交变载荷的冲击作用，给发电机工作的可靠性造成隐患；相对于双馈异步发电机，直驱式发电机磁极较多，通常在90 极以上，体积、重量以及成本相对较大；采用全功率变流，其所需的变流器容量更大，发电机和变流器散热与机头载荷问题比较突出；此外，在振动、冲击和高温等极端条件下，永磁材料容易失磁，一旦发生此类故障，无法在现场进行检修，维护周期长，维护成本相对较高。双馈风电机组在技术上更为成熟、性能上更为稳定，目前来看，双馈风电机组仍是主流机型，在世界市场和我国市场占比分别为 80% 和 55% 左右。本节重点介绍传动链最为复杂的双馈风电机组，某厂商双馈风电机组基本结构如图 4-7 所示。

双馈风电机组的主传动链基本结构主要包括叶轮、齿轮箱、主轴、轴承、联轴器以及

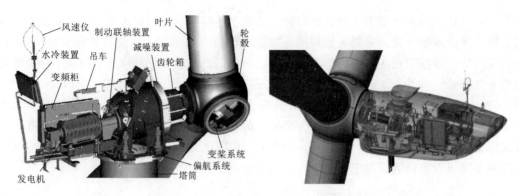

图 4-7　某厂商双馈风电机组结构示意图

双馈异步发电机等。其中，风轮把吸收的风能转换成低转速、大扭矩的机械转矩，机械转矩通过主轴传入增速齿轮箱，通过齿轮箱转化为小扭矩、高转速的形式后，再通过联轴器把机器能传递给发电机转子。

叶轮由叶片与轮毂组成，主要作用是将风能转换为机械能。叶片根据数量，有双叶式、三叶式和多叶式三种类型，其中，主流形式为三叶式；按照是否可变桨，可分为可变桨距角与固定桨距角两种类型，可变桨距角多见于大型风电机组，可以用于调节风能的吸收，固定桨距角则多见于小型或中型风电机组。轮毂主要用于将叶片捕获的机械能传递给轮毂后端的齿轮箱。

齿轮箱是双馈式风电机组的核心装置，是一种传递动力的部件，由于叶轮的转速较低，而发电机的需要的转速较高，齿轮箱的低速轴通过主轴与轮毂相连，高速轴则通过联轴器与发电机相连，通过多级行星齿轮与平行轴齿轮实现叶轮低转速载荷向高转速载荷的转变，增速比一般为 1：75～1：100。齿轮箱种类繁多，但基本节构相差无几，内部主要由行星齿轮、轴承、平行轴和内齿圈及其他零部件组成。风力发电机齿轮箱主流的结构主要包括两种：一种由一级行星轮系加两级平行轴轮系传动构成（图 4-8），主要应用在 2MW 及以下风电机组中；另一种由两级行星轮系和一级平行轴轮系传动构成（图 4-9），主要应用在 2MW 及以上风电机组中。目前，风电基地中齿轮箱以两级行星轮系和一级平行轴轮系传动为主。

图 4-8　一级行星轮系加两级平行轴轮系

图 4-9　两级行星轮系加一级平行轴轮系

主轴是传递扭矩的部件，其受力类型较为复杂，是风电机组传动系统的重要组成部分，其前端通过螺栓与轮毂相连接，主要起到支承轮毂及叶片的作用，后端则与齿轮箱低速轴连接，将扭矩传递给增速齿轮箱，而将轴向推力和弯矩传递给机舱和塔架，图 4-10 为某厂商风电机组主轴实物图。

轴承是重要的机械传动系统组成部分，它是保障风电机组运转正常的关键部件之一，是一种起支撑、固定以及减小摩擦系数的部件，主要分为滑动轴承和滚动轴承两大类。

图 4-10 风电机组主轴实物图

滚动轴承由外圈、内圈、保持架、滚动体等四部分组成，在风电机组中较为常用，每一个大型风电机组至少含有五个大型滚动轴承。主轴轴承的内圈安装在主轴上，主要承受径向力的作用，其性能的好坏直接影响主传动链的能量传递效率和风电机组的维护成本，一般采用圆柱滚子轴承搭配调心滚子轴承或者圆柱滚子的双轴承配置，在大功率发电机组中，则采用大椎角双列圆锥滚子轴承或三列圆柱滚子轴承。图 4-11 为几种常见的滚动轴承。

（a）调心滚子轴承   （b）圆锥滚子轴承   （c）圆柱滚子轴承

图 4-11 几种常见的滚动轴承

联轴器是连接发电机和齿轮箱高速轴的传动结构，对于风电机组这种经常负载启动和载荷变化较大的装置，联轴器除了传递运动和扭矩外，还起到缓冲、减振的作用，以保护风电机组的传动结构不受损伤。其中，膜片性联轴器在风电机组中较为常见，膜片通常采用厚度很薄的弹簧片制成，并用螺栓交错与两半联轴器连接，图 4-12 为膜片联轴器的实物图。

图 4-12 膜片联轴器

双馈异步发电机是一种绕线式感应发电机，是将齿轮箱传递过来的机械能转化为电能的设备。发电机本体主要由定子、转子以及轴承系统组成，其定转子可向电网进行馈电，定子绕组直接与电网连接，转子则通过连接变频器，调整电压频率、相位和幅值，形成电网所需电压与电网相连接，在不同的转速下实现恒频发电。

2. 风电机组主传动链典型故障过程及其原因分析

风电机组大多位于山区、荒漠等风力资源较为丰富的偏远地区，工作环境一般较为恶劣，而风速的不稳定导致风电机组承载的负荷复杂多变，由于叶轮与传动链直接相连，冲击载荷会直接对传动链各个部件产生复杂的冲击，容易发生多种形式的机械故障。风电机组主传动链故障是风电机组故障中发生频率最高、影响最大的故障类型之一。下文将对风电机组主传动链的典型故障类型及故障过程进行分析，包括齿轮箱齿轮故障、齿轮箱轴承故障、齿轮箱轴系故障以及发电机故障。

(1) 齿轮箱齿轮故障。齿轮箱是风电机组重要传动组成部件，由于直接受到叶轮冲击载荷的影响，且结构复杂，传动零部件较多，齿轮箱较易发生故障，而且一旦出现受损情况，轻则使风电机组停机，重则导致风机产生不可逆的损坏，维修成本高，齿轮的故障率约占整个齿轮箱故障的 60%。

齿轮箱齿轮故障的典型形式有断齿、齿面点蚀、齿面胶合、齿面磨损等，断齿和齿面点蚀是主要故障，占比较高。齿轮的失效除了与其载荷分布不均匀、过载、冲击性载荷等相关以外，还与其材料性能以及热处理工艺的好坏密切相关。

1) 断齿。断齿是齿轮最主要、最为严重的故障，断裂位置一般位于齿轮受力一侧的内部齿根处，这是由于齿轮在啮合过程中，齿根处反复受到超过该位置所能承受的疲劳极限的作用力出现疲劳裂缝，进而发生断裂的情况。齿轮设计及安装偏差、偏载、过载、受到严重冲击或者持续性载荷引起的齿轮接触疲劳，都可能导致齿轮出现裂纹，甚至发生断齿故障。

2) 齿面点蚀。齿面点蚀是指齿轮在接触力、摩擦力的作用下，齿轮表面金属材料经由塑性变形到出现裂痕，并随着裂缝的扩展，最终使齿轮表面发生脱落，在齿轮表面形成凹坑的过程。在齿轮高速运行时，一旦出现如润滑油不足、润滑油条件不佳或齿面温度过高等状况，啮合齿面就会出现黏焊情况，导致齿面撕脱而发生严重故障。

3) 齿面胶合。齿面啮合过程中，两齿轮相对高速滑动，由于润滑情况不理想或局部载荷过于集中，齿面啮合处边界膜受损，在一定温度和压力作用下接触齿面金属黏连撕裂，在齿轮表面形成沟纹，这种现象就称为齿面胶合。良好的设计和制造工艺、减小模数、降低齿高、优质的润滑条件以及避免局部载荷集中都可以有效减缓或防止齿面胶合。

4) 齿面磨损。齿面磨损是指齿轮在长时间的啮合运动过程中，齿轮表面发生磨损的现象，润滑不良、腐蚀生锈、混入硬粒是引起的齿面磨损重要因素。一般情况下，齿面磨损属于正常损耗，不会引起齿轮箱故障。但由于如砂砾、铁屑等磨料性物质混入齿轮啮合面产生磨料磨损，引起齿廓形状发生改变，轮齿之间的间隙变大，使风电机组的振动和噪声变大，严重时则会导致发生断齿故障。改善密封和润滑条件、在油中添加减摩剂、提高齿面硬度均能有效减缓齿面磨损。

在齿轮箱中，除机械故障之外，油温异常也是常见的故障形式，但其往往由其他故障类型引发，如齿面故障，润滑不良，冷却系统损坏等。

(2) 齿轮箱轴承故障。在风电机组的主传动链中，轴承应用广泛，大多是采用承载能力较好的圆锥滚子轴承或兼顾承载能力、调心能力以及成本的圆柱滚子轴承。按照轴承损伤部位分类，轴承故障可以分为内圈故障、外圈故障、保持架故障，以及滚动体故障。轴承常见故障形式有磨损、疲劳剥落、胶合、腐蚀锈蚀以及裂纹等。

1）磨损。有异物如尘埃、硬粒等异物进入轴承或者润滑不良时，导致轴承在运转时受卡阻，引起表面磨损加剧，使轴承表面变得粗糙，精度下降。

2）疲劳剥落。由于轴承承受交变载荷的作用，在轴承的滚体与滚道长时间的相对滚动过程中，轴承表皮剪应力最大处产生裂纹并持续扩大，进而在轴承接触表面上产生剥落坑的现象。

3）胶合。由于润滑不良、局部载荷过于集中、高温过高等原因引起轴承局部融化而胶合在一起称为胶合失效。

4）腐蚀锈蚀。轴承金属表面与周围环境介质发生化学反应，表面产生氧化膜、硫化膜或腐蚀孔洞，当腐蚀发生后，这部分质地较硬脆的表皮在变载荷作用下剥落使轴承的表面损伤现象。

5）裂纹。由于材料缺陷，安装时轴承不对中等使其在交变载荷下产生裂纹，甚至断裂毁坏的现象。

（3）齿轮箱轴系故障。风电机组主传动链的轴主要含有主轴、齿轮箱轴、联轴器等，轴系故障多是由于风电机组的材料不均衡、加工或装配时存在误差导致的。轴系故障主要包括：

1）轴不对中。轴不对中是主轴以及联轴器故障最主要的形式，当轴不对中时，轴在旋转过程中会使发电机转子、轴承、齿轮异常受力以及联轴器发生偏转，使轴承发生磨损、油膜稳态破坏、轴发生弯曲变形等，进而导致轴承、齿轮等的损坏。

2）轴弯曲。根据轴的弯曲程度将其分为轻度弯曲与严重弯曲两种类型，冲击载荷、长时间部件温度过高以及轴不对中都有可能造成轴弯曲。

3）轴断裂。轴断裂是风电机组最严重的事故之一，多为疲劳断裂。材料热处理不良、长时间过载，轴局部无法及时消除应力集中，作用在轴上的交变应力远大于轴的疲劳极限，都能导致轴发生断轴事故。改进材料热处理工艺，提高轴材料的刚度、避免应力集中是提高轴系安全可靠性的有效方法。

（4）发电机故障。双馈异步发电机的常见故障有定子绕组故障，如由长时间高速运行以及定子铁芯电磁涡流发热造成的绕组绝缘老化失效、烧毁等；轴承故障，如轴承磨损、卡滞、内圈/外圈或保持架失效等；转子故障，如转自偏心故障诊断；气隙偏心故障，由于风力发电机长时间运行导致电机轴承变形造成定子与转子之间气隙不均等。

表4-2列举了风电机组主传动链典型故障形式及故障原因。

表 4-2　　　　　　　　　　风电机组主传动链典型故障形式及故障原因

部件名称	典型故障形式	故 障 原 因
齿轮箱齿轮	齿轮折断	突然冲击、超载、轴承损坏、轴弯曲、持续接触疲劳、啮合区混入异物等
	齿面磨损	材料缺陷、润滑不良、啮合区混入异物等
	齿面点蚀	润滑不良、转速不高、油温过高
	齿面胶合	润滑不良、局部载荷过于集中、油温过高、转速过高等
	生锈腐蚀	密封不良、防锈不足

续表

部件名称	典型故障形式	故　障　原　因
轴承（齿轮箱、主轴、发电机等）	磨损	润滑不良、杂物进入等
	表面剥离	负载过大、设计或按照缺陷、混入异物、游隙过小等
	胶合	游隙过小、润滑不良、负荷过大、滚动体偏斜等
轴系（主轴、齿轮箱低、高速轴等）	裂纹	冲击性载荷、疲劳摩擦裂纹、较大异物卡入等
	轴不对中	设计、安装缺陷等
	轴弯曲	材料、安装缺陷、制造过程中没有消除应力集中，齿轮箱损坏等
	轴断裂	材料缺陷、制造过程中没有消除应力集中、齿轮箱损坏等
联轴器	不对中	齿轮箱高速轴与发电机不对中，轴承气隙过大或滚珠有点蚀现象等
	磨片断裂	安全罩刮损、齿轮箱高速轴与发电机不对中等
发电机绕组	转子故障	转子偏心故障、轴承变形、制造缺陷、安装不良等原因
	定子故障	绕组绝缘老化

4.3.2.2　基于 SCADA 系统的故障分析

基于以上分析得知，主传动链结构复杂、故障易发、类型不便于捕捉，因此，如果能够打通 SCADA 系统与在线监测系统的数据壁垒，实现在线监测系统结合具体运行工况来提取故障特征，从而提升在线监测的准确度，对于判断故障类型、定位故障原因具有重要意义。

1. 风电机组 SCADA 系统数据分析

风电机组 SCADA 系统主要用于实现风电场实时信息显示、远程风电机组控制、数据采集与统计以及历史数据查询等功能，通常基于面向对象技术、JAVA 技术和 MySQL 关系数据库开发，集成了 Hibernate Spring 等 JAVA 流行框架结构，具有良好的跨平台性和可扩展性。

风电机组 SCADA 监测数据一般分为以下几种类型：

（1）风况相关数据。包括风速、风向等直接测量的数据。风速、风向数据通常采用安装在机舱后部顶端的风速传感器和风向传感器测量。通过风速、风向数据可以通过计算得到风功率、湍流强度等间接数据，也可以做出风况的分布图和玫瑰图等。

（2）能量转换相关数据。涉及风电机组与能量转换的相关参数，包括输入功率、叶片桨距角、发电机扭矩、风轮转速等。

（3）振动数据。用于反映风电机组关键部位的运行振动状态，常规配置包括塔架振动数据和传动链加速度数据。

（4）温度数据。用于反映风电机组关键部位的运行温度状态，包括轴承温度、齿轮箱油温、机舱温度、发电机冷却温度等。

主要实时监测参数见表 4-3。

表 4-3　　　　　　　　　风电机组主要实时监测参数及其单位

序号	参数	单位	序号	参数	单位
1	风速	m/s	4	无功功率	kVA
2	风向	(°)	5	A 相电压	V
3	功率	kW	6	B 相电压	V

续表

序号	参数	单位	序号	参数	单位
7	C 相电压	V	18	传动链加速度	
8	A 相电流	A	19	塔架偏移	
9	B 相电流	A	20	机舱位置	齿数
10	C 相电流	A	21	机舱转角	(°)
11	功率因素		22	环境温度	℃
12	叶片 1 实际桨距角	(°)	23	机舱温度	℃
13	叶片 2 实际桨距角	(°)	24	齿轮箱温度	℃
14	叶片 3 实际桨距角	(°)	25	齿轮箱轴承温度	℃
15	发电机转子转速	r/min	26	主轴轴承温度	℃
16	扭矩	kN·m	27	发电机轴承温度	℃
17	塔架振动加速度	g	28	发电机冷却温度	℃

历史存储数据见表 4-4。

表 4-4　　　　　　　　　　风电机组历史存储数据

文件类型	数据内容
运行数据	各通道 10s 平均值
	各通道 10min 平均值
	各通道每日平均值
统计数据	月功率曲线（0604 表示 2006 年 4 月）
	按小时显示风电机组当月的发电量数据
	逐日显示每月的发电量数据（0604 表示 2006 年 4 月）
	2006 年逐月显示发电量数据（2006 表示 2006 年）
	在设备的整个操作时间内功率曲线的说明
故障数据	显示在设备操作时间已经发生的原始故障
	故障种类及出现频率
	最后 200 个故障信息的列表
	记录故障的原因、存储名称等信息
	按顺序排列的风电机组异常操作前后 10min 数据，采样间隔 1s

风电机组 SCADA 系统除了提供监测数据的历史记录以外，通常还可以记录设备运行中出现的异常状态和故障信息。例如表 4-5 中列出的集中异常状态及其编码，并给出各个状态对应的故障类别。

表 4-5　　　　　风电机组集中异常状态及其编码、故障类别示例

状态编码	状态描述	故障类别
1	程控 PLC 启动	2
2	无故障	4

状态编码	状态描述	故障类别
3	手动停机	4
4	遥控停机	4
5	遥控启动	4
6	系统 OK	4
9	低电压	4
21	扭缆（左）	4
25	初级制动下速度不减	1
28	次级制动下速度不减	1

所列每种状态码都与风电机组的一种特定异常状态相关联，类别表示每种状态的严重程度，例如"1"表示最严重，而"4"则较轻一些。

2. 在线监测系统对风电机组运行状态数据需求分析

如前所述，现代风电机组是典型的机电一体化动力设备，自动化程度很高。风电机组在运行中需要监测数十个运行参数，这些运行参数分别用于风电机组运行控制、安全保护和状态监测等目的。这些运行数据也为风电机组运行性能的综合评估以及运行状态的实时监测和故障诊断提供了大量第一手数据。如果对这些实时运行数据进行深入的分析处理，可以获取更多反映设备运行状态的有用信息，对异常状态作出及时准确的判断，可以提高风电机组运行的安全可靠性，降低维护维修成本。

另外，风电机组所处的运行工况非常复杂，每台风电机组所处的地形不同，所遇到的风况每时每刻都在不断变化，同时伴随着风电机组所处的季节性温度差异和气压的差异也千差万别，即使同样的一台风电机组在同样的安装位置，其所面临的运行工况也不尽相同，仅仅依靠单纯的在线监测很难实现高精度的故障识别。为此，打通 SCADA 与在线监测系统，结合 SCADA 运行数据分析设备实时状态，能够提升在线监测故障识别能力。

风电机组在实际运行中，发电机的实际运行曲线和理论功率曲线之间通常存在差异，实际的发电能力普遍低于预期发电能力。因此，通过掌握发电机组的功率曲线趋势，以确定风力发电机的运行条件，辅助在线监测系统进行元件老化以及其他问题分析，能够提升在线监测分析水平。

风电机组传动链绝大部分部件在工作时都处于机械运动中，所以当某个部件发生异常时，往往会伴随着所在部件或者直接接触部件温度的升高。如当齿轮箱的齿轮发生胶合、点蚀或磨损等故障时，由于齿轮之间啮合不良，会导致齿轮温度升高，进而导致与之密切接触的油温升高。同时，在风电机组高速运转状态或润滑不良的情况下，温度的升高会进一步导致故障向严重化的方向发展，所以，温度的异常是齿轮箱齿轮发生故障或将要发生故障的重要特征；对于轴承来说，温度能够灵敏地反映对轴承的载荷、转速、润滑条件的变化，如在润滑不良时，轴承滚珠与内外圈的摩擦系数增大，持续的相对滑动会使轴承的温度剧烈升高。因此，轴承温度是轴承故障的主要特征参数。由于齿轮箱齿轮及轴承等与轴或油直接接触且不便于监测温度，所以可以通过监测齿轮箱油温、齿轮箱输入和输出轴温度监测齿轮箱的运行状态。而对于发电机来说，其早期故障类型主要有定子或转子绕组的绝缘老化和磨损、轴承损坏等，当这些异常运行状态出现时，发电机相应组件的温度也会升高，所以对发电机绕组和轴承温度的监测有利于及时发现和识别发电机早期故障。因此，部件温度异常是风电机组主传动链部件故障的主要特征，为有效对风电机组的工作状态进行监控，SCADA 系统对风电机组主要部件布置了大量的传感器，主要用于获取齿轮箱和发电机等部件的温度类参数。通过这些参数，以及结合风速、环境温度以及风电机组负荷情况对部件温度的影响进行分析，能够极大提升故障识别能力和诊断精度。

通过前文分析，云边共享的在线监测及故障诊断系统分为两个层面：一是边缘侧在线监测系统；二是云平台故障诊断系统。边缘侧在线监测系统主要针对风电机组的关键子系统或部件进行监测，例如齿轮箱润滑油监测、传动链振动监测、轴承温度监测、叶片状态监测以及视频监测等；云平台故障诊断系统范围则更广，可以基于打通的风电机组 SCADA 获取的各种运行数据，对这些数据经过预处理后进行深入的分析和处理，从中提取反映设备异常运行状态的信息，对设备的故障作出判断和预测。

打通风电机组 SCADA 系统，基于运行数据的在线监测及故障诊断技术具有以下特点：

（1）在风电机组现有 SCADA 监测数据的基础上，不需要附加其他硬件监测设备。

（2）由于 SCADA 系统实时监测设备运行状态且数据全面，对数据进行深加工后，对设备状态分析所需数据做了更有效的补充和全面支持，因此可以进行不同设备运行状态的快速直接比较分析，便于实现故障诊断。

4.3.2.3 传感器的选型

风电机组传动系统振动信号的频带很宽，在低频与高频振动中均包含异常振动的信息。因此，传感器的选型对振动监测十分关键，是能客观地获取设备故障信息的先决条件。

为全面获取主传动链的振动信息，需在主传动链安装振动传感器和转速传感器。其中振动传感器用于采集主传动链主轴承、齿轮箱及发电机轴承的振动信号，转速传感器用于采集齿轮箱高速轴的转速信号。因此，传感器的选型包含振动传感器和转速传感器，具体如下：

（1）振动传感器。振动信号的传感器从原理上来分主要分为位移传感器、速度传感器和加速度传感器三种。

1）位移传感器。优点：可直接测得转轴的振动、测量频率范围宽、测量精度高。缺点：安装较复杂、被测轴表面的缺陷包含在测量信号中、必须提供电源。

2）速度传感器。优点：安装方便、无须提供电源。缺点：对过高或过低频率的振动测量精度低、信噪比低。

3）加速度传感器。优点：尺寸小、重量轻、测量范围宽、动态性能好。缺点：低频性能不好、对安装条件要求较严格。

由于风电机组齿轮箱和发电机都安装在弹性支撑上，而机舱安装在塔架上，所以位移传感器和速度传感器不能很好地反映振动情况。结合风电机组的运行特点，综合考虑风电机组高低速范围及安装方便性和结构紧凑、动态性能要求等方面，测量风电机组振动信号选择加速度传感器。

加速度传感器分为压电式、压阻式、电容式和伺服式等四种，其中压电式加速度传感器利用压电陶瓷或石英晶体的压电效应，在加速度计振动时，质量块加在压电原件上的力也随之变化。当被测振动频率远低于加速度计的固有频率时，力的变化与被测加速度成正比。对于安装在塔架上带有挠性的结构，其测量灵敏度高，受干扰小，测量准确，压电式加速度传感器也是目前常选的传感器。

加速度传感器也可根据不同部位的轴旋转速度的大小进行分类，包含普通加速度传感器和专用低频加速度传感器。普通加速度传感器适宜安装于转轴或齿轮转速大的部位；专用低频加速度传感器适宜安装于转速较低的部位，一般风电机组风轮转速范围是 $12\sim18r/min$，发电机转速范围是 $25\sim30r/min$。

加速度传感器一般采用全密封结构，相比于位移及速度传感器而言，在各种恶劣环境中使用更能发挥其优势。加速度传感器的核心参数为灵敏度、频率范围以及测量输出值范围。结合现场经验，对应用于双馈机型的风电机组的主传动链的加速度传感器提出如下指标要求：

通频振动加速度传感器用于风电机组高速度部件的振动监测，现场采用的传感器需满足：

量程：$\geqslant\pm60g$。

线性度：$\pm1\%$以内。

频率响应范围（$\pm3dB$）：频率响应下限为 $0.5Hz$，上限最小值为 $10000Hz$。

横向灵敏度：$<5\%$。

输出阻抗：$<100\Omega$。

壳绝缘电阻：$>10^8\Omega$。

冲击极限：$5000g$。

工作温度：$-40\sim120℃$。

低频振动加速度传感器专门用于风电机组低速度部件的振动监测，现场采用的低频加速度振动传感器需满足以下性能指标：

量程：$\geqslant\pm10g$。

线性度：$\pm1\%$以内。

频率响应范围（$\pm3dB$）：频率响应下限为 $0.5Hz$，上限最小值为 $10000Hz$。

横向灵敏度：$<5\%$。

输出阻抗：$<100\Omega$。

壳绝缘电阻：$>10^8\Omega$。

冲击极限：$5000g$。

工作温度：$-40\sim120℃$。

（2）转速传感器。转速传感器是将旋转物体的转速转换为电量输出的传感器。转速传感器属于间接测量装置，可采用机械、电气、磁、光和混合式等不同原理。

现场采用的转速传感器需满足：

测量转速范围：0～3000r/min。

供电电压：DC 18～30V。

工作温度：－40～85℃。

防护等级：IP67。

有无屏蔽：有。

4.3.2.4 传感器的布局

针对不同风电机组结构型式，通常需要在主传动链安装6个振动传感器及1个转速传感器。振动传感器主要采集主传动链主轴承、齿轮箱及发电机轴承的振动信号，转速传感器用于测量齿轮箱高速轴的转速信号。

为了对主传动链的各个关键部分进行全面监测，可在振动状态监测标准的基础上增加传感器测点，并选型精度高、灵敏性适合的传感器。

测点位置的选取应遵循传递路径最短、测点刚度最大的原则，并且测点的数量应能够反映设备的主要运行状态。根据风电机组的结构特点以及测量参数精度的要求，测点应靠近轴承的承载区，沿水平、垂直和轴向三个方向进行测量。测点表面应光滑干净，避免振动信号的衰减，以保证测量结果的有效性。

另外，由于各机械传动部件传感器最佳安装位置施工空间狭窄，安装位置可调整为水平或者45°径向位置，同时钻孔设备无法施工，故不采用螺栓紧固方式，而采用胶粘方式，该方式的选择依据不同机型，结合情况具体选择，一般情况下螺栓紧固方式为最佳。

4.3.2.5 振动监测采集装置

早期采集装置处理器为单一的DSP处理器，采用内置的AD进行数据采样，通道数量不多，内存空间有限，数据上传速率较低，只能定时上传一些故障特征值及少量振动信号原始波形数据。

由于传动链的振动特性复杂多变，各个部件之间存在一定的振动耦合，仅通过特征值及少量的振动信号波形，难以做出准确的故障判断与潜在故障的分析。为了获取风电机组早期故障特征，并实现较为准确的故障诊断，需要结合振动特征值与过程量，对故障原始振动信号波形进行分析。在不对现场通信网络造成影响的前提下，可通过风电场的光纤环网，采用光纤传输的方式上传数据，并通过数据文件的形式上送数据。

为了实现边缘侧振动监测数据的高速运算及数据管理，尽可能选用高性能的处理装置，匹配高效的信号处理电路，将噪声信号滤除，集成智能软件对信号进行在线分析和初步处理，实时计算与振动监测系统相关的特征指标，并将采集数据及自动检测指标进行上送。

数据采集装置具有参数设置、数据采集、数据计算、数据存储、通信等主要功能，具体包括：模拟输入、数字输入、数字输出；实时值读取，包括时域数据、频域数据、设置参数；FFT，频带有效值，通道有效值；通信和信道识别。数据采集装置集合多路信号通道，数据采集器通过参数设置为每个传感器分配信号通道，用于后台对于不同通道传感器对应轴承的识别，以及数据存储。

4.3.3 叶片状态在线监测

风电机组叶片长期暴露在风沙雨雪和温度骤变等恶劣环境中，并受到来自不同方向的荷载作用以及各种突发性外部因素的影响，不可避免地对叶片的不同位置造成不同程度的损伤，不少遭受损伤的叶片因无法及时发现而持续带伤运行，甚至进一步扩展导致叶片灾难性破坏，因此对叶片进行在线监测显得尤为重要。

4.3.3.1 风电机组叶片常见故障类型

（1）叶片表面损伤。沙尘、雨水等因素会造成叶片腐蚀，叶片一旦出现腐蚀情况，就会在日积月累的磨损中演变成叶片翼型形变，叶片是风电机组捕捉风能的关键部件，发生腐蚀并最终产生形变的叶片至少会造成少捕获 5% 的风能，风能的利用率就会降低，随之减少的就是风电机组的发电效率。叶片表面开裂属于叶片损伤的另一类情况，由于叶片壳体是由树脂胶衣包裹而成的，树脂这类材料会在不断承受外界环境包括日晒、风吹、昼夜温差等情况的影响下，渐渐出现老化、开裂，甚至是损坏的情况，叶片表面树脂的开裂和剥落会加快其损伤的进程，裸露部分的刚度和强度都会有所降低，很容易在外界恶劣环境的影响下发生折断，造成风电机组运行事故。

（2）叶片折断。由于风电场运行场所的特性，风电机组叶片通常需要足够强的承受力去捕获风能，但当面临非正常风况时，例如台风、强阵风等，就会有超出叶片最大承受强度的力作用在其表面，导致叶片折断甚至是塔架拦腰折断等故障发生。

（3）雷击损伤。由于风电机组叶片多由复合材料制成，无法传导雷电流，一旦遭受雷暴，叶片甚至是风电机组整体或多或少都会有所损伤：通常可以按照损伤特点分为两种性质的损伤：一种是机械性损伤，指的是叶片表面或者结构发生了物理性质的损坏，比如叶片受到冲击之后的炸裂现象或者不完全炸裂而出现的开裂；另一种是电气性损伤，指叶片的防雷装置接闪器或者避雷带的导线熔断、高温膨胀等问题。这两类损伤又可根据损伤程度分为可修复性损伤和功能性损伤。通常来说出现了功能性损伤，就意味着此部件的功能出现了降低或丧失，是不具有修复性的；而可修复性的损伤（比如叶片表面开裂以及轻度的叶尖开裂）都是可以在故障出现后进行修复处理的。

（4）叶片结冰。叶片结冰后会引起负载增加，积冰严重时会导致叶片断裂，影响叶片寿命。并且由于每个截面结冰厚度不一样，使得叶片原有的翼型改变，对叶片的气动性能影响较大。在结冰的状态下继续运行会对风电机组产生非常大的危害，严重时甚至会使得风电机组不得不脱网停机，大大降低了低温地区风电机组的利用率。而结冰后的叶片在温度升高之后，冰块就会脱落，也会对风电场的工作人员造成极大安全隐患。

4.3.3.2 叶片故障分析

（1）风电机组自身设计及生产造成的故障。目前市场上大多数的风电机组叶片都采用了真空灌注方式进行生产，取代了以前的手糊工艺制造，在精细程度上已经有了大大的提升。然而，从叶片的灌注到最终出厂，还需经过叶片玻璃纤维布的铺设、芯材的布置、叶片表面涂层的粘连剂的刮涂等工艺，这些工艺都是需要工厂人员手工进行操作的。人为的操作就会引起质量的高低差别，生产过程把控不仔细会出现芯材布置不均匀、纤维布的铺设不平整。叶片表面粘连处的开裂则是来源于生产过程中的工艺不严谨。叶根作为叶片和轮毂连接的关键部分，其螺栓的磨损会在日常的风电机组运行中不断加重，其原因一方面来源于叶片本身结构设计的不合理，另一方面则是因为运行现场不确定的环境因素，不断磨损的螺栓最后有可能导致叶片扭断，在风电场中属于报废类型的重大经济损伤。

（2）外部条件引起的故障。一是外部环境引起的故障，如高原山坡的雷击、西部地区的风沙雨雪、沿海地区的台风，海上盐雾造成的化学腐蚀等都会引起叶片的健康问题。风沙雨雪和海上盐雾会使叶片表面涂层老化脱落，最终引起内部材料老化，降低叶片的使用寿命；雷击则会损伤叶片表面材料，严重时甚至会迫使叶片发生折断；台风就会对风电机组整体的运行造成致命性地打击。二是运行时的不当造成的故障。如果风电机组运行时刹车系统出现了失灵，此时的风电机组转速会随着不间断的运行而不断增加，这种情况一旦发生，风电机组叶片很有可能就会出现飞车的现象，情况严重时，叶片会因此而被甩飞造成报废这一类的重大经济损失。除了本身系统运行时的失灵，某些风电场为了经济效益，长期保持风电机组超负荷工作，造成叶片过早进入疲劳阶段，最终引发叶片严重故障。

4.3.3.3　常用的叶片故障诊断方法

针对风电机组叶片的故障问题，为了提前预测故障的发生，避免故障问题的扩大，国内外学者也在不断研究叶片健康检测方法。近些年来，多种无损检测技术越来越成熟，如超声波检测、X射线检测、红外热像检测、声发射检测以及振动检测等。

（1）超声波检测。超声波检测主要是利用超声波传播路径检验材料的缺陷，不同材料声学性能会有差异，此种差异会导致对超声波的反射情况以及穿透后的能量变化的不同。该技术能够在不损伤被检测物体原有结构特性的前提下，确定缺陷的大小、位置，当叶片有故障出现时，超声波信号通过故障处后，波形和振幅都会发生变化，并且根据接收信号的时间还可获取缺陷处的位置。

超声波检测主要针对的是裂纹、纤维层折叠、夹层的分层气泡等缺陷的检测，可以确定故障的位置和大小，却不足以识别故障的种类。如果需要进一步确认故障的类型，可以借助超声全息成像方法和超声频谱分析法进行分析。在实际操作中利用超声波进行缺陷定位时，需要根据叶片不同区域的材料厚度布置不同频率的检测探头，最后检测的结果也需要依靠检验人员的长期经验对出现的故障进行判别。由于此技术的成本问题，目前国内较少应用此检测方法到实际风电场中。

（2）X射线检测。X射线实时成像检测技术是当下计算机技术飞速发展的产物，也是目前风电叶片检测技术中较为直接有效的技术之一。X射线可穿透叶片材料，随后被图像增强器接收并且将不可见的射线转换成可视图像，为了使计算机能够识别处理，将获得的图像进行模数转换，送至计算机处理分析，显示出被检测材料的故障类型、大小以及位置等信息。此检测技术非常适合检测叶片材料中的气泡这一类的缺陷，目前也应用于叶片内部结果的无损检测。但由于射线对叶片表面裂纹不敏感，并且无法显示叶片常见的分层缺陷，目前该项技术常应用于叶片生产线上工件的快速检测。

（3）红外热像检测。红外热像检测根据有无热源分为有源红外检测法和无源红外检测法，有源即存在外部热源主动发射热量，无源则是利用材料本身自有的热辐射进行检测。不同的材料或者不连续性的缺陷对热的传导性能是有区别的，反映到材料上就是材料温度的区别，通过检测设备可以对其红外辐射能力进行差异区分，最终判断出叶片材料是否存在缺陷。实际数据表明，红外热像检测可以有效分辨出叶片各层材料脱粘的缺陷，扫描面积大，检测速度快，检测的缺陷位置大小显示直观。红外热像检测技术未来也会随着人工智能的发展，增加自动扫描探头和自动热源，屏蔽外界环境温度影响，不断地进行完善。

（4）声发射检测。声发射检测技术需要在材料表面布置声发射传感器，材料被检测部分在外载荷作用下发生形变产生声反射，此时材料中的裂纹等缺陷会受其影响而都成为声发射源，检测其声发射信号，经放大后送至信号采集处理系统进行分析和研究，即可对材料的缺陷类型和位置进行判断。在实际的检测过程中，需要根据叶片各个部位材料厚度及结构的不同布置多个声发射传感器。声发射检测技术对动态缺陷尤其敏感，可以应用于风电机组叶片的疲劳检验中。

（5）振动检测。无论是结构材料还是功能材料，材料本身的力学性能最能反映其当前状态的特性。通过布置振动传感器，对材料的物理参数和模态参数进行收集传送，最后依据各种振动数据处理算法对其进行分析，确定材料中所出现的缺陷类型。目前和振动检测技术结合较多的是小波变换方法，根据材料的动力响应，利用小波分析分解动力响应信号得到子信号，并求出信号的能量谱，可得到叶片材料损伤前后的能量谱变化量，最后引入人工神经网络，训练网络使其能够分析出材料缺陷的位置及大小。

由于振动信号获取方法简单，对振动信号的处理方法多样，振动检测方法被广泛应用于叶片故障诊断中。若要对现场采集到的数据进行时域和频域的数据分析，目前常用的传感器故障诊断方法，一般在步骤上都会首先提取样本特征，获取特征向量，随后再对信号进行故障识别。

随着计算机技术的发展，传统仪器开始而转变为虚拟仪器。目前常用的虚拟仪器中，LabVIEW 的使用较为普遍化。在 LabVIEW 平台中可以根据需求搭建不同的处理模块，无论是分析前的数据还是处理后的数据都可以借助数据库对其进行存储调用，实验结果表明，利用此平台搭建的检测系统对故障进行检测的结果和专用仪器的检测结果一致。并且软件系统易于维护，出现差错之后也可以进行修改。有了虚拟仪器后也可大大减少传统仪器条件下使用硬件的数量，可以非常有效地节省成本，是一种较为便利且经济的检测手段。

通过上述描述可以看到，各种检测方法针对不同的缺陷类型和不同的应用范围分别具有不同的优缺点，叶片故障检测技术对比见表 4-6。

表 4-6　　　　　　　　　　　　叶片故障检测技术对比

检测技术	使用缺陷类型	优　点	缺　点
超声波检测	内部缺陷（疏松、分层、夹杂、空隙、裂纹）检测，厚度测量	操作简单、检测灵敏度高、可精确确定缺陷位置与分布	检测效率低，对检测人员专业知识要求高、检测时需要使用耦合剂
X射线监测	空隙、疏松、夹杂、贫液、纤维断裂等	灵敏度高、检测结果直观、可进行实时检测	检测设备复杂庞大、射线对人体有害、需要安全防护
红外热像检测	脱粘、分层、裂纹、夹杂等	设备简单、操作方便、检测灵敏度高、效率高	要求材料传热性能好、表面热敷设率高

续表

检测技术	使用缺陷类型	优 点	缺 点
声发射检测	加载过程中产生各种损伤以及损伤的扩展	检测缺陷的动态状态,可预测材料的最大承载能力	检测过程需要对材料进行加载
振动检测	分层、纤维断裂、疏松、空隙、变形等	设备简单、信号准确、可优化手段较多	信号处理算法较为复杂

4.3.3.4 传感器的选型

传统的叶片监测方法采用望远镜或无人机,在定检时通过运维人员进行人眼识别,一方面不能及时发现问题,另一方面人眼识别能力有限,不能准确判断。叶片监测的难点在于叶片运行工况多变,且受力是由气动力、重力、弹性力、惯性力耦合作用,受力复杂,低速重载时,信号微弱,信噪比低,且有谐波影响。

对叶片的监测主要通过选择合适的位置安装叶片监测传感器,为了选择出变化显著、特征明显的信号(如叶尖扰度、叶尖位移)作为后续进行信号处理的对象数据,可以通过安装加速度传感器来获取位移数据,安装电阻应变片来获取挠度数据。

(1)加速度传感器。建议选择可进行无线传输的带通信技术的传感器,可以直接输出数字量,测量精度和采集速度都达到较高水平。

(2)电阻应变片。与常见的丝绕式应变片相比,箔式应变片为平薄的矩形截面,优点表现为:箔式应变片线条准确,灵敏系数的分散性小,在工艺的允许下,甚至能制成栅长很小的应变片;箔式应变片的栅丝截面形状一般为矩形,周表面积大,便于散热。相同的截面面积下,允许的最大电流值也比常见的丝绕式应变片更大,这就意味着在现场侧得的信号也能够有较大的输出,并且由于其相对常见应变片来说拥有较大的表面积,增加了表面的附着力,当受力变形产生时,可以更加准确地将变化信号传递到对应的接收器中;箔式应变片一般为涂胶表层,在绝缘性和耐湿性上具有较好的特性。

4.3.3.5 传感器的布局

传感器布置于风电机组叶片表面,为了不影响叶片的正常运行,并保证传感器的功能稳定,安装后的传感器与风电机组叶片转轴一同旋转,布置在叶片离叶根1/3处。通过监测三个叶片运行过程中的相关指标参数的趋势变化,可以实现对叶片覆冰、雷击损伤、表面剥离和裂纹等常见损伤及气动不平衡、质量不平衡等载荷不平衡问题的早期发现。

4.3.3.6 振动监测采集装置

振动监测采集装置将采集来的传感器数据存储在相应单元内,并将传感器监测数据及关键工况参数输入叶片诊断模型,分析其结构的变化,例如,当叶片损伤时结构刚度降低,叶片结冰时质量增加,通过分析叶片振动频率、阻尼比等模态参数,对比正常运行叶片与损伤叶片的模态参数,诊断叶片健康状态,利用关键工况参数对系统提取的健康指标进行修正,并将其通过传输模块及时传输到服务器中进行进一步数据分析处理。

风电机组运行时,叶片属于旋转设备,监测叶片信号时,传感器与数据采集仪之间的信号传输方式主要有无线传输、有线滑环传输。全金属机舱(无机舱罩)风电机组采用无线通信时信号差,宜采用有线滑环通信。

4.3.4   风电机组基础沉降在线监测

传统风电场对塔筒基础沉降多采用离线监测方式，通过相应的仪器设备对塔筒基础沉降进行人为观测，这样的监测手段过于单一，对塔筒基础沉降的变化不够敏感，不利于现场人员及时掌握塔筒基础变形规律，而且劳动强度大，对风电安全预警也没有有效的指导意义。

随着风电机组功率增大，塔筒增高，并且风电基地场址地质条件日趋复杂，我国陆续发生了多起倒塔事件，因此行业上对风电机组塔筒基础沉降的监测越发重视，离线监测方式已不适用于复杂地质条件下风电基地的塔筒监测，急需采用在线式的监测方法。

4.3.4.1   传感器的选型

目前主流风电机组塔筒基础沉降多通过监测塔顶和塔底倾斜角度，换算塔筒刚度变化，进一步直观化地显示塔筒的结构变化的方式。这种方式，传感器多选用双轴倾角传感器，辅以静力水准测量。

4.3.4.2   传感器的布局

通常，在风电机组塔筒的上部内壁和下部内壁上分别配置1个双轴倾角传感器，辅助在风电机组基础表面配置不少于3个的静力水准测量，这3个的静力水准测量分别布置在风电机组基础表面圆周三等分区域中。

通过这种方式，在塔筒倾斜角度超出标准时，可及时给出报警，避免因塔筒及基础的失效造成风电机组主机结构的破坏，从而保证风电机组的安全稳定运行。

4.3.4.3   基础沉降监测采集装置

双轴倾角传感器与边缘侧风电机组基础沉降监测采集装置相连，采集装置具有高速运算、数据管理、数据存储、断电数据保护、参数设置、自诊断、抗电磁干扰等功能，实时计算与风电机组基础沉降相关的指标特征，并将采集数据及自动检测指标上送服务器。测点布置如图4-13所示。

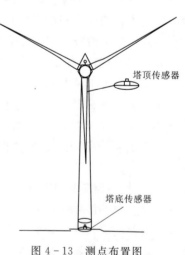

图4-13   测点布置图

4.3.5   螺栓状态在线监测

近年来，风电行业由于高强度螺栓断裂导致的叶片掉落事故和倒塔事故时有发生，分析其根本原因，主要在于三个方面：一是安装方面，因为叶根螺栓和塔架螺栓都是现场安装，而现场安装会受人员、设备、环境等条件限制，现场装配质量直接影响预紧力是否足够；二是维护方面，叶根螺栓较难维护，而且维护有周期限制，现场运维人员缺少必要的监测手段，无法掌握在维护周期之间螺栓的状态；三是风电机组运行状态下受力方面，由于叶根螺栓承受气动载荷、惯性载荷、振动载荷等交变载荷，因此叶根螺栓受力比较复杂，而塔架螺栓承受整机载荷，加之采用的是扭矩法施工，很难准确地知晓螺栓的预紧力是否足够。因此，对叶根螺栓及塔架螺栓的预紧力进行监测，进而评估其结构的健康状态是非常有必要的。通过螺栓在线监测，能有效实时识别叶片叶根和塔架法兰是否存在断裂隐患，并对存在隐患的部位进行定位，当螺栓预紧力小于设计预紧力 90％时，及时通知维护人员进行处理，早发现、早处理，从而避免发生重大事故。

螺栓状态监测的技术主要分为两种：一种为位移间隙技术，另一种为超声应力技术。

4.3.5.1 位移间隙技术

在多个螺栓同时紧固的情况下，设备对于螺栓松动具有一定允许裕度，即单个螺栓的松动不会马上对设备造成损伤，只有当松动螺栓的数量超过一定量时，才会因力载荷分布不均匀造成螺栓断裂，进而造成重大事故。从第一根螺栓松动到最后螺栓的断裂是一个变化的过程，可能持续几小时到几天不等。因此必须知道螺栓松动的时间，才有足够的时间裕度对设备进行停机维修。检测传感器由两部分分立组成，一部分装在上法兰，另一部分装在下法兰。当法兰间隙变化时，测出变化量波形，从而监测螺栓的状态。

位移传感器测点配置方案见表 4-7。

表 4-7　　　　　　　　　　位移传感器测点配置方案

部件名称	测点名称	安装位置	传感器类型
法兰面	位移传感器	每个法兰面装 8 个	电涡流位移传感器

4.3.5.2 超声应力技术

螺栓在自由状态下，螺栓内部不存在预紧力，而螺栓在紧固状态下，由于预紧力的作用，螺栓将发生形变，此时螺栓的变形量为 ΔL，螺栓监测系统依据 ΔL 与预紧力 F 之间的数学关系，计算得到预紧力 F，计算式为

$$F = \frac{ES\Delta L}{L} \tag{4-1}$$

其中

$$\Delta L = \frac{1}{2}(t_1 - t_0)v \tag{4-2}$$

式中　F——螺栓的预紧力；

　　　E——螺栓材质的弹性模量；

　　　S——螺栓截面积；

　　ΔL——螺栓的变形量；

　　　L——螺栓副的装夹长度；

　　　t_0——发射和接收电信号之间的时间差；

　　　t_1——螺栓紧固状态下，螺栓发射和接收电信号之间的时间差；

　　　v——机械纵波在螺栓内的传播速度。

螺栓预紧力监测通过超声波检测器实时检测螺栓的长度，根据螺栓的长度变化，将电信号传递到主控系统，换算出螺栓的预紧力，实现螺栓载荷在线监测。螺栓预紧力测量原理如图 4-14 所示。

超声波传感器测点配置方案见表 4-8。

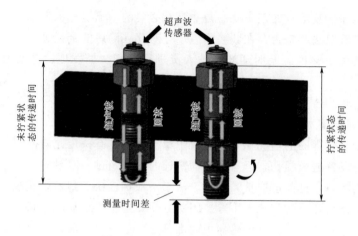

图 4 - 14 螺栓预紧力测量原理

表 4 - 8 超声波传感器测点配置方案表

部件名称	测点名称	安装位置	传感器类型
法兰面	超声波传感器	每个法兰面装 8 个	超声波传感器

4.4 汇集升压站一体化在线监测系统

4.4.1 系统结构

云边共享的汇集升压站一体化在线监测系统采用分层分布式结构，一般分为感知层、边缘层、平台层三层，系统结构如图 4 - 15 所示。其中平台层功能在主要体系架构中已描述，此处不再赘述。

（1）感知层。即传感器模块，包含油中溶解气体传感器、SF_6 压力微水传感器、局放传感器等，通常均安装在一次设备本体上，传感器通过电缆和采集单元等智能组件连接，通过 A/D 电路处理后送给采集单元等智能组件。

（2）边缘层。即数据处理单元，负责监测数据的初步分析，以采集单元和服务器为主。采集单元这类智能组件多采用私有协议、网络接口方式将采集到的现场数据进行联网，将监测数据、分析结果通过光缆通信上传至汇集升压站服务器，服务器负责全站数据的传输、处理、展现以及数据远传等服务，并具备数据协同能力。

4.4.2 主变压器在线监测

电力变压器是汇集升压站最主要的设备之一，通过对反映变压器实时状况的状态参数进行实时监测，可对变压器的绝缘状况作出分析、诊断及预测。变压器在线监测的对象包括变压器本体和辅助设备两部分，其本体监测项目主要有温度及负荷监测、油中溶解气体监测、铁芯接地电流监测、局放监测和套管绝缘检测；辅助设备监测对象有冷却器、有载分接开关和保护功能器件。

系统采用分层分布式结构，按层次划分为传感器及采集单元等智能组件。变压器在线

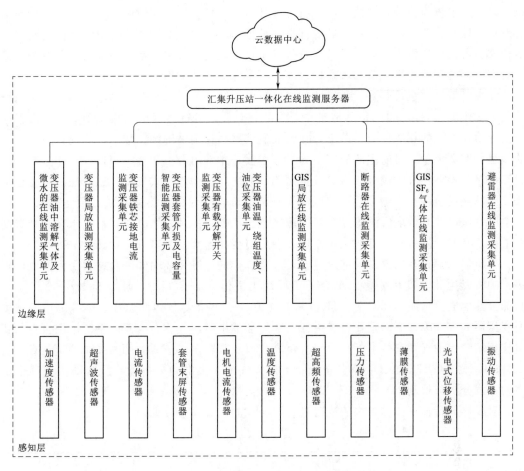

图 4-15 汇集升压站一体化在线监测系统结构图

监测系统结构如图 4-16 所示。智能组件是变压器在线监测装置的关键技术，其通过综合来自各传感器的信息（如油温、绕组温度、电压、电流、铁芯接地电流、局放、油中溶解气体和微水等工况和状态参量），对变压器进行综合的故障分析诊断，接受控制指令，反馈监测数据和诊断结果。

变压器在线监测采集单元负责各种信号的采集、存储和数据处理，进行实时监测和分析，并能以图形、图表和曲线等方式进行显示，同时对相关数据进行特征参数提取，

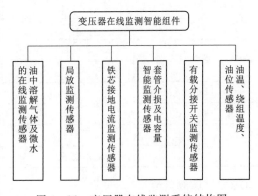

图 4-16 变压器在线监测系统结构图

得到状态数据，并将数据通过网络传至服务器，供进一步的状态监测分析和诊断。

4.4.2.1 油中溶解气体及微水的在线监测

油中溶解气体在线监测设备是电力变压器的重要在线监测设备。特别是大基地汇集升

压站地理位置较为偏僻，在线监测设备可弥补常规采样分析所需时间长，不能满足变压器故障实时监测的要求，一旦变压器内部存在放电等异常情况，系统将实时发出告警信息，运行人员可根据告警信息对该设备进行故障确认。因此，油中溶解气体在线监测系统实现了对变压器的有效监督、监测和前期诊断，可确保变压器的稳定安全运行。

油中溶解气体在线监测装置按照测试组分的不同，分为单组分和多组分两类。单组分检测装置仅能监测单一的 H_2 或者油中复合气体总量，运行过程中无须使用载气。由于无法实现缺陷类型的在线诊断，单组分在线监测装置已逐渐被淘汰，取而代之的是更为实用的多组分监测装置。目前主流的多组分检测装置一般可在线检测油中 H_2、C_2H_6、C_2H_4、CO 和 CO_2 等多种气体成分。多组分按照测试方法，分为阵列式气敏传感器法、气相色谱法、红外光谱法和光声谱法等；按照油气分离方法，分为分离膜渗透法、顶空式取气法、真空脱气法以及其他取气法等。在线监测装置无论采用何种检测方式，都要求在线装置能够准确、及时地发挥其应有的预警作用，便于对变压器突发故障进行检测。

变压器内部存在局放或局部过热时，故障部位的绝缘油或固体绝缘材料受到放电或过热影响将发生化学变化分解出小分子指标烃类气体（如 C_2H_2、CH_4、C_2H_4、C_2H_6 等）和部分其他成分物质（如 CO_2、H_2O 和 CO 等）。这些指标气体和总烃在绝缘油中的浓度是变压器内部故障诊断的重要参考指标。变压器油中溶解气体在线监测系统采用真空与超声波相结合的油气脱离技术，高效复合色谱柱以及高精度传感器，可对 H_2、CO、C_2H_2、CH_4、C_2H_4、C_2H_6 和 CO_2 等小分子烃类指标气体作出准确分析，并能辅助实现油中微水的在线分析与检测。

对采样的特征气体和微水的浓度进行综合监测，具体参数见表 4 - 9。

表 4 - 9　　　　　　　　　　　　特征气体和微水参数　　　　　　　　　　单位：μL/L

序号	气体	分辨率	测量范围
1	H_2	1	1～25000
2	CO	1	5～25000
3	CH_4	0.5	0.5～25000
4	C_2H_6	0.1	0.1～25000
5	C_2H_2	0.1	0.1～25000
6	C_2H_4	0.1	0.1～25000
7	CO_2	10	20～4000
8	总烃	1	0.2～8000
9	微水	1	1～800

4.4.2.2　局放监测

变压器内部的局放是反映其内部设备状态、绝缘状况的一项重要标志。变压器局放过程中伴随着电脉冲、电磁辐射和超声波等现象，可能引起变压器局部过热及产生特征油气。由于局放能够导致绝缘恶化乃至击穿，因此对变压器内部进行局放监测可以及时了解其内部各个设备的绝缘状况和发展趋势，有效预防变压器故障的进一步扩大。

局放监测方法大体上分为四类，即超声波检测法、化学检测法、脉冲电流法及超高频

（UHF）法。

超声波检测法根据局放的强度来监测，还会利用变压器油箱上安装的超声波传感器收集超声波，这种方法极为简单，但是没有较高的灵敏度，无法在变压器现场有效地监测到信号。化学检测法主要是充分利用变压器出现的故障进行详细的检测，变压器所发生的故障不同，导致产生的气体成分和气体浓度之间存在着很大的差异性，相关人员可以结合这种情况设置相应的故障识别模式，主要起到预防作用。脉冲电流法应用原理是通过详细检测变压器局放所产生的脉冲电流进行系统化检测，比如：针对铁芯接地线、外接地线、中性接地线以及套管屏蔽线等，具体分析所产生的脉冲电流大小，计算出变压器局放量的大小。通常被用于变压器出厂的型式试验以及其他离线测试中，离线测量灵敏度高，但抗干扰能力差，无法有效地应用于变压器现场的在线监测。超高频法应用原理为：变压器局放所产生的电磁波频谱特征与电源几何形状及放电间隙有着紧密的关联，通过电磁波频谱的检测便能够实现对变压器局放现象的准确测定。因其抗干扰能力强、灵敏度高、实时性好且能进行故障定位，已成为目前局放检测技术主要方法之一。

对于局放的监测，除了先进的传感技术之外，还需要良好的抗干扰技术以及局放模式识别技术。应用数字滤波、相位开窗、动态阈值等多项抗干扰方法，能够有效消除或抑制干扰，保证采集数据的准确性和可靠性。

对于局放模式识别，超高频局放检测技术对多个绝缘缺陷的判断和识别具有一定优势。超高频局放检测技术能够有效地避开低频电磁干扰，特别是与脉冲电流法获得的脉冲信号相比，局放超高频信号包含了更丰富的放电信息，能从中提取出反映不同类型放电的特征参数，达到有效识别和诊断变压器内部局部缺陷的目的。

4.4.2.3 铁芯接地电流监测

铁芯是变压器内部传递、变换电磁能量的主要部件，正常运行的变压器铁芯及夹件必须接地，且只能一点接地。如果存在两点或以上同时接地，铁芯或夹件将与大地之间形成回路，就会造成铁芯、变压器局部过热，夹件碳化，铁芯烧毁及接地线烧坏等不同程度故障。变压器接地电流的显著增加，是铁芯或夹件发生多点接地故障的直接体现。监测铁芯及夹件接地电流，及时发现多点接地故障并制定检修计划，可延长变压器使用寿命，降低事故发生率，是确保变压器安全稳定运行的关键之一，根据行业相关规范，铁芯及夹件接地电流不应大于 0.1A。

4.4.2.4 套管介损及电容量在线监测

变压器套管介损及电容量在线在线监测模块主要由电压检测单元、容性设备监测单元、环境监测单元及嵌入式数据处理单元组成，套管状态监测采用高低频集成传感器，传感器结构与末屏完全兼容，不改变末屏原有接地方式，具备对套管局放、末屏接地电流、相对介损、电容量等参量的监测功能。

4.4.2.5 有载分接开关监测

有载分接开关在变压器带电状态下，通过改变绕组分接位置实现电网的有载调压，其故障率约占变压器整体故障的 30%，而机械故障占有载分接开关故障的 80% 左右。为此，有载分接开关状态监测采用加速度传感器检测有载开关分接变换操作过程中产生的机械振动信号，采用电流互感器检测驱动电机电流信号，并结合信号幅值、合包络分析、互相关系数分析、能量分布曲线分析及时频矩阵分析等分析方法，实现触头分合状态、储能弹簧状态、机械是否卡涩、三相触头是否同期、触头表面是否平整、切换是否到位等状态的监测。

4.4.2.6 顶层油温在线监测

在油浸式变压器周围及顶部布置若干个温度传感器，测量变压器运行的环境温度，将若干个温度传感器有效数据的算术平均值作为变压器运行环境温度测量值；计算出顶层油温度计算值与环境温度测量值的差值，与设定的整定值进行对比：若小于整定值，则认为变压器运行状态正常；若大于等于设定的整定值，则认为变压器运行状态异常。

4.4.3 GIS 在线监测

由于 GIS 内部空间有限，工作场强大，并且绝缘裕度相对较小，GIS 内部一旦出现绝缘缺陷，极容易造成设备故障，引起长时间停电，造成高昂的检修费用。因此对 GIS 设备进行在线监测，能够及早发现其内部绝缘故障，并能够准确定位，使得 GIS 的检修工作能有计划地进行，缩短检修时间，并节省检修费用，从而提高 GIS 运行可靠性。

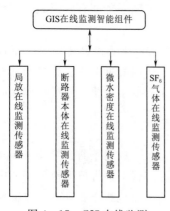

图 4-17 GIS 在线监测系统结构图

GIS 在线监测系统采用分层分布式结构，按层次划分为智能组件及采集单元，如图 4-17 所示。

采集单元等智能组件负责接收传感器数据，并进行存储和数据处理，同时对相关数据进行特征参数提取，得到状态数据，完成故障的预警和报警，并将数据通过网络传至服务器，供进一步的状态监测分析和诊断。

4.4.3.1 局放在线监测

带电运行 GIS 设备发生故障的原因，大多是 GIS 设备气室内存在特定长度的自由金属颗粒，或由于屏蔽层与高压母线或气室间的绝缘问题而导致电火花，或由于金属尖端部位产生电晕放电。在 GIS 发生故障前，这些问题均会提前出现，体现在局放信号中，每次局放的出现都会对设备绝缘产生一定程度的破坏，这种破坏日积月累就会击穿绝缘介质，产生事故。

GIS 局放在线监测主要监测参数包括放电位置、放电量及放电类型，主要采用的监测原理与主变压器局放采用的相同，都是超高频检测技术。

4.4.3.2 断路器本体在线监测

目前，SF_6 断路器在高电压等级电网中应用较为普遍，SF_6 气体作为断路器的灭弧介质和绝缘介质，其绝缘强度主要取决于 SF_6 气体密度和 SF_6 气体微水含量。

（1）SF_6 气体密度监测。SF_6 气体密度监测仪通过压力和温度传感器对气体压力和温度进行直接测量，如出现压力告警和达到闭锁限值，即会闭锁断路器的分合闸回路。

（2）SF_6 气体微水监测。SF_6 气体微水监测采用高分子聚合物薄膜传感器对微水含量进行监测，传感器的微水测量利用阻容法原理，在不消耗气室内 SF_6 气体的情况下，当

SF_6 气体中的含水量发生变化时，高分子聚合物薄膜阻值和容值也发生相应的变化。利用含水量与阻容值之间的变化关系直接测量 SF_6 气体中含水分量，通过传感器阻容值输出计算实时在线监测 SF_6 气体微水含量。

（3）分合闸线圈电流监测。电磁体是高压断路器机械操作机构的重要元件之一，线圈中通过的电流在电磁体内产生磁通，铁芯受电磁力作用吸合从而完成断路器的合闸、分闸过程。高压断路器机构中的分合闸脱扣电磁体，在长期操作和实际运行过程中可能发生变形、锈蚀、脏污等，都可能导致电磁铁吸合不成功从而引起断路器拒动、误动。

由于线圈电流控制电磁铁的吸合动作，所以可通过分合闸线圈电流特性来反映铁芯动作情况。目前一般采用装设电流传感器监测电磁铁线圈的电流波形，通过记录、分析每次分合闸操作过程中的电流波形，对断路器的控制回路及机械操动机构状态有初步了解，然后对断路器机械故障的发展趋势和发生概率进行诊断推算，为高压断路器检修工作的实施提供辅助决策依据。

（4）断路器行程特性监测。高压断路器分合闸时的行程-时间特性是表征高压断路器机械特性的重要参数，是计算高压断路器分合闸速度的依据。高压断路器的开断性能很大程度上取决于断路器的分合闸速度，特别是断路器合闸前与分闸后的动触头速度。断路器行程特性监测是通过对动触头的行程-时间关系进行测量，计算得到动触头速度。

目前断路器行程特性监测多采用光电式位移传感器，常用旋转式光电编码器，装置上有一固定光源，当断路器进行分合闸时，码盘被断路器触头带动旋转，光源透过光栅射到接收元件，通过电路装置产生输出 A、B 两路相位差 $90°$ 的正交脉冲串信号，可以判断触头是正向运动还是反向运动。另外通过装置计数器对 A、B 相两路信号进行计数，可以计算出断路器动触头的分合闸速度。

（5）断路器机械振动信号监测。高压断路器分合闸操作过程中，机构部件的运动和撞击都会引起振动响应。这种振动响应具有随机性，但对于同一台断路器的多次操作，振动信号重复性较好。当断路器出现机械故障时其振动信号会发生较大改变，因此可通过监测振动信号以识别断路器缺陷。

通过在断路器上装设的传感器采集振动信号，经过放大器以及 A/D 板处理，将振动信息传至采集模块进行处理分析。断路器的振动信号包含有丰富的特征信息，通过提取信号的时域、频域信号的频带和幅值进行分析，得出结论。提取信号特征的方法可以分为时域法、频域法和数据序列分析法，往往多种方法的综合应用可以在应用层面取得更好的效果。

4.4.3.3 SF_6 气体在线监测

SF_6 气体在线监测是对 GIS 房间内的 SF_6 含量和 O_2 含量进行监测，能实现 SF_6 气体 ppm 级的监测，同时监测 O_2 含量和房间温湿度，实现自动和手动控制房间内的风机进行通风。

4.4.4 避雷器在线监测

金属氧化物避雷器（metal oxide arrester，MOA）以其优异的非线性、大的通流能力以及更高的可靠性逐渐取代了传统的碳化硅避雷器。MOA 的工作过程可以分为三个阶段：限压、熄弧和自动恢复。当 MOA 正常运行工作时，MOA 内部不会产生热量。当 MOA 遭受雷击或过电压时，MOA 内部的氧化锌电阻结构呈现出非线性伏安特性，内部电阻在很短的时间内下降，MOA 完全导通，其内部的泄漏电流在短时间内达到几千安培，瞬间释放过电压，确保电气设备避免遭受过电压冲击，此时 MOA 为限压阶段，保护电网系统处于正常的工作状态。MOA 受到过强的电流或者电压冲击时，MOA 内部产生熄弧现象，在某个时刻熄灭电弧，此时 MOA 为熄弧阶段。熄弧完成后，MOA 的电阻结构恢复到高阻态，此时 MOA 为自动恢复阶段。恢复后的 MOA 对电网系统的正常运行不会产生任何影响。

目前，MOA 的实时监测方法主要有谐波分析法、补偿法、全电流法、三次谐波法、双电流互感器法等，这些方法各有优缺点。

1. 谐波分析法

MOA 的绝缘劣化主要是阀片受潮和老化引起的。当 MOA 阀片处于老化初期时，阀片内部的阻性电流的三次谐波分量和基波分量都会增加，但前者的增加幅度要大于后者的增加幅度。然而，当 MOA 阀片处于受潮初期时，阻性电流的基波分量的增加幅度明显高于三次谐波分量的增加幅度。因此，可通过对阻性电流的基波分量和三次谐波分量进行监测、记录和分析，对 MOA 的运行状态进行实时监测。

2. 补偿法

阻性电流的变化可以反映 MOA 的运行状态，因电压信号与泄漏电流的阻性电流同相，利用电压信号补偿泄漏电流的容性电流，此时，泄漏电流就只剩下了阻性电流。通过对阻性电流进行监测，可以准确监测出 MOA 的运行状态，电压、泄漏电流、阻性电流和容性电流之间的相位关系。

3. 全电流法

全电流法又称总泄漏电流法，是最早的 MOA 在线监测方法之一，该方法是将一个特殊的毫安表串联到 MOA 的接地线上。毫安表有两个功能：一方面是用来记录雷击或过电压的次数，另一方面是用来测量 MOA 的总泄漏电流。全电流法原理如图 4 - 18 所示。

MOA 正常运行时，阻性电流仅为总泄漏电流的 10% 左右，容性电流 I_C 与阻性电流 I_R 之间的相位相差 90°。当阻性电流增大时，总泄漏电流不会发生明显变化，但此时避雷器可能已经发生老化或受潮，无法监测避雷器前期的运行状态。该方法虽然简单易行，但对 MOA 的前期老化和受潮监测效果不是很理想，此外该监测方法还容易受到外界工作环境的影响，导致前期监测数据结果不准确，无法在第一时刻判断避雷器的运行状况，从而对整个电网系统的安全造成不利影响。该方法主要适用于负载电压稳定等级高或负载电压不易准确测量的应用场合。

4. 三次谐波法

因为 MOA 的制作材料存在特殊性，所以阻性电流的基波分量和三次谐波分量存在一定的函数关系，即 $I_R = f(I_{R3})$，只要能够准确计算出三次谐波分量，即可根据函数关系计算出阻性电流的基波分量和阻性电流，该方法的工作原理如图 4 - 19 所示。

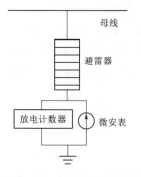
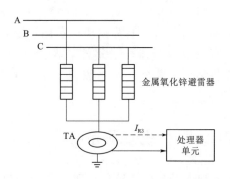

图 4-18 全电流法原理图　　　图 4-19 三次谐波法工作原理图

此方法虽然简单，但仍存在以下缺点：

（1）不同支座材料的 MOA 的阻性电流的基波分量和三次谐波分量的关系式 $I_R = f(I_{R3})$ 不同，即使阀片的材料相同，MOA 老化前后产生的阻性电流的基波分量和三次谐波分量的关系式 $I_R = f(I_{R3})$ 也不尽相同。因此，通过三次谐波分量 I_{R3} 求得阻性电流的基波分量 I_R 进而求出阻性电流的方法，无法保证数据的准确性。

（2）虽然可以通过公式 $I_R = f(I_{R3})$ 得出阻性电流的变化，但无法确定哪一路避雷器发生了何种故障。

（3）如果电网系统的电压信号存在谐波，形成三次谐波容性电流 I_{C3}，会造成实测的阻性电流超过实际值，从而会对避雷器的运行状态造成误判。

5. 双电流互感器法

双电流互感器法又称双"TA"法，主要监测泄漏电流的阻性分量，通过 TA1 采集泄漏电流，通过 TA2 采集过电压时的峰值电流，记录动作次数。将采集到的电流信号进行 A/D（模数）转换处理。对电压互感器 TV 采集的电压信号和处理过后的电流信号进行分析研究，从而判断避雷器的运行状态。同时，为了区分温度变化导致的泄漏电流的增加，在 MOA 上装一个温度传感器，实时采集环境温度，对比温度变化和泄漏电流变化。其原理图如图 4-20 所示。

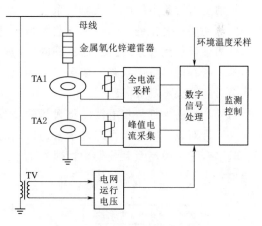

图 4-20 双电流互感器法原理图

此方法需要强大的软件支撑才能实现避雷器的在线监测，并且需要将电网谐波和温度的影响考虑进去，在线监测的变量相对来说比较全面，但监测成本比较高，且无法保证监测系统长期稳定运行。

避雷器在线监测由在线监测采集控制器、TA 监测模块、TV 监测模块组成，TA监测模块监测避雷器的泄漏电流信号，TV 监测模块监测 TV 柜的电压信号。TA、TV监测模块与采集控制器之间的数据传输控制由同步装置连接通信进行，双向通信。采集控器通过同步装置给 TA、TV 监测模块发布同步命令，控制 TA、TV 同时采集电流和电压信号，TA、TV 监测模块通过同步装置将 A/D 转换过后的泄漏电流和电压信号同步上传至采集控制器。采集控制器接收到泄漏电流和电压数据之后，进行存储、运算，最终将结果上送至升压站监控系统，用户可以通过监控系统了解避雷器的运行状态。

4.5 集电线路在线监测系统

基地配套建设的集电线路输电距离长，布设的范围较广，地理环境也非常复杂，所以线路极易受到外界因素的影响，比如雷电、暴风雨以及冰雹等恶劣天气，地震、台风和山洪等自然灾害，都会严重地影响到集电线路的正常运行，还会对集电线路本身造成一定的损坏，导致输电安全问题的出现。其中最为典型的问题就是集电线路舞动，由于风力及严寒的影响，集电线路舞动会产生机械振动能量，除了会对集电线路本身造成严重危害，还会导致集电线路因不堪重荷而发生断裂的现象，除此以外，也会对杆塔、金具和绝缘子造成很大冲击，导致其产生疲劳损害。再加上基地区域分布比较零散、不均匀，如果集电线路发生故障问题，必然会对电力系统供电安全造成极为严重的影响。所以，对集电线路的实时监测及检查具有重要的意义。通过对集电线路进行实时监测，当集电线路发生故障时，能第一时间发现，并及时采取有效的措施进行处理，避免集电线路问题的进一步恶化对电力系统造成更大的影响，有力保证安全用电。

目前已有的集电线路在线监测系统一般由数据采集系统和数据处理后台两部分组成，根据监测功能和对象的不同，在线监测系统可划分为微气象监测、覆冰监测、杆塔倾斜监测、外力破坏监测等系统。然而不同的监测系统功能较为单一，大部分线路同时有多种监测需求，若在同一集电线路安装多套不同的监测终端，则存在安装运维工作量大、设备配置冗余、经济成本高等问题。

另外，目前大部分集电线路将大量的设备监测数据传至后台进行分析判断，导致通信压力大。针对以上问题，提出基于云边协同的综合在线监测系统，通过边缘侧综合监测装置、云平台学习模型及系统架构，建立基于云边协同的集电线路在线监测系统技术原理和应用模式。

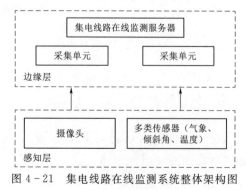

图 4-21 集电线路在线监测系统整体架构图

4.5.1 系统结构

基于云边协同的集电线路在线监测系统主要由感知层、边缘层及平台层三部分组成。平台层功能在主体架构体系中已描述，此处不再赘述，系统整体框架如图 4-21 所示。

感知层即传感器模块和前端摄像头，传感器模块包含气象传感器、倾斜角传感器、温度传感器等，负责现场设备的感知。边缘层主要负责多类型数据的采集，通常将集电线路前端传感器和采集装置集成为一体，布置于一条集电线路的首末两端以及箱式变电站侧，通过边缘侧人工智能处理模块中进行初次诊断，并将初判结果经通信送至云平台。通信包括有线通信和无线通信，其中无线通信主要采用虚拟无线专网方式，为集电线路在线监测提供高可靠、高安全、高带宽的数据传输通道。

4.5.2 集电线路微气象监测

为了提升输电线路安全性，需要对气候指标进行收集，进而对相应的灾害进行预防，另外，结合气候条件对集电线路载流量动态变化的特点开展设计，也能够延长其使用寿命，进而降低相应的成本。通过气象在线监测，除了能够对空气的湿度和风速进行检测，还需要获得周围环境的雨量和风向等数据，见表 4-10。

表 4-10　　　　　　　　　　　　气 象 在 线 监 测 数 据

传感器类型	工作原理	监测范围	精度	分辨率	备注
温度	电阻传感；热电偶传感	$-50\sim120℃$	$\pm0.2℃$	$0.1℃$	
湿度	氯化锂适度传感；氧化铝适度传感，碳湿敏元件传感；陶瓷适度传感	$1\%\sim100\%$	$\pm4\%RH$（相对湿度）	$1\%RH$（相对湿度）	
风速	超声波涡接测量原理；通过压差变化原理；热量转移原理	$0\sim60m/s$	$\pm(0.5+0.03v)m/s$；v 为标准风速值	$0.1m/s$	启动风速：$<0.2m/s$；抗风强度：$75m/s$
风向	光电信号转换原理；电子罗盘定位	$0°\sim360°$	$\pm2°$	$0.1°$	
雨量	光学折射传感	$0\sim4mm/min$	$0.2mm$	$\pm0.4mm$（$\leqslant10mm$ 时）；$\pm0.4\%$（$>10mm$ 时）	
日照	光伏二极管传感	$0\sim2000W/m^2$	$\pm2\%$	$7\sim14\mu V/(W/m^2)$	

4.5.3 集电线路图像/视频监控

目前基地项目电力网络覆盖范围广且电力传输距离也在不断提升，有些集电线路架设时往往要通过环境较为恶劣的地区，因此巡检需要花费较高的成本。图像传感技术能够24 小时监控集电线路，提升了系统智能化和自动化程度。通过摄像机远程控制技术，能够发现线路周围的异常情况。经过多年的发展，无论是图像传感技术，还是网络传输技术，都得到了明显的发展，进而使远程监控的成本显著降低。摄像头录制的视频经过压缩，通过网络传送至监控系统，线路管理员能够对杆塔、线路进行监控，进而实现远程监控。该视频监控可用于：

（1）导线、地线覆冰状况观测。

（2）大跨越区监测。

（3）易滑坡、塌方区监测。

（4）集电线路易受人力破坏区监测。

（5）导线、塔体、绝缘子串等部件异常监测。

（6）通道内数木、竹等易生长物监测。

（7）巡视人员难以活动地区的监测。

（8）偏远地区汇集升压站监测。

图像/视频传感器参数见表 4-11。

表 4-11　图像/视频传感器参数

传感器类型	工作原理	监测范围	分 辨 率	备 注
图像/视频	CCD 图像传感器；CMOS 传感器	水平旋转角度：0°；俯仰角度：0°	像素数：≥704（H）X576（V）	远程调节：焦距、光圈、景深、云台预置位、大小、色度、对比度

4.5.4　集电线路杆塔倾斜监测

由于大多集电线路需要在复杂的环境下运行，因此，面临着很多不能够预测的因素，杆塔在有些区域可能会倾斜，甚至倒塌，进而出现安全事故。杆塔倾斜的原因如下：

（1）由于经常向某一方向舞动，会导致杆塔受力不均。

（2）自然地质灾害。

（3）杆塔本体出现断裂或其他异常情况。

一般来说，杆塔并不是很快就会倾斜的，往往需要经过一个过程，杆塔才会出现倾斜的状况，进而才会倒塌。所以，通过检测，能够实时掌握杆塔的状态，进而尽量降低倒塌事故的出现，也能够降低倒塌造成的损失和危害。

在杆塔倾斜在线监测中，需要综合考虑拉线的倾斜度、测量杆塔、风速等因素对杆塔的倾斜趋势和速度进行计算，进而对杆塔的倾斜出现的风险进行评估，最终发出预警信号。通过在线监测技术，能够对倾斜角度进行预算，表 4-12 为杆塔倾斜监测传感器参数。

表 4-12　杆塔倾斜监测传感器参数

传感器类型	工作原理	监测范围	精度	分辨率
倾角	压阻技术；电容效应；热气泡效应；光效应	双轴±20°	≤±0.05°	0.01°

4.5.5　集电线路微风振动监测

当集电线路处在有风环境时，受到风力影响作用，集电线路会发生不同程度的振动，当振动频率同固有频率相同时会发生共振，这一现象会导致集电线路出现断股等多种事故，不仅对电网系统稳定运行造成危害，同时也造成了巨大的经济损失。随着微风振动引起的线路断股受到关注，很多学者开始对振动等问题进行研究，越来越多的新技术应用在长距离的高压架空线路中，通过这种方式，微风振动引起的危害显著降低，可是，这种现象仍然不能被杜绝。所以，我国有些学者指出，大跨度架设的线路宜进行振动测量，运用传感器对导线的振幅和加速度进行测量，并结合环境数据对导线的疲劳程度进行预测，进而分析导线的运动情况。表4-13为微风振动监测传感器参数。

表4-13　　　　　　　　　　　微风振动监测传感器

传感器类型	工作原理	监测范围	精度
振动加速度、振幅和频率	压电式加速度传感器	振动加速度：±5g 振动振幅：0~1.5mm；振动频率：0~200Hz	±5%

4.5.6　集电线路覆冰预警监测

集电线路极易受低温天气影响，低温严寒易导致线路表面覆冰，出现相间闪络、绝缘子串冰闪，引起跳闸、导线应力增大，覆冰舞动加速金属疲劳，甚至直接破坏线路，集电线路覆冰严重时会导致倒塔、导线脆断等一系列事故。当集电线路出现覆冰时，会延长线路修复所需要的时间，并扩大影响范围。

利用拉力传感器和倾角传感器实时监测绝缘子串拉力、风偏角、倾斜角，结合集电线路所处环境数据信息，可对导线的覆冰厚度进行分析，再结合环境气象资料制定覆冰预防措施。

集电线路覆冰预警监测传感器参数见表4-14。

表4-14　　　　　　　　　集电线路覆冰预警监测传感器参数

传感器类型	工作原理	监测范围	精度	分辨率	备　　注
拉力	弹性体（弹性元件、敏感梁）传感	2%～100% FS（线性工作区间）	0.2pm/N及以上		分度数 $\mu > 500$；回零误差（%FS）：<±0.1；示值误差（% FS）：<±0.2；重复性（% FS）：<±0.2；滞后（%FS）：<±0.3；长期稳定性（%FS）：≤±0.2
倾角	压阻技术；电容效应；热气泡效应；光效应	双轴≥±70°	≤±0.1°	±0.01°	

4.6　故障诊断系统

4.3～4.5节分别从风电机组一体化在线监测、汇集升压站一体化在线监测和集电线路在线监测三个方面，侧重从边缘层对在线监测系统进行了较为详细的描述，为形成云边共享互补模式，云平台由云计算、大数据、人工智能构成故障诊断系统，作为云边共享在线监测及故障诊断系统的平台层，它不限于单个系统在线监测，更是一个基于大数据采集分析的过程，涵盖了在线监测系统从数据采集、计算到分析的过程，同时包括多个系统的数据库、故障模型库、诊断知识库、趋势推理、人工智能自学习等全部的功能，最终将其成果拓宽到边缘计算节点上，形成云边共享的一体化协同计算体系。

故障诊断的方式主要有基于严格逻辑推理的专家诊断和基于大数据分析的人工智能诊断。专家诊断主要针对已知故障，以故障产生机理和故障模型为基础，建立故障与数据表征之间的因果关系，并结合数据进行故障验证，确诊设备的故障原因；人工智能诊断主要针对未知故障，开发机器自学习功能，以海量历史数据为基础，以大数据分析方法与模型为核心，通过数据挖掘寻找故障与特征量数据之间的关联关系，实现故障智能诊断。

故障诊断系统采用基于规则、模型和案例相结合的推理模式，运用正反向混合推理策略，根据自动获取的故障征兆，对设备故障进行自动诊断。

故障诊断系统的应用，一方面提升了设备的稳定性和可靠性，降低了常规部件的损耗和发电量损失；另一方面也提高了设备运检的计划性，通过对设备性能、重大部件和常规部件的监测与预警，实现维护策略的转变，增加主动预防的计划性工作比重，减少被动响应的非计划性工作比重，有效降低了运维成本，并且通过运维的闭环管理来提高现场管理水平。系统通过算法分析建立故障预警模型，提前发现设备运行过程中对整体性能影响较大的潜在问题，如功率曲线偏差、对风不正、冷却系统缺水等，减少由于性能问题引起的电量损失；动态监测大部件的运行状态，及时发现它们的异常工作状态，如叶片鼓包或开裂、发电机轴承损坏等，减少大部件安全风险，降低因大部件损坏而长时间停机带来的发电量损失或人员安全风险。

4.6.1 故障诊断方法

故障诊断是不断对各主设备故障类型预测模型进行建立和完善的过程。首先，故障诊断系统采集设备的振动信号并对振动信号进行平滑和降噪处理，同时还需采集与主设备运行相关的温度、风资源、地形等环境相关量以及设备负荷、转速等实际工况值，可以辅以音频、视频信号；其次，采用时域波形分析、频域波形分析等各种算法对这些处理后的信号进行分解，提取特征向量，同时可以预处理音频、视频信号并对预处理后的音频、视频信号进行特征提取以获得音频、视频特征参数；最后，将各振动信号的特征向量分为训练数据集和测试数据集，结合设备故障历史，利用数据挖掘和人工智能算法，从训练数据集中的振动信号的特征向量中获取参数的最优值，生成基于各种算法的故障诊断模型并进行测试，通过云平台自身具备的深度学习能力，通过训练，不断对模型进行修正和完善，最终形成灵敏度更高、故障监测更准确的故障模型，有效防止事故并且减少非计划停机。

故障诊断的方法通常分为两种：一种是基于设备机理的故障诊断方法；另一种是基于海量设备运行数据＋快速更新迭代的智能算法，形成基于大数据分析的人工智能故障诊断。

4.6.1.1 基于设备机理的故障诊断方法

基于设备机理的故障诊断方法就是利用故障所对应的征兆来诊断故障，其主要思想是根据系统内各元素之间的逻辑关系，研究典型故障对应的诊断指标的内在关系，建立待诊断系统模型，采用信号分析和处理方法，提取劣化诊断指标，剔除噪声干扰，建立合适的故障样本库，组态分析风电机组振动、摆度、压力脉动、电流等信号的频域特征和时域特征作为诊断指标量，并结合非实时数据如试验数据、巡检数据、技术参数等建立诊断指标量与故障类型的映射关系，通过动态的趋势变化来诊断故障严重程度和原因。

故障诊断的流程包括：通过逻辑推理知识得到知识库与解释规则；提取在线监测的历史数据进行信号分析与处理，进行特征提取；通过整理系统与设备历史状态信息进行综合分析；最后综合故障征兆对照表得出诊断结论。

信号分析和处理方法包括时域分析方法、频域分析方法和时-频域分析方法。

时域分析方法包括统计分析方法、相关分析方法和时间序列分析方法等。统计分析方法是一种传统的时域分析方法，常用指标包括峰值、均值、均方根值、方差、歪度和峭度等，例如，峭度指标对信号的冲击特性比较敏感，常用于滚动轴承的故障诊断。相关分析方法在系统振源识别和故障诊断中应用广泛，例如，在用噪声诊断设备故障时，正常状态下噪声是无序的随机信号，具有较宽而均匀的频谱，但当设备工作状态不正常时，噪声将出现有规则的、周期性的脉冲，采用相关分析方法对设备的噪声进行分析，可以在故障发生初期查出设备缺陷。时间序列分析方法是基于系统运行数据建立的时间序列模型，用于分析数据的变化规律，进而研究产生这些数据的系统状态和特性，以模型参数作为特征向量来判别故障类型。

频域分析方法最为常用的是 FFT 分析，它在设备故障诊断中应用十分广泛，例如当齿轮、轴承出现故障时，通过 FFT 分析，提取齿轮、轴承振动信号的特征频率，从而进行故障诊断。

时-频域分析方法中应用最为广泛的是小波分析方法和小波包分析方法方法。小波分析方法在高频段具有高的时间分辨率和低的频率分辨率，在低频段具有低的时间分辨率和高的频率分辨率，因此，它具有良好的时-频局部化特性，可以准确抓住瞬变信号的特征，也能对信号中的低频缓变趋势进行估计，例如，利用小波分析可以根据信号小波变换结果中极大值点的位置，确定信号发生突变点的奇异性指数，来区分不同的故障类型。而小波包分析方法频带细化为子频段，在各频段均具有较高的时间分辨率和频率分辨率，因此这种分析方法在故障信息特征提取中应用得也较为广泛。

以基于高频振动监测数据的主传动链典型故障特征提取方法为例，风电机组运行过程中，主传动链的旋转和传动结构会产生丰富的振动信号，通过对振动信号进行解析，可以得到许多部件的故障信息，但其初始信号变化复杂且含有大量的噪声，无法直接对部件故障发生和故障类型进行诊断。因此，在风电机组传动链的故障振动中，如何从混有噪声的振动信号中提取有效的特征信息是风电机组状态评估和故障诊断的重要内容。振动数据的故障特征提取方法主要有时域分析、频域分析、时-频域分析三种。

（1）时域分析方法。振动传感器对设备进行振动监测时，主要以时间信号的形式进行呈现。当设备出现故障时，故障部位振动能量可能会发生较大的变化，产生冲击振动信号，通过对振动信号的观察和分析，提取并计算振动信号的特征值大小，初步判断设备的状态，称为时域分析。振动状态可以用反映振动时间信号幅值、相位、能量以及概率分布等方面特征变化的时域特征值表示。常用的时域特征值分为有量纲参数和无量纲参数，其中有量纲参数包括信号均值、最大值、最小值、峰峰值、均方根值、方差等。

1）有量纲参数计算公式为

均值：
$$\overline{X} = \frac{1}{n} \sum_{i=1}^{N} x_i \qquad (4-3)$$

最大值：$X_{max} = \max\{x_i\}(i=1,2,3,\cdots,N)$ （4-4）

最小值：$X_{min} = \min\{x_i\}(i=1,2,3,\cdots,N)$ （4-5）

峰峰值：$X_{p-p} = X_{max} - X_{min}$ （4-6）

均方根值：
$$X_{rms} = \sqrt{\frac{1}{N} \sum_{i=1}^{N} (x_i)^2} \qquad (4-7)$$

方差：
$$\sigma^2 = \frac{1}{N} \sum_{i=0}^{N} \left(x_i - \frac{1}{N} \sum_{i=1}^{N} x_i \right)^2 \qquad (4-8)$$

对故障信号表现敏感是有量纲参数的特点之一，它对于识别冲击信号、部件振动能量过大等问题有较好的效果，其参数特点见表 4-15。

表 4-15　　　　　　　　　　有量纲参数的特点

参数名称	特点
均值、均方根值	当振动故障表现形式随着时间的延续逐渐向恶化态势发展时，数值会明显变大
方差	当风电机组出现振动故障时，相对应的部位振动能量会出现较大变化，方差会随着振动能量变大而变大
峭度	当振动信号中出现冲击故障时，峭度会明显变大
斜度	斜度反映概率密度分布情况，当斜度较大时，会呈现出明显不对称性

2）无量纲参数：主要包括波形、峰值、脉冲、裕度及峭度等。其中，峭度、脉冲及裕度等指标，反映振动冲击能量的大小，在冲击类故障发生时，它们的值变化明显，呈现显著上升特征，对于冲击类故障判断能力较强。但是，这些指标上升超过一定范围时，故障的发展趋势反而会与它们的数值成反比。因此，无量纲指标对于短期故障判断表现良好，而在长期故障争端问题上的表现则差强人意。

波形无量纲指标：
$$K = \frac{X_{rms}}{X'} \qquad (4-9)$$

峰值无量纲指标：
$$C = \frac{X_{max}}{X_{rms}} \qquad (4-10)$$

脉冲无量纲指标：
$$I = \frac{X_{max}}{|\overline{X}|} \qquad (4-11)$$

裕度无量纲指标：
$$L = \frac{X_{max}}{X_r} \qquad (4-12)$$

峭度无量纲指标：
$$Q = \frac{\beta}{X''^2} \qquad (4-13)$$

（2）频域分析方法。单一的振动信号时域分析只能提供相对直观、简单的故障信息。当风电机组传动系统的部件发生故障时，振动信号的频率特征也会发生相应的变化，频域分析就是把成分复杂的振动时域信号，采用傅里叶变换方法转换到频域，对故障信号特征频率进行分析，并与正常设备振动信号对比，进而判断故障类型以及故障位置的方法。频域分析方法主要包括频谱分析、包络谱分析及倒频谱分析等方法。

1）频谱分析。频谱分析指把连续的时间信号通过傅里叶变换转换到频域，从而揭示信号的周期成分信号，幅值谱和功率谱是故障信号频域分析的两种常用手段。幅值谱主要体现振动信号幅值在各频率点的大小，而功率谱则表征振动信号功率在各频率点的分布情况，功率谱等于幅值谱的模的平方，实质上，功率谱和幅值谱都描述了振动信号的共同频率特性，但功率谱比幅值谱清晰度更高。

假设时间信号为 $x(t)$，其傅里叶变换为

$$F(\omega) = \int_{-\infty}^{+\infty} x(t) e^{-j\omega t} dt \tag{4-14}$$

其功率谱密度函数为

$$F(\omega) = \int_{-\infty}^{+\infty} |x(t)|^2 e^{-j\omega t} dt \tag{4-15}$$

利用频谱分析方法，可有效地对风电机组主传动链故障的典型故障进行识别和诊断。如在齿轮箱齿轮的啮合过程中，其振动信号中主要含有轴的转频、啮合频率以及相应的谐波成分，当齿轮发生故障时，每当故障点接触，都会产生相应的冲击性振动，并使振动信号幅值在特定频率发生周期性变化，在频谱图中，则表现为齿轮啮合频率为中心频率，故障齿轮所在轴转频为边带的调制现象；而对于轴承故障，由于其在运行过程中有滚动体与内外圈的相对运动，所以故障特征频率取决于故障发生的位置，表 4-16 为滚动轴承各部件故障特征频率，其中，f_n 为滚动轴承所在轴的转动频率，Z_b 为滚动体数目，d 为滚动体直径（mm），D 为轴承节径（mm）。

表 4-16　　　　　　　　　　滚动轴承各部件故障特征频率

部件名称	内　圈	外　圈
故障特征频率	$\dfrac{1}{2} Z_b f_n \left(1 + \dfrac{d}{D} \cos\varphi\right)$	$\dfrac{1}{2} Z_b f_n \left(1 - \dfrac{d}{D} \cos\varphi\right)$
部件名称	滚动体	保持架
故障特征频率	$\dfrac{D}{d} f_n \left[1 - \left(\dfrac{d}{D} \cos\varphi\right)^2\right]$	$\dfrac{1}{2} f_n \left(1 - \dfrac{d}{D} \cos\varphi\right)$

2）包络谱分析。风电机组轴承和轮齿出现点蚀或者局部划痕等故障时，其振动信号中会出现低频的周期性瞬时冲击信号，该冲击信号易受随机信号和自由衰减信号的影响，并与设备的高频固有频率产生谐振。包络谱分析是将调制波与载波分离的技术，有效解调隐藏在高频固有频率中的低频冲击信号，获得反映故障信息的调制成分，进而判断零件损伤的部分和程度，确定故障类型和故障恶化趋势。包络谱分析方法对实际过程中的旋转机械设备的故障诊断，效果显著，故而也被广泛应用在风电机组传动链故障诊断领域。包络谱分析又称为包络解调，包络解调的实现方式有很多种，有希尔伯特（Hilbert）变换法、检波滤波法、循环平稳分析方法等。

3）倒频谱分析。倒频谱分析的基本思路是对振动信号的对数频谱进行傅里叶变换，对风电机组故障振动信号频谱中的周期分量进行提取和有效监测。如当风电机组中滚动轴承和齿轮等出现损伤时，利用倒频谱分析可以将频谱中的边带成分以一个峰值表示，实现

对故障频率和位置的精确判断。另外，倒频谱分析不易受传感器监测的位置和振动信号的传输途径的影响，故常用于振动监测分析中。

逆变换倒频谱的计算公式为

$$C(\omega\tau) = |F^{-1}\{\lg[P(\omega)]\}| \tag{4-16}$$

式中　$P(\omega)$——原始振动时间信号的功率谱；

　　　τ——倒频率。

（3）时-频域分析方法。受风况、地形等影响，风电机组处于非平稳运行状态，使得其传动链系统振动信号呈现出非线性、非平稳性的特点。频域分析方法中，傅里叶变换无法对非线性、非平稳信号进行准确分析，因此可以采用时域与频域分析相结合的方法，对传动设备的故障特征进行分析。目前，常用的时-频域分析方法包括小波分析法、小波包分析法、经验模态分解法、Wigner-Vile 分步法（WVD）等。

1）小波分析法是一种时-频域分析方法，主要思路为：首先进行多频段分解，再针对各个频段逐一提取故障频率，对有价值的故障频率进行选取。在处理非平稳信号方面，小波分析表现出良好的效果，在实际工程中应用广泛。小波分析实现效果如同一个低通滤波器和一个带通滤波器，它先把基信号分解为两个子信号，即将频率 $[0\ 2^j\pi]$ 的成分分成 $[0\ 2^{j-1}\pi]$ 的低频部分和 $[2^{j-1}\pi\ 2^j\pi]$ 的高频部分，分别称为逼近信号和细节信号，然后继续对 $[0\ 2^{j-1}\pi]$ 也就是逼近部分进行类似的分解，如此反复分解 N 次，就可得到第 N 层（尺度 N 上）的小波分析结果。从小波分析过程可以看出，每层逼近信号的数据量会相比上一层减少一半，因此，需要经过一次隔点重采样补充减少的信号。

对于小波分析通常有如下的定义：

$$W_f(a,\ b) = |a|^{-\frac{1}{2}} \int_{-\infty}^{+\infty} x(t) \overline{\varphi\left(\frac{t-b}{a}\right)} \mathrm{d}t = <x,\ \varphi_{a,\ b}> \tag{4-17}$$

基函数：

$$\varphi_{a,\ b}(t) = |a|^{-\frac{1}{2}} \varphi\left(\frac{t-b}{a}\right) \quad a,\ b \in R,\ a \neq 0 \tag{4-18}$$

式（4-18）中，参数 a 和 b 在小波分析过程中是非恒定的，基函数 $\varphi_{a,b}(t)$ 不是正弦函数。为实现小波分析，在时域上，基函数的两端衰减速度快且会达到 0，长度较短且随 a 变化；而在频域上，基函数具有频域局部化特性，参数 a 的大小与带通滤波频带的宽度和中心频率的位置密切相关。

2）小波包分析是在小波分析的基础上发展出的时-频域分析方法，解决了小波分析只对低频信号再分解，频率分辨率随频率升高而降低的缺陷。小波包分析囊括了小波分析的时域局部化优点，通过小波包分析可以有效提高同频带信号频率分辨率，在全频带实现对信号的正交分解。

定义小波基组为

$$\omega_{2n}^j(t) = \sqrt{2} \sum_l h(k) \omega_n^j(2t-l) \tag{4-19}$$

$$\omega_{2n+1}^j(t) = \sqrt{2} \sum_l h(k) \omega_n^j(2t-l) \tag{4-20}$$

对于确定的第 j 个小波包（尺度指标），有

$$\omega_0^j(t) = \phi_{j0}(t), \omega_1^j(t) = \varphi_{j0}(t) \tag{4-21}$$

其中，$\qquad h(k) \leqslant \phi_{10}(t), \phi_{0k}(t) > \omega_n^j(t)$

式中 $\omega_n^j(t)$——第 n 层 j 个小波包；

$\qquad \phi_{j0}(t)$——尺度函数；

$\qquad \varphi_{j0}(t)$——母小波函数；

$\qquad t$——位移时间。

将计算中的小波函数平移、伸缩得到的小波包函数进行统一表示，可得

$$\omega_{j,\gamma,\mu}(t) = 2^{\frac{j}{2}} \omega_N(2^{-j}t - \gamma) \qquad (4-22)$$

$$\gamma = \cdots, -2, -1, 0, 1, 2, \cdots$$

$$\mu = 0, 1, 2, \cdots, 2^{-j}, -1$$

式中 γ——位移指标；

$\qquad \mu$——频率指标。

3）经验模态分解法（EMD）可自适应地将非平稳的振动信号分解为若干个平稳的固有模态函数（IMF）。EMD 采用循环包络筛分方法对信号进行处理，其相当于由高到低的带通滤波器，按高频到低频的顺序将信号进行划分。EMD 适用于非线性、非平稳信号处理，具有自适应、正交性和完备性的优点，有效地解决了小波分析和自适应时域分析方法的不足之处。

4）WVD 具有良好的信号能量聚集能力，同时，也有着较高的时间分辨率与频域分辨率。WVD 分布可以被看作信号能量在频率和时间联合域内的分布，能够精确地描述振动信号的时域特性，但是需要注意的是，WVD 存在各个特征参数交叉项干扰的缺点，导致无法精确提取故障特征，进而对信号的分析诊断效果产生影响。为防止 WVD 交叉干扰现象的发生，许多研究人员进行了深入分析，如提出了辅助函数理论，对 WVD 进行加窗平滑，采用不同的核函数对信号进行滤波等，使交叉项干扰现象有所缓解，但还不能消除完全，甚至会以减小时-频表示的能量集中性为代价，因此，需要进一步对其进行研究以找到更佳的解决方式。

综上所述，振动信号的时域、频域及时-频域的特征提取方法的比较见表 4-17。

表 4-17 振动信号的特征提取方法的比较

分 析 方 法		优 点	适用范围
时域分析	数据统计	计算容易	早期故障预警
频域分析	频谱分析	有效的频域特性	平稳的振动信号
	倒频谱分析	频谱中的周期成分明显	
	包络谱分析	提取与故障有关的低频信号	
时-频域分析	小波分析（小波包分析）	有效分析短时冲击信号	非平稳的振动信号
	经验模态分解	正交性、自适应性、完备性	
	WVD	精准地体现信号的时频特性	

4.6.1.2 基于大数据分析的人工智能故障诊断

基于大数据分析的人工智能故障诊断针对难以用复杂数学模型来描述的故障问题，利用数据平台提供的海量数据源，综合应用各种信号分析处理方法和神经网络、模糊神经网络等人工智能技术，通过各类智能预警算法，进行一系列的推理，必要时还可以向线下专家索取知识，抽象出各电力设备不同运动状态之间最本质的耦联关系，构建知识库，在此

基础上，建立相应的实用性模型与分析系统，实现对设备健康状态故障诊断。

风电机组的状态信号传播途径复杂，故障与特征参数间的映射关系模糊，再加上边界条件的不确定性、运行工况的多变性，使故障征兆和故障原因之间难以建立准确的对应关系，用传统的二值逻辑显然不合理，需要采用基于大数据分析的人工智能故障诊断方法。常用的大数据分析方法包括神经网络方法、遗传算法、决策树方法、模糊集方法等。

神经网络是一种信息处理系统，是为模仿人脑工作方式而设计的，它带有大量按一定方式连接的和并行分布的处理器。通过提取风电机组各系统的故障特征信息，通过学习训练样本来确定故障判决规则，从而进行故障诊断。用于故障诊断的神经网络能够在出现新故障时通过自学习不断调整权值，提高故障的正确检测率，降低漏报率和误报率。神经网络具有对故障的联想记忆、模式匹配和相似归纳能力，能给出故障和征兆之间复杂的非线性映射关系图。

遗传算法是一种基于生物自然选择与遗传机理的随机搜索算法，是一种仿生全局优化方法。遗传算法因其具有隐含并行性、易于和其他模型结合等性质使得其在数据挖掘中得到应用。遗传算法的应用还体现在与神经网络、粗集等技术的结合上。如利用遗传算法优化神经网络结构，在不增加错误率的前提下，删除多余的连接和隐层单元；用遗传算法和BP算法结合训练神经网络，然后从网络提取规则等。

决策树方法是一种常用于预测模型的算法，它通过将大量数据有目的地分类，从中找到一些有价值的、潜在的信息。它的主要优点是描述简单，分类速度快，特别适合大规模的数据处理。

模糊集方法即利用模糊集合理论对实际问题进行模糊评判、模糊决策、模糊模式识别和模糊聚类分析。系统的复杂性越高，模糊性越强。一般模糊集合理论是用隶属度来刻画模糊事物的亦此亦彼性的。

这类基于大数据分析的人工智能故障诊断的核心是基于风电资产数据进行分析和挖掘，利用原有特征根据一定算法进行数据探索，提取出原始特征中包含的抽象特征。算法包括机器学习类算法，如决策树算法、贝叶斯估计、聚类、SVM、神经网络算法、多元非线性回归、逻辑回归等；包括统计分析类算法，如自相关分析、协相关分析、ARIMA、卡方检验、主成分分析、向量余弦等；包括信号处理类算法，如时间序列分析和针对频谱数据常用的算法，如FFT、包络分析、趋势分析和小波分析等；包括运行指标类算法，发电量、上网电量、等效小时数等异常报警，MTBF、时间可利用率、损失电量等异常报警；包括管理指标类算法，公司、风电场发电计划完成率异常报警、故障时长、故障维护时长、工单完成率、工单一次完成率等指标异常报警；包括风电机组类算法，考虑行业不同机型的问题类型和差异性，建立通用模型（便于不同机型扩展使用、提升系统适应性和兼容性），不同技术路线的风电机组大多可以划分为主控、变流、变桨、冷却、大部件（发电机、叶片和齿轮箱）等系统，风电机组预警典型算法通常有大部件温度预警算法、功率曲线异常预警算法、齿轮箱风冷系统预警算法等。

大部件温度预警算法：针对风电机组大部件故障预警，采用支持向量机回归SVR的算法模型，利用风电机组各部件相关测点及风电机组档案等数据，刻画模型特征变量，根据不同数据指标选取训练集合，进而对部件温度进行回归预测，最后实现对部件温度残差的分析和预警。其中，大部件温度预警算法用单台风电机组的温度测点及工况等数据预测大部件轴承的温度，当预测值与实测值的残差异常时，根据相应的预警逻辑输出预警信息。

功率曲线异常预警算法：功率曲线是风电机组对输入风能的利用效率和风电机组整体发电性能优劣的直接反映，是衡量风电机组整体性能的重要特征，改进功率曲线建模精度对风功率预报的准确性起到积极作用。通过基于核密度估计的算法模型，实现异常数据的清洗，扩展特征数据，并拟合风电机组的功率曲线。进一步地，根据功率的跌落状态结合业务逻辑进行限功率、叶片结冰及风速仪结冰等异常状态识别和预警。

齿轮箱风冷系统预警算法：根据风电机组工况及传感器感知数据，综合运用聚类、boosting 及回归树等模型，探索设备工况、测点数据之间的关系，扩展出可以刻画风电机组部件动作的特征变量，然后对生成的数据进行统计分析，实现基于时间序列的多维统计指标的分析和预警。依据非高斯性、均方根、趋势性及相关性四个指标，再参考一些原始数据的统计指标产生最终的预警。

4.6.2 典型故障模型

1. 风电机组关键部位故障模型

（1）叶片损失模型：叶片损伤、振动异常、叶片覆冰。

环境相关量：风速、温度、风险、湿度、地形特征（如山地、高原、平原、盆地）。

运行数据相关量：偏航角度、对风角度、叶轮转速、有功功率、机舱振动加速度、限功率标志位、桨距角、振动幅值方向。

（2）发电机模型：润滑不良、散热异常、振动异常。

环境相关量：风速、温度、风向、湿度、地形特征（如山地、高原、平原、盆地）。

运行数据相关量：有功功率、限功率标志、定子温度（若干）、主轴温度和振动值、发电机前后轴承温度以及振动、主轴转速、叶轮转速、机舱温度、机舱振动、限功率标志位等。

（3）齿轮箱模型：润滑不良、散热异常、振动异常。

环境相关量：风速、温度、风向、湿度、地形特征（如山地、高原、平原、盆地）。

运行数据相关量：有功功率、齿轮箱油温、油压、前后轴温度、前后轴振动、变比、机舱振动加速度信号、限功率标志位等。

（4）变桨模型：变桨柜、变桨电容、变桨电机、变桨电池、变桨逆变器、散热异常、变桨接近开关位置异常模型。

环境相关量：风速、温度、风向、湿度。

运行数据相关量：有功功率、叶片桨距角、变桨柜备电柜温度、变桨柜体温度、变桨逆变器温度、变桨电容柜体温度、变桨电机温度、变桨充电器温度、变桨变桨速度、桨叶角度、变桨电池温度、变桨充电器温度、叶轮转速、限功率标志位。

（5）变流模型：变流器/变频器散热异常、变流器 IGBT、变流控制器、变流逆变器散热异常模型。

环境相关量：风速、温度、风向、湿度。

运行数据相关量：有功功率、网侧电流、网侧电压、机侧电流、机侧电压、发电机转速、变流器/变频器温度、变流控制器温度、变流逆变器温度、变桨桨距角、叶轮转速、限功率标志位。

（6）冷却系统模型：水冷/风冷散热器散热异常、水冷漏水/缺水等。

环境相关量：风速、温度、风向、湿度。

运行数据相关量：有功功率、发电机转速、变桨桨距角、水冷流量、进阀压力、进阀温度、出阀压力、出阀温度，变流器/变频器温度、风力发电机电流、限功率标志位等。

（7）主控系统模型：风速仪不正对风、主控/机舱柜体散热异常、功率曲线差等模型。

环境相关量：风速、温度、风向、湿度、海拔、空气密度。

运行数据相关量：有功功率、发电机转速、变桨桨距角、风向角、主控制柜温度、机舱柜温度、机舱温度、限功率标志位等。

（8）偏航液压系统模型：偏航计数器、液压系统。

环境相关量：风速、温度、风向、湿度。

运行数据相关量：偏航位置、左偏航控制信号、右偏航控制信号、有功功率、发电机转速、系统压力、液压系统控制信号、偏航余压、机舱振动加速度信号、限功率标志位。

围绕风电机组叶片、变桨系统、主轴、齿轮箱、发电机、变流变频、偏航系统、液压系统、冷却系统、测风系统、机舱、塔架基础及环境等部件系统，基于多源信息数据的深度融合，结合设备机理和人工智能先进技术，构建基于设备特征参数的故障模型。通过广泛调研，风电机组典型故障模型见表 4-18。

表 4-18　　　　　　　　　　　风电机组典型故障模型

序号	故障模型	模型数据	模型说明
1	发电机异常振动导致壳体裂开等	振动数据	通过振动信号描述轴心轨迹，识别发电机故障
2	发电机系统卡滞、异响、散热异常	温度数据	特征参数阈值预警
3	偏航对风异常	风向、风电机组运行数据	采集偏航状态下对风数据，建立风向角功率关系，识别风电机组偏航误差角度，最大化功率风向角度散点，进行概率密度统计，从而识别风电机组偏航误差角度
4	齿轮箱点蚀、崩裂	齿轮箱温度，油液温度、风速、转速、风电机组运行功率数据	建立温度变化和风电机组输出功率或转速的简单的线性关系，通过识别采集温度信息与功率变化曲线提出齿轮箱故障
5	叶片结冰	气象、转速、风电机组运行数据	通过机舱外温度，风电机组状态、风速、功率、风轮转速等指标间的平衡关系识别出叶片覆冰现象
6	叶片开裂	振动数据	特征参数阈值预警
7	叶片结构损伤	振动数据	通过对叶片结构固有频率、阻尼比和振型变化进行特征提取，识别结构损伤
8	叶片断裂	振动数据	通过分析叶片运行过程中的第一至四阶固有频率的变化（包括频率值和幅值两方面，以频率值为主，幅值需要结合风电机组工况数据），对与叶片刚度变化相关的故障类型进行监控，如叶片断裂、裂纹、覆冰等
9	气动不平衡、质量不平衡	振动数据	通过比较风电机组三根叶片两两之间固有频率对应频段的频谱相似度，表征叶片的固有频率差异、振动相似度、振型的一致性，对叶片刚度、平衡等异常进行监控

续表

序号	故障模型	模型数据	模型说明
10	桨距角变桨超时	桨距角、风电机组运行数据	通过对风电机组状态，三个桨叶角度的跟踪，计算出风电机组状态转换和收桨的时间，统计一段时间内的风电机组收桨时间和超时次数，识别出变桨性能较差的风电机组，推送给检修人员进一步检查变桨系统相关零部件
11	变桨电机散热异常（风扇卡滞、刹车抱死、减速器漏油）	温度数据	特征参数阈值预警
12	变桨轴承故障	温度数据	特征参数阈值预警
13	塔筒基础非均匀沉降	倾角传感器数据	特征参数阈值预警
14	塔筒基础松动	振动数据	特征参数阈值预警
15	塔筒螺栓松动、焊缝开裂	加速度传感器数据	特征参数阈值预警
16	冷却系统、液压系统故障（如堵塞、泄漏、散热器堵塞等）	温度数据	对各个进出水口的温差进行不同工况下的分析，提取异常特征并累加，识别出水冷系统的散热问题
17	水冷系统缺水或漏水故障	压力、风电机组运行数据	特征参数阈值预警
18	风电机组风速功率不匹配	风速、风电机组运行数据	通过对一段时间内风速和功率数据，结合风电机组状态，去除限电和降功率运行的数据，识别风电机组性能下降提醒
19	变流器 IGBT 损坏	温度、电压、电流、扭矩、运行数据	采集 IGBT 不同工况下的温度、电压、电流、扭矩信息，根据运行工况及其变化趋势，识别过高的温度模式以及快速温度波动
20	变流器散热异常	温度数据	根据温度变化趋势识别散热系统异常
21	传动链异常	振动数据	根据振动变化趋势识别传动链异常
22	发电机空转	风速、风电机组运行数据	通过对风电机组状态、发电机转速和风电机组有功功率实时数据的跟踪监测，识别出风力发电机空转的现象
23	大面积离线	风电机组运行数据	通过对风电机组实时数据的跟踪，同时自动识别风电机组传感器数据的变化情况和最后更新时间，一旦风电机组批量出现数据在采集周期内未更新，模型判定为大面积离线
24	大风切出	风速数据	通过对风电机组风速、邻近风电机组风速的实时跟踪，识别出暴风天气，如果风电机组当前为切出停机，系统会自动推送紧急停机指令到控制系统，实现风电机组的大风切出和停机保护
25	限电	风电机组运行数据	通过对 AGC 有功增闭锁、AGC 有功减闭锁、AGC 有功设定、场站理论功率、场站实际功率的实时跟踪，偏差分析识别出场站是否被限电的情况，当出现限电情况后，第一时间推送消息到监盘系统提醒相关人员注意跟踪或调整风电机组/光伏发电单元控制策略
26	通信中断	风电机组运行数据	通过对场站和集控中心网络链路、硬件设备、采集和传输程序的实时跟踪，第一时间识别出通信中断情况，准确定位通信中断的位置、相关软硬件信息，推送预警消息提醒相关人员检查检修

序号	故 障 模 型	模型数据	模 型 说 明
27	跳闸事件	风电机组运行数据	跟踪汇集升压站、集电线路的关键位置状态,包括断路器、刀闸、手推、开关、故障信号等,第一时间识别出跳闸时间,按照级别,推送预警消息提醒监盘人员第一时间处理故障
28	关键数据跳变	风电机组运行数据	实时跟踪风电机组测点数据,对比风电机组前后值偏差,识别出明显超出合理范围的跳变值,自动将跳变值排除在计算服务之外,避免因跳变值造成的计算指标异常和虚假报警发生

2. 变压器故障模型库

变压器是汇集升压站内关键的设备,存在主绝缘缺陷、局放异常、紧固件松动、变压器油温过热、变压器绕组故障(包括绕组松动、位移、绝缘缺陷、变形、烧损,绕组接地、绕组断路、相间短路、匝间短路、断线及接头开焊等)、渗漏油等问题。为了保证变压器的安全稳定运行,除了采集电流、电压等信息外,变压器往往会安装油中溶解气体监测、气体含量、油温监测、铁芯接地电流等子系统,利用这些子系统的数据进行分析建模可以有针对性地预防变压器的关键故障点。但需要依据现有变压器能够提供的数据测点来确定具体问题模型。

3. 开关设备故障模型库

高压开关柜是汇集升压站重要电气设备,一旦发生安全问题,将造成巨大的经济损失。在长期运行过程中,开关柜中的动、静触点结合处等部位容易因为氧化、松动,造成触点接触电阻过大、局部温度过高,从而引发事故。因此,对开关柜温度监测和预警,对提高其运行安全可靠性具有重要意义。

4. 电抗器故障模型库

电抗器是汇集升压站内重要的设备之一,为了保证电抗器的安全稳定运行,除了采集电流、电压等信息外,高压电抗器往往会安装油中溶解气体监测、局放监测、振动监测、油气监测等子系统,利用这些子系统的数据进行分析建模、可以有针对性地预防电抗器的关键故障点。

5. 避雷器故障模型库

避雷器是汇集升压站内重要的安全保护设备之一,避雷器长期承受系统运行电压的作用,会逐渐劣化或因结构不良、密封不严受潮等问题导致避雷器损坏或爆炸,可能导致母线短路,影响汇集升压站的安全运行。为了保证避雷器的安全稳定运行,避雷器往往会安装在线监测装置,监测避雷器的运行状态,采集阻性电流、雷击次数等信息。利用在线监测系统的数据进行分析建模,可以有针对性地预防避雷器的关键故障点。

4.7 小结

本节提出了基于边缘计算技术的场站在线监测和基于云计算技术的云平台故障诊断系统,通过跨域协同智慧体系形成了一体化计算体系,构成云边共享的在线监测及故障诊断系统,从而完成从边缘层数据采集、处理和实时分析,到云平台模型优化,再到云边共享模式下的模型迭代。同时较完整地介绍了智慧风电基地中应用的各主设备在线监测技术，重点对风电机组振动、塔筒基础沉降监测、叶片等一体化系统的构成方式和模块功能进行阐述。最后提出基于设备机理和人工智能的故障诊断方法。帮助读者在一定程度上了解场站边缘层与云平台一体化计算体系、风电机组和监控系统一体化在线监测，场站边缘层与云平台模型优化的共享模式，从而帮助读者理解云边共享在线监测及故障诊断系统的整体概念和应用优势，以及如何将它们应用到工程实践中。

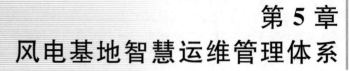

第 5 章
风电基地智慧运维管理体系

5.1 技术背景

目前行业上对风电基地智慧运维还缺少统一的认识和成熟的技术支撑手段，仍停留在技术探索和部分试点的初级阶段，停留在搭建平台和将一些物联网设备作为工程亮点使用阶段，对平台的实施框架和具体要求还不够明晰；针对智慧风电基地生产运行环境、基于一体化云平台开发的成熟软件还比较少，缺少与在线监测及故障诊断系统的业务联动、缺少安全管理的业务联动；机器人、无人机、智能钥匙等先进技术虽已有应用，但还不能够将其与风电基地实际应用场景紧密结合，还不能够对其担当的角色和任务进行深刻挖掘，还不能够结合风电场实际运行需求提出智慧运维的具体实施手段和策略，在如何更好地支持企业规模化创新方面还需进一步研究。目前行业上缺少这方面实际的成功应用案例，仍然处于设备维护技术实力相对落后、经验不足导致风电运行不稳定、设备故障频出的局面。

由此，尽快构建出风电基地智慧运维的整体框架思路，指导大规模风电基地智慧体系的建设和运维是非常具有指导意义的，也是当下行业内面临的紧迫需求。

风电基地智慧运维不仅仅是对生产运行设备的智能管理，也不单纯是对发电生产环节的智能管理，不仅仅局限于生产控制领域，更不限于单一风电场的范畴，它将涵盖从风电场现场运行设备及相关所有人员、物资、安全统筹管理，到区域集控统一调度，再到集团化统一分析全方位的优化管理，这是从前期架构设计到生产运行、维护、运营全阶段的智慧管理，是从风电场自动化体系架构、通信模型、设备要求、运行管理方式、设计理念多个不同维度提出的重大变革和全新数字化、智慧化转型要求，是对传统工业控制方法的一次全方位的调整。

通过跨域协同一体化云平台集数据中台技术、物联管理、业务协同服务于一体，以分布式、微服务、容器云等先进技术为支撑，通过规范通信接口、数据标准，整合各独立子系统，构建物联网络，建立企业级的数据资产，最大限度地发挥数据挖掘价值、支持业务应用的快速部署和快速响应，实现广域分布的风电基地设备监控、状态监测、运维管理等跨域跨安全分区的各应用系统之间的信息共享和业务互动，为各种新兴智能设备的管理和应用提供了统一的数据交换、存储支撑和应用环境，同时借助 5G 技术，使得诸如机器人、无人机、智能钥匙等在风电基地生产管理中与其他业务协同应用成为可能；同时，在线监测和故障诊断作为智慧化手段在平台的核心应用，基于云边协同工作模式和数据服务业务实现状态检修，从而使各运维管理应用系统深度互动，全面为运维管理决策提供强有力的技术支撑，为智慧运维提供基础可能。

5.2 架构及模式

风电基地智慧运维并非千篇一律，它需要结合基地规模、集团管控需求具体确定。但不论风电场规模大小，智慧运维的目的是一致的，即希望能够实现"无人值班、少人值守"，达到减员增效的目的；通过故障预警深挖风电机组潜能，提升风电机组可利用率；通过状态检修优化运维策略，精准定位发电量损失，提升整体发电量；提升功率预测精准度，提高电力交易能力；保障备品备件供应及时，压缩故障恢复时间；系统科学推送运维方案，减少人员工作难度和降低人为误操作，提升安全保证，带动运维能力升级……最终都是希望达到提质增效。

风电基地智慧运维是通过数据采集、识别、分析技术对传统运维的一种升级和进化，它以数字化交互为基础，通过应用各种先进技术和智能设备，使风电基地全生命周期的管理和运维在一定程度上具有人的智慧，同时又采用技术手段来约束由人的主观意识导致的误操作，以实现数字化设计、自主化监控、智慧化运维，进而提升风电场运维效率，实现效益最大化。

因此，风电基地智慧运维是利用"云大物移智""互联网＋"等先进技术，基于跨域协同的一体化平台，利用云边共享的在线监测及故障诊断核心功能，通过多传感元件感知设备状态、丰富的设备模型和控制策略优化控制；以数据为驱动，线下人力、线上监控系统和智能应用相融合，生产上实现"无人值班、少人值守"，运维上实现对人力资源、工具和备件、资金和技术的合理调配、智能联动与优化运用，从而形成设备运维管理、资产管理、技术管理、人力资源管理、安全管理和经营管理等全方位的风电基地智慧运维管理模式。

风电基地智慧运维的实现，首先应基于开放的先进的一体化平台、系统无缝连接、数字化通信，其次应具备丰富的智能感知和在线监测能力、设备的故障预警和故障诊断，最后是"无人值班、少人值守"的运行方式、智慧的巡检系统和集团级的大数据分析能力。因此，风电基地智慧运维应以搭建平台、完善设备能力、丰富数据资源、拓展智能应用为主线，融合传统工业控制与信息化各个领域，贯穿全生命周期管理。

（1）整体架构上，在统一平台对多个系统统一管理，打破了多个系统间壁垒，对设备状态和运维状态实现全方位监控管理，生产上实现"无人值班、少人值守"。

（2）一体化平台设计通过定义标准化的数据格式，对风电场生产运维、管理数据进行采集、存储和深度管理，通过纵向挖掘和多维度钻取，建立预警算法，洞察风电场运维管理中的隐患，提前进行预警并制定最适合的解决方案，实现问题闭环管理和状态检修。

（3）通过定制化的部署，满足个性化、智慧化的运维管理需求。借助多种物联网设备，机器人、可穿戴设备、VR培训、大数据分析挖掘、视频识别等元素，凝聚多方的经验、知识和才智，以系统平台为工具，以数据为驱动，来实现运维管理效益的提升。

5.2.1　架构

风电基地智慧运维需建立在跨域协同的一体化平台基础之上，使得系统连接网络化、通信数字化成为可能，从而实现各类业务应用的智能化。

首先，风电机组和汇集升压站均采用以计算机监控为主的自动化系统进行监控、保护和管理，基本实现系统内信息的网络化采集；风电机组与汇集升压站自动化系统之间基于标准的 IEC 61970 - 4、IEC 61970 - 5 网络方式进行通信，基本全面实现了系统之间的数字化信息采集，实现了风电场与汇集升压站的一体化监控架构，使得各类分布式信息数据完成交互和共享，基本全面实现了风电场的生产数字化，基于大数据的风电基地智慧运维管理成为可能。

其次，风电场和汇集升压站一体化监控系统、风电机组集中监控系统、偏航控制系统、AGC/AVC 系统、在线监测及故障诊断系统、继电保护及故障信息管理系统、计量系统、消防系统、图像监控系统等基本全面实现了生产过程的自动监控，使得"无人值班、少人值守"成为可能；站控层各主机系统、数据库以及部分智能应用，如在线监测及故障诊断系统，在现场生产环境中得到了较广泛的应用，已初步实现了设备状态监测和自主分析。基于"统一平台＋智能应用"，即对监控平台所收集的数据进行深入分析与建模，形成多样性业务模块，对集控平台进行智能应用升级，最终用数据来指导风电基地智慧运维成为可能。

最后，风电场智慧运维在数字化转型、系统智能生产基础上，进一步对数字化和智能化进行升级，继续推动"云大物移智"与风电行业的深度融合，使其具备更为先进、完善的自动预判和快速处理能力，使得风电场运行管理更为安全可靠、优化、经济、高效。在生产流程上，做到纵向和横向的整合；在技术上，要提高企业的数据采集和分析能力。通过融合"云大物移智"先进技术，采用智能化系统和设备，设备与人、设备与设备之间能够实现互动化，降低设备对人的依赖，管理流程进一步精简，远程管理可逐步实现；将生产管理系统与生产业务流程整合，通过人机互动，减少业务处理和流转损耗，提高管理效率；设备的状态可视化使得设备的健康情况可以提前预知，并为其失效预先做好方案。因此，智慧运维能够实现业务系统的自动化故障智能检测，自动判断设备在运营过程中存在哪些隐患，并对发生的故障及时发出警告，从而能够辅助运维管理者进行消患、故障根因判断和处理，进入由数据驱动的风电场全面管理时代。

综上，风电场智慧运维架构以三层垂直维度的层次组成（图 5 - 1），包括：

第一，搭建多维度跨域协同的智慧运维保障体系，核心是场站减负和区域高效经营，实现"无人值班、少人值守"运行模式，由区域集控中心统一进行运维管理和技术支持。由跨域协同一体化平台共享资源，共享集团级智能应用、优化运维策略和智能调度，形成高效运转的业务体系，减少运营成本投入，提高运营效率。

第二，建立集约化运营模式，强化集团和区域的决策、管控和服务能力。分成三个层次，即集团层定位经营和管控，实现统一决策、管控和对下的服务；区域集控层定位区域化的经营管理，一方面强化对集团管控层智能决策的二级应用，另一方面搭建共享服务，不仅仅是集团内部的共享服务，同时也包括跟用户还有供应商高度协同的共享服务；风电场层定位现场操作简单、标准化，向高度自动化、无人值班、少人值守发展。

第三，全面开发智慧运维，主要集中在降低运维成本、提升发电效率两个方向的探索。

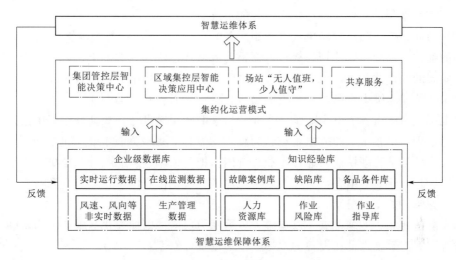

图 5-1 风电场智慧运维架构图

5.2.2 模式

这种模式是全面、完整的风电基地智慧运维的体系架构，由各企业集团或统一的第三方运维团队建设集中型的集控中心和一体化运维平台，建立数据采集、统计、分析及故障预判等资源共享型的大数据库作为整体运维的依托，同时完善风电场运维管理的标准化作业体系，进行全局性的运维管理。这种运维管理方式积极适应并满足我国大检修、运维一体化管理方式下的变革需求，全面向"集团云平台分析、区域集中监控、风场少人值守、设备状态检修、业务协同互动、生产智慧运维、系统自主分析"迈进。针对风电基地规模从几十万到千万千瓦级，规模差异大，面对不同建设方和不同的运维管理要求，每座风电场均建设集控中心和一体化运维平台并不现实，因此针对不同规模风电场、不同管控模式，对传统风电场运维模式进行升级，采用集中化、区域化运维管理模式是有效改善和解决传统生产管理模式中存留问题的有效方式，因此提出以下的基地运维模式：

（1）统一管控模式（运检合一）。指针对大基地的区域级管控，统一由一体化运维中心远程集控、提供智能运维服务。该模式利用基于信息化平台的生产管理系统，通过一体化运维中心，将多个风电场运行工况和生产信息统一接入一个集控中心，实现远程集中监控，实现风电场的"无人值班、少人值守"。通过一体化运维中心将生产管理信息数据分层汇聚、集中分析，为接入的电站提供智能决策，优化运维策略，提升安全管控水平，实现风电场生产管理效率的提升。该模式可以为不同风电企业提供服务，需构建所辖场站和一体化运维中心的数据流向、数据通道及数据规划，一体化运维中心将根据各企业要求整合场站数据，将数据信息分发给不同企业的集团管控中心。

（2）独立集控、统一检修模式（运检分离）。适用于具有远程集控中心、具备对所辖场站远程集控能力的企业，检修交由一体化运维中心统一负责。该模式下，各风电企业负责风电场的设备运行，由一体化运维中心统一负责各风电场的检修。因此，一体化运维中心需扩展相应接口，具备接入场站数据的能力，并基于一体化运维中心平台的智能应用软件，进行大数据分析和智能预判，提供智能运维服务。

（3）独立集控、独立检修模式（租用服务）。该模式下，由各风电企业独立完成对所辖场站的远程集控和检修计划的提出，但检修策略和检修计划的提出，则是基于一体化运维中心实现的，也就是说，该模式下各风电企业可采用租用服务的方式完成检修。该模式下，要求一体化运维中心可扩展相应的接口，具备接入场站数据的能力。

风电基地中多由各风电企业组成专业的运维团队，通过"资源共享、集中监控、区域检修"的原则，把各单个的风电场流转为统一的整体，形成规模化的基地运维管理模式。这种基地型的运维管理模式，通过专业运维团队把基地风电场的各种风电机组机型进行集控、统一管理，建立运维大数据库及健全风电场标准化作业体系，形成资源共享、统一接口、区域化管理的良好局面。

（1）队伍专业、运维可靠。以运维大数据库为依据，以标准化运维体系为基础，简化运维过程，提高运维人员和设备的效率，增加设备可靠性。

（2）实现对地域分散的多个风电场远方监视与控制，提升了风电场综合管理水平，实现"无人值班、少人值守、区域维检"的科学管理模式，减少综合楼、生活配套设施，运维人员等基础成本，同时通过统一分配减少了备品备件的投入，通过资源共享提高了备品备件的享有量，降低了因备品备件的不足带来的电量损失。

（3）科学管理的运维管理模式通过大数据资源共享，可以有效地发现各种风电机组系统和各部件的优点和不足，从而指导设备选型和优化设备，可以发现每座风电场发电量损失的原因，从而提出合理的检修计划，通过各种积累和数据挖掘，可以更好地自主创新，提出更安全、稳定、高效率的运维策略。

5.3 主要功能

风电基地智慧运维需要通过信息化手段（CMDB技术）建立设备模型与数据的映射关系，做到数据与设备联动，设备与管理联动，实现从设备自动检测到故障后工单的自动触发和处理，完成一整套闭环流程，通过对数据的聚合，能及时有效地为管理者提供决策意见。风电场的运维管理工作主要体现在运维管理、资产管理、技术管理、人力资源管理、安全管理等五个方面。

（1）运维管理。包括智能监屏、智能巡检、智能两票、智能工单、智能联动、智能告警、可视化智能监视、智能闭环流程管理、智能移动办公。

（2）资产管理。包括设备管理、物料管理。

（3）技术管理。包括智能统计、智能分析、生产指标管理、报价辅助决策、智能诊断。

（4）人力资源管理。包括技能培训、人员管理。

（5）安全管理。包括人员和设备的安全管理。

风电基地智慧运维管理体系主要功能架构如图5-2所示。

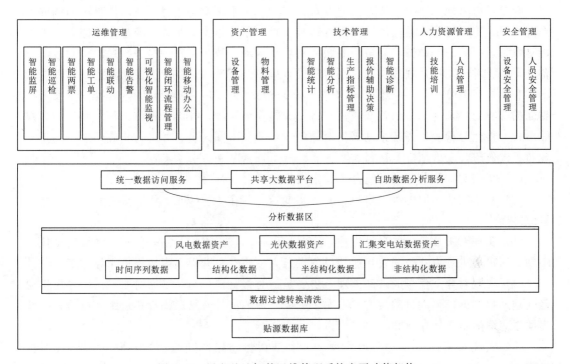

图5-2 风电基地智慧运维管理系统主要功能架构

5.3.1 运维管理

传统风电场设备运行情况通过中控室操作员工作站显示器监屏显示,当面临设备类型和数量成规模增加时,难以解决大量报警信号刷屏以及视觉疲劳问题;传统风电场采用人工定期检查和巡视这种间断性的检查方式,难以及时发现风电场在恶劣环境、风轮运转工况下的设备隐患和缺陷;传统风电场采用工作票和操作票的两票制度,管理均采用线下方式,管理效率难以得到有效提高;传统风电场运维方式为当问题发生以后才采取解决措施的被动维护和定期检修方式,在具体实施过程中,限于技术手段或经验的欠缺,难以主动对设备进行全面维护和检修,导致设备隐患发展到事故时才进行维护,成本和停机时间急剧增加。

通过智慧运维体系,各功能应用基于统一平台协同工作,实现故障报警自主分析、报警信号自动过滤、故障信息自动推送,减少运维人员工作强度;通过故障诊断与物联网设备融合应用,以机器巡检代替人巡,提前发现设备隐患,精准定位故障部位,指导现场生产运维,实现故障的快速恢复;通过线下生产管理与线上智能应用的融合,具备事件自动触发、无缝衔接能力,通过数据获取不同设备状态,系统自动触发设备维护工作流,实现两票工作流程的自动流转与闭合,提升工作效率;支持集团级、区域级、场站级的知识共享,通过数据处理及优化运维策略的智能应用,实现设备的状态检修,并且可以在问题解决过程中无缝衔接专家系统。

1. 智能监屏

针对风电基地的集控规模，其监控对象庞大，将不可避免地存在故障信息不断刷屏的现实情况，这对运行人员监屏工作强度和难度是一个非常大的挑战。通过智能监屏，由平台对设备运行状态和故障信息进行关联分析后，自动对故障报警信号进行过滤、对故障设备分类分级并自动推送报警信息；平台从设备故障及报警、设备状态及功率控制、发电量出力和指标经营分析等多个维度辅助运行人员进行智能监屏，实现对大量告警信息及人机界面的智能处理，并基于语音合成算法将文本转换为音频，并结合短信、图片发送等多媒体形式，将信号检查以语音主动播报给设备运维单位不同人员，并进行相应处理，真正实现"无人值班、少人值守"运行方式。

（1）实现对报警信号的智能分类、定级管理。

（2）实现按照不同等级（事故、异常、变位、越限）、不同维度分级提示运行人员进行监屏操作。

（3）实现对事故信号的自动处理，主要指保护动作、事故跳闸等信号，系统自动执行跳闸、切机等处理方式，并直接通知设备运维人员检查，并提出事故排查指导方案。

（4）实现对异常信号的自动处理，主要是指对报警信号与缺陷库对照，当信号属于缺陷处理过程中的信号则自动跳过，不属于过程处理的信号时则通知设备运维人员检查，并自动生成缺陷指导作业方案。

（5）实现对变位信号的自动处理，主要是指将断路器变位信号自动通知运维人员检查。

（6）实现对越限信号的自动处理，主要针对电压越限和无功越限两类，一般情况下，AVC 系统均会对其进行自动调节，然而在 AVC 系统运行异常时，存在电压和系统无功不能自动调节的情况，智能监屏应对越限信号进行跟踪，持续越限时长大于设定值（延时处理）后自动通知运维人员检查。

（7）实现对不同区域、不同类型场站实时数据的全面展示，分别从场站 PR、场站等效利用小时数、风电机组发电量排序等多个方向呈现场站实时发电情况。

风电基地监控系统如图 5-3 所示。

2. 智能巡检

风电基地点多面广，巡检工作随之增大，人工巡检速度慢、效率低，成本高。智能巡检能够实现高效精准巡检，具备"先进、成熟、按需集成、可扩展性、标准化、可靠性、安全性、操作便捷"等特点。智能巡检通过基于 5G 的物联网技术、人工智能、精准运动控制与多款高精度检测模块相互智慧融合，对风电场运行环境、设备状态进行监测，实现对运行环境指标的自动检测，实时数据采集和处理，报警及视频记录，进而高效、精准、低成本地完成巡检工作，提高巡检效率，提高安全隐患排查水平，提高经济效益。

风电基地智能巡检方案业务架构如图 5-4 所示。

智能巡检的业务架构：平台进行人员班组管理、终端管理，制定巡检计划和设定巡检路线，并进行巡检排班和任务下发，同时接收巡检终端的巡检信息。平台可以进行隐患分析处理、巡检可视化查看以及数据查询统计分析，巡检终端可以查看巡检任务并执行，进

图 5-3 风电基地监控系统示意图

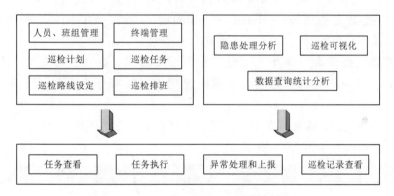

图 5-4 风电基地智能巡检方案业务架构

行异常情况的处理和上报工作，进行视频、照片的拍摄和上传。巡检终端包括机器人、无人机、智能安全帽、AR 眼镜等。

　　智能巡检能够实现风电场、集电线路和汇集升压站全覆盖，从"人巡"过渡到"机器巡"，从根本上消除人身安全隐患；从"人眼判别"升级到"机器视觉和 AI 缺陷识别"，为运维提供更为可靠的诊断结果；智能巡检进行长期实时在线自主巡检，减少传统巡检范围盲区，辅以三维建模技术，真实呈现现场实际情况；智能巡检进行全方位闭环管理，巡检数据自动采集和实时平台智能分析，把发现的缺陷通知运维人员，设定巡检路线，当系统检测到巡检人员到达有任务安排的巡检点时，系统自动将任务下发至巡检终端，提示巡检人员执行任务，在巡检人员未按照规定路线巡检时报警通知平台；智能巡检可以支持不同时间段如每日、每周或者特定时间等灵活的排班考核方式，也可以根据故障诊断系统对设备提出的预警情况制定合理的工作计划；智能巡检让现存问题和潜在威胁及时发现和处理，大大提高了隐患排除和运维的安全性、时效性、精准性。

3. 智能两票

风电基地设备类型丰富、规模庞大，传统的两票管理模式应用在风电基地必然存在大量重复性劳动、效率低下、存在监控盲区的问题。智能两票基于移动 App、智能锁具、智能安全帽等技术，通过云平台全面覆盖两票现场办理、两票审批、两票执行、两票监管、两票终结等业务环节，实现风电场开票方式多样化、安全管控智能化、操作审批流程化，同时将两票系统与操作过程安全管控、操作执行过程和安全管控业务贯通，实现真正闭环，保证安全和操作规则的智能化管控执行。

（1）创建两票的方式包括传统开票、调用历史开票、图形化开票和调用典型开票，可以采用短信、邮件等方式进行创建。

（2）在操作执行中通过移动端（如智能安全帽、iPad）同步视频、语音录音，并在操作中实现远程实时监控，操作项目完成后结果同步进入数据库。

（3）实现互动提醒，在操作执行过程中每进行一步操作，系统会智能提示，并与相关安全、定位的智能应用功能联动，例如：工作人员（戴智能安全帽或其他标签）—开票（移动端完成）—行走途中（安全路线指引，危险源提醒）—到达工作区域（人脸识别、穿戴识别）—门禁自动打开（防止走错区域或电子间）—到达工作地点做防护措施（启动视频录像、自动识别措施是否完善）—开始工作（精确定位保证不走错间隔，扫码开柜门，操作过程智能监控）—完成工作（结票，上传记录和自动分析结果）。

（4）工作票、操作票关联及进行设备状态冲突检测，自动检查每个工作票、操作票关联状态，当相关联的两票相同设备编码出现不同的执行方式时，后续的票则不能开工。

（5）实现五防检测，通过扫描设备二维码关联设备的五防闭锁。

风电智能两票流程如图 5-5 所示。

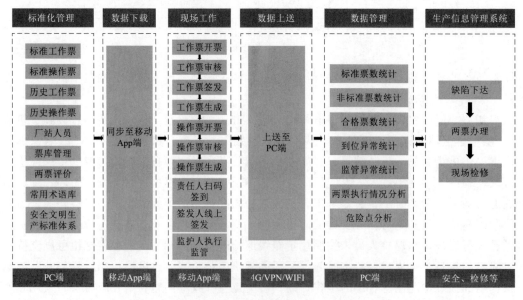

图 5-5 风电智能两票流程示意图

4. 智能工单

维护管理工作中主要是随时对缺陷、故障的处理。缺陷、故障处理过程以系统故障诊断自动生成的工单为载体，将维修过程中所涉及的技术文档、工艺步骤、人员工种、工器具、安全分析及措施、备品备件、外委加工费用信息等全部综合起来进行管理。

建立设备缺陷标准库，应用于设备缺陷登记和定级。缺陷现象可以按缺陷设备类型、现象分类、严重级别进行统一的标准化描述，在缺陷登记时，通过选择标准化的缺陷描述实现缺陷自动定级。

可在移动端进行缺陷修订，可在缺陷库中选择标准缺陷描述，也可由执行人手动编辑，并能上传缺陷照片或视频，辅助确定缺陷级别。

（1）缺陷、故障登记。提供缺陷登记功能，填写缺陷基本信息，例如发生缺陷的设备、缺陷描述、发现时间、发现人等，登记的缺陷可以关联设备，并形成设备履历，能够通过告警信息联动或手动登记生成缺陷单。系统可根据智能应用功能分析的预警结果、故障诊断结果自动登记缺陷，并产生设备维护工单、填写缺陷基本信息，例如发生缺陷的设备、缺陷描述等，在设备检修、设备维护、故障处理、设备试验等多处提供缺陷登记的便捷入口，也可手动录入，记录缺陷来源。

（2）缺陷、故障安排。能够实现缺陷、故障的自动安排和调度。能够根据故障发生的定位位置和现场人员的定位位置，结合现场人员专业工种及忙闲程度，以最优路径和最匹配时间为原则对相应专业人员进行选择，自动安排就近的合适的维护人员。

（3）缺陷、故障处理。缺陷、故障处理人员接收系统安排的工单后，接受并确认工单安排，开工作票；工作结束后，可在移动端或 PC 客户端填报缺陷、故障处理情况；若有部件更换，可登记部件更换情况；若更换了大部件，则更新设备档案中的部件信息；对于设备缺陷中属于产品批次缺陷的，可以进行标识。

（4）缺陷、故障验收。工作结束之后，值班人员根据缺陷验收情况确定工作终结或是退回相关人员继续处理。缺陷、故障处理结束，确认损失电量情况后，完成业务流程归档。

（5）缺陷、故障统计与分析。根据缺陷设备、缺陷性质、发现时间、消除状态、设备类型、设备厂商、设备型号等信息，查询相关缺陷、故障记录，同时也能够统计设备缺陷或故障的数量、处理时长等信息，并根据统计结果及模型计算，分析出频繁出现缺陷的类型。

（6）移动工单。支持缺陷单在移动端进行全过程处理，处理过程中，支持现场拍照，与工单关联。

5. 智能联动

风电场全部智能终端接入云平台进行统一管理，利用平台的业务联动编排管理工具快速实现复杂智能联动，典型联动场景如下：

视频人脸识别/语音识别＋门禁；视频监控＋侵入＋设备实时监测告警；消防＋门禁＋通风＋灯光控制＋语音＋短信；有毒气体监测＋通风；异动（有人员操作、异常等）＋视频。

6. 智能告警

传统风电场监控系统告警功能相对单一，告警信息没有经过处理，只能交由运行人员分析后方可对故障进行处理，且常规的告警信息发送面比较窄。智能告警通过采用告警分析算法对告警进行归类,并且与监控系统关联,通过告警传送机制可指定发送到运行人员和相关管理人员,实现面对不同用户告警结果的综合管理。

智能告警流程框图如图 5-6 所示。

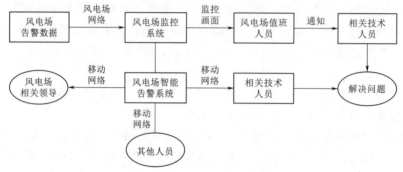

图 5-6 智能告警流程框图

(1) 智能告警信息的定制、查询、推送与发布。允许给场站、区域中心、集团等单位定制推送告警信息;通过移动平台,给某些移动终端提供特定的告警信息;提供告警信息的查询功能,并可以控制告警信息的访问权限;可以支持设置不同告警级别的显示颜色,显示最大活动告警数,在有新告警时能够激活活动告警窗;批量告警的确认,可以自动更新原告警状态和恢复时间;支持设备通过移动终端 App 通知相关责任人。

(2) 智能告警类型可定义。

(3) 智能告警可过滤查询。

(4) 智能告警可分级灵活设置。

7. 可视化智能监视

通过从平台数据库中提取相关数据信息,通过美观、友好的展示界面,通过 GIS 地图导航方式可查询各风电场实时运行、生产等的详细信息,并可钻取查看每台风电机组的运行状态和运行参数。

能够通过 GIS 地图浏览服务、图层管理、实时信息监视、地图属性查询、等值线面分析、站网数据维护等功能,查询各个不同时段的风能数据和各类监测数据,并提供多种数据的分析、统计功能,为风电基地的生产管理提供直观的可视化决策平台。

主画面能够总览各风电场运行状态,各子画面综合展示主接线总览、汇集升压站监控总览、箱式变压器、故障及报警信息总览,实时画面对风电机组运行状态总览、AGC/AVC 状态、发电量出力总览、风功率预测总览、指标经营分析完成总览等多个维度进行监控,各风电机组可以以矩阵方式进行展示以便于运行人员监控风电机组,实现生产数据可视化、安全数据可视化、经营指标可视化。

8. 智能闭环流程管理

设备运维管理采用流程化管理,可根据角色方便地定义权限及流程。系统提供强大的工作流支持功能,工作流可应用到系统的所有业务功能,用户随时可了解当前业务工作的执行情况,将工作任务准确传递到相关责任人。能够通过扫描设备的条形码或二维码,形成设备电子地图和 3D 模拟图。

9. 智能移动办公

基于移动发布和移动 App 功能的智慧移动办公让所有参与项目生产和管理的工作人员可以随时随地掌握设备运行和状态数据，提高信息获取和决策效率。现场运维人员能够通过故障诊断功能，对照手机客户端的操作流程处理问题，减少故障恢复时间，降低发电量损失。系统可以结合气象服务，合理安排现场的运维工作，保障生产工作安全；也能够利用设备预警功能，安排现场设备的预防性维护，提高设备健康度；同时通过跟踪预警工单的工作记录，实现处理过程的透明化。管理人员则可以实时了解和掌握风电场的运行状态与经营指标，以实现重大事项的快速决策。

5.3.2　资产管理

风电场运维管理中通常面临着设备类型复杂但资料信息化不足、缺少电子资料、不方便查询的情况，迫切需要建立企业生产设备标准化规范化的设备台账；风电场备品备件物料存货高，资金占用成本大，完善备品备件供应能力耗时耗力，由于缺失有效的备品备件规划，无形中增加了运维成本和资产风险，尤其针对风电基地的统一运维管控迫切需要建立集中的备品备件管理，针对不同的机型和设备，根据器件损耗率合理规划备品备件的采购和储备，有效减少单个风电场对大器件、昂贵器件及通用型基础设备的共同存储量。

因此，将风电基地所使用的设备和备件资源运用系统化的管理业务流程、数据处理模型等方法来进行计划（物料需求计划）、执行（采购/库存）和分析考核等作业是刻不容缓的重要工作。

1. 设备管理

（1）建立设备的台账信息。主要包括发电设备、辅助设备、仪器仪表、专用工器具、安全工器具、防汛物资、消防设施、环保设施等。所有的设备应用统一的编码体系，建立相应的结构化电子台账信息，具体内容包括设备编码、KKS 编码、设备基本信息、标准作业包、物资、库存、备品备件信息、型号规格、缺陷信息、计划检修信息、技术监督信息、状态检测信息、采购信息、保修信息、维修成本信息、相关责任单位、备注信息、技术参数和文档规范等静态数据和动态数据。

（2）实现智能化台账管理。对设备全生命周期台账信息进行记录，包括设备检修、技改、工单、物资消耗历史记录等，并嵌入到智能故障诊断系统中进行展示、查询，支持导入导出并可进行编辑。

（3）对台账的数据录入进行管理。能够将设备全部设计资料、出厂资料（试验报告等）、安装调试资料录入系统；能够将运行过程中的各类数据，包括设备定检、故障停机、维护、试验等相关资料收集、记录和分析；能够对手持终端数据进行收集、记录和分析（支持非结构化数据录入包括音像、影像、图片等）。

2. 物料管理

（1）物料名册管理。应详细记录设备所需的所有物料清单，包括物料编号、描述、规格型号、物料图号、制造商、图纸号、物料图片等信息，可方便地对物料信息进行查找和搜集。其中物料与库存管理互相关联，能够很快地切换到该物料的实际库存情况；还能够通过互联网与指定的设备厂商提供的备品备件库进行互相关联，当物料的实际库存不足时，能够快速地关联到设备厂商备品备件库，提示其匹配的库存型号、库存数量、存储地点、生产厂商等信息；还可与缺陷单进行关联，当产生缺陷单时即可提示消缺物料的信息，当库存不足时可自动告警并自动推送物料补充采购推荐信息。

（2）物料库存管理。按地区物料库、场站物料库两级进行管理。库存管理是以物料名册为基础，统计两级物料库存情况，包括物料的存储仓库、存储货架编号、当前余量、预留量、可用余量、盘点日期、物料发放记录等信息。库存管理员可根据工单进行物料发放，对物料进行盘点，查看库存交易记录。根据物料图片、图纸号、货架编号等信息快速找到所需物料。基于系统平台，库管员能够轻松地实现对现场物料的管理。

（3）物料发放。库存管理员具有发放物料权限。如果有备件，库存可用数量大于0（库存可用数量＝库存余量－预留数量），库管员开具出库单。如可用数量小于0，仓库保管员查询工单的预留情况，协调相应人员，在工单释放预留后，才能发放。

（4）入库、退货。依据采购订单，系统可以进行物料的收货工作，采购订单接收完毕进行关闭；发现接收的货物存在质量或者其他问题时，可以进行退货操作。

（5）库存和耗材消耗统计分析。提供对库存和耗材的消耗统计，可根据库存和耗材分类进行统计，包括统计消耗数量和金额，可统计易损件等功能。同时，能够根据一定周期的累积数据，计算各类元件设备消耗量、使用频率等，并分析在一定周期内的最低需求量，自动生成物料周期补充计划。

（6）智慧物料。利用物联网平台，结合RFID/二维码、三维、机器人等技术对仓储和设备信息实时采集，云边两级部署，实现全集团仓储和物资的智能管理调度；同时通过电流型电子标签、门禁管理、视频等系统联动实现物资和工器具出入和移动轨迹监测，实现智慧工器具和设备监测管理。

5.3.3　技术管理

技术管理强调基于状态和性能的预防性维护和个性化的控制与维护策略，持续、深入的根因分析和知识积累；通过深度的根源分析，提供优化的运维策略，并且不断积累故障模式和解决方案，通过知识积累实现持续改进；统一、透明的绩效展示和评估系统，形成集团统一、透明的对标体系，便于横向管理和潜力分析；基于精准功率预测制定合理的发电计划；提供关键绩效指标KPI。

1. 智能统计

风电基地点多面广，风电机组机型、辅助设备众多，数据量大，这些数据包括来自风功率预测系统上送的测风塔数据，数值天气预报的风速、风向、温度、湿度、压力，来自监控系统的风电机组运行温度、转速、油压、偏航、刹车、变频器、消防、振动、电气参数等实时数据以及汇集升压站的变压器分接头位置、各开关、刀闸、接地刀、继电保护动作信号和各电气参数等，大量的数据使得生产管理统计规范难统一，不便于管理人员对现场设备的统一管理和分析。通过智能统计与分析，规范风电场中各项生产指标的统计标准，建立统一模板、统一数据采集点的统计方式，最基本的做到同种机型、同一主控系统的统计一致，以此确保各风电场出口数据一致，提高各风电场生产指标的对比性。

（1）生产指标统计。灵活对风电场各项生产指标的统计建立统一的模板和统计方式，包括电量指标、能耗指标、可靠性指标、风能资源指标、运行指标、运行维护费指标。

电量指标反映风电场在统计周期内的出力和电量的情况，采用发电量、上网电量、下网电量、利用小时数和容量系数指标进行衡量。

能耗指标用以反映风电场电能消耗和损耗的程度，包括综合场用电率、站用电率、场损率和送出线损率指标。

可靠性指标主要包括风电机组运行小时数、风电机组可利用率、风电机组可用小时数、风电机组备用小时数、风电机组计划检修小时数、风电机组故障停机小时数、风电机组非计划停用小时数、总弃风小时数、限负荷损失率、风电机组计划检修损失率、风电机组故障损失率。

风能资源指标用以反映风电场在统计周期内的实际风能资源状况，主要采用平均风速、有效风时数和平均空气密度指标加以综合表征。风电场风能资源指标一般采用风电机组监控系统或测风塔的风电机组轮毂高度（或接近）处自动采集的数据进行统计。

运行指标一般采用风电场风电机组监控系统以及电网调度机构的电能量管理系统等自动采集的数据进行统计。主要采用最大/最小发电功率、风电机组可利用率、发电负荷率、发电利用小时数/弃风电量等指标进行衡量。

运行维护费指标反映风电场运行维护费用实际发生情况（不含场外送出线路费用）。运行维护费构成项目如下：材料费、检修费、外购动力费、人工费、交通运输费、保险费、租赁费、实验检验费、研究开发费及外委费。运行维护费指标采用单位容量运行维护费和场内度电运行维护费两个指标加以表征。

统计可采用规范统计、筛选统计和样板机统计方法进行。规范统计指对同种机型、同一主控系统的统计采用统一规范的统计方式；筛选统计指针对故障信号的统计，采用筛除重复、筛除非有效风速时的告警、筛除风电机组故障停机消缺时的报警等方式，遵循一定筛选逻辑的统计方式；样板机统计通常指限电数据统计时采用的方法，采用样板机数据的平均值进行计算统计。

（2）报表统计。建立数据基础的统计模板，可自动生成各种报表，减少人工统计的工作量。报表型式涵盖生产、经营、管理各种类型、各种形式的报表，报表通常包括以下类型：

1）综合报表。可进行发电量、可利用率等各类统计数据查询。

2）发电量报表。可按时间设定的发电量明细查询。

3）停机记录报表。可进行停机记录明细查询等。

4）故障报表。可进行故障明细查询，包括故障代码、故障描述、部件等。

5）分析报表。包括电量分析报表、资源分析报表、效率分析报表、故障分析报表、功率曲线分析报表等。

（3）报表管理。可提供各种格式类型的报表，能够自动生成电量、综合等专业报表；支持各种报表形式，包括卡片、台账、统计（包括曲线、棒图、饼图等统计图形）、分组和主从等；建立报表间的联系，可形成分组归类报表和主从链接报表等；报表具备请求操作功能（操作员请求），可随时提交报表条件和相关选项；可定期产生报表，可设置邮件信息，自动将报表定期发送到指定人员的邮箱；支持图形格式，可进行不同查询，准确反映数据情况。

（4）数据挖掘、数据分析。建立生产调度信息数据统计分析系统，可对资产、维护、库存等信息进行查询统计，能够对年度生产指标进行统计分析及预警，能够用可视化、图表化方式对运营指标进行多维度（时间、空间）、多层级（集团、区域、场站）分析，并进行纵向（相同目标不同时间对比，同比环比）、横向（同一时间不同目标的对标）对标对比分析，从而制定合理的生产计划，减少设备的无效运行情况，并为设备检修提供数据依据，实现绩效闭环管理。

（5）计划管理。包括生产工作计划、安全工作计划、经营计划（电力电量计划、营销计划、生产成本计划）；提供发电计划分解、跟踪功能，即按日、月、年制定各类计划，实现计划发电量与实际发电量的分解和比较；跟踪计划执行情况，可通过图形方式显示计划数据和实际运行数据，从而直观地展示计划数据的执行度。

2. 智能分析

通过分析区域、场站风电机组的损失电量，可以定位损失电量的原因，给出电量提升改善计划，从而有效减少损失电量。根据设置的查询条件，围绕损失，从多个角度给出相应的统计分析，方便风电企业全面清晰地掌握损失情况，从而有效地定位和发现问题，为提高风电管理水平提供支撑。

（1）系统效率分析。分析各区域、各场站的月度、季度、年度发电量完成情况和系统发电效率；横向对比各场站等效利用小时数、发电效率、实际和理论发电量以及设备故障率；直观展示集团场站整体运行情况；四点三段损耗分析：对风电机组段、箱式变压器与线缆段、并网段各段损耗进行分析，通过获取损耗数据，找出损耗大的分段，指导系统优化；提供按不同电量损失原因（如电网限电、线路故障、风电机组故障原因等）分类统计发电损失量的相关统计信息，包括对不同电量损失原因进行的排名和历史趋势分析。

（2）设备分析。低效风电机组分析是指对风电机组运行效率低于设定门限的风电机组相关运行数据进行统计，并计算其造成的发电量损失；风电机组离散率分析主要是对各个场站的风电机组发电效率进行离散率分析；可利用率分析是统计风电机组、风电场可利用率（如可利用率、项目合同可利用率、基于能量可利用率 EBA）等；设备对比分析是指横向对比各场站不同设备的运行年限、平均发电效率、等效利用小时数、转换效率和故障率。

（3）生产对标。生产对标就是指以实际发生值与所属场站计划值、设计值、一流值指标进行对比，查找差距，分析原因，从而提升效益的过程。运行指标对标指实际发电量、可利用率、厂用电量的实际值与计划值、设计值、一流值的对标；场站环境对标指将各个场站的环境数据以图形和表格的方式进行对标展示；限负荷率对标指以场站为分析对象，横向对比各场站在该区域的限负荷率指标；故障损失电量对标指以场站为分析对象，横向对比各场站的故障损失电量数据；综合厂用电率及可利用率对标指以场站为分析对象，横向对比各场站的综合厂用电率及可利用率；功率曲线对标指实现单机实际功率曲线与最优曲线、标准曲线的对标。通过同时横向对比不同型号风电机组的功率曲线，发现不同厂商、不同型号风电机组性能差异，对各厂商风电机组的实际功率与理论功率的拟合程度进行曲线对比分析和排名，支撑风电机组设备选型；通过对不同容量、不同型号、不同厂商的风电机组发电效率和等效利用小时数、故障率以及其他关键 KPI 数据进行多维对比分析，评估不同风电机组在不同场站的运行情况。

（4）综合排名。多场站 KPI 排名指通过发电 KPI 和运维 KPI 两个角度进行多场站的比较排名，找出落后场站及落后指标。

（5）智能推送。结合功率预测系统数据及生产实时数据，在线分析运行状态并生成阶段性数据报表，并推送到相关管理人员 App 上（包含基于功率预测等边界条件进行发电量、负荷率、厂用电率、风电机组效率的分析等，如理论出力和实际出力对比，分析风电机组的运行状态并作为考核依据）。

3. 生产指标管理

建立并实现考核整个运营范围的 KPI 指标体系，使得管理部门和管理人员能够全面及时掌握设备运行及绩效信息，并能够向下挖掘到最初的原始单据，实现实时监控，便于及时发现问题，解决问题。

（1）集团 KPI 查询。可通过移动终端查看集团 KPI，包括不同时间维度汇总及趋势对比，如公司发电计划完成比例、建设计划完成情况、场站已并网和在建场站容量、发电效率、二氧化碳减排量、折合标准煤节省吨数、少砍伐树的立方米数等。

（2）场站 KPI 查询。可通过移动终端查看场站 KPI，包括不同时间维度汇总及趋势对比，如按当年累计显示收益、计划完成率、发电损耗分析、环保贡献；按日、月、年、总四种粒度显示收益、上网电量、理论电量、环保数据；按月粒度显示发电计划完成率、损耗分析；按月粒度显示发电和收益的同比环比；按年粒度显示故障率。

（3）场站 KPI 异常提示包括收益最低月数据提示，最低计划完成率的提示，发电量和理论电量最大差异日月年提示。

4. 报价辅助决策

报价辅助决策功能可以根据电网交易中心公布的信息，如次日系统负荷曲线、上日系统边际电价、上日所占有的市场份额等信息进行设计，能够根据经济理论的思想，如成本定价原理、市场均衡法指导其软件系统开发，能够适应提前、实时电力市场和辅助服务市场的竞价需要，其结构是开放的，能够适应电力市场模式、结算规则不断变化的要求。

报价辅助决策功能能够与集中功率预测系统、大数据的经营分析结果进行关联，进行电价趋势分析、电价预测，提供多种辅助报价方案，并进行方案的利润、成本、市场份额等的分析及预测，以及方案的历史评估、报价决策及评估，完成报价方案的审批流程，实现申报功能和结算核算功能，以协助报价人员更好地预报边际电价，同时可以加强对电厂的经济及技术管理，促进电厂的高效运作，在电力市场环境下争取最大的利益。

5. 智能诊断

第 4 章对故障诊断原理和方法已经进行了较详细的描述，这里不再展开描述，仅从智能诊断对运维功能的技术支撑角度来进行描述，通过智能诊断对故障设备发出预警信号、定位故障部位、发现故障原因、提供故障维护的指导方案，从而对故障维护检修提出智慧任务调度策略，可生成工单请求，推送最优的运维方案，指导现场完成工单，实现设备健康问题的闭环管理。

（1）分析设备问题，形成报警知识库，实现设备报警对工单的自动推送。实时监控状态量指标变化，对于超出状态评价和设备相关规程规定阈值范围的劣化指标，根据不同的类别和等级及时推送告警和预警信息，形成报警知识库，能够根据报警结果自动启动工单并推送给相关运维人员。

（2）建立故障知识库，指导运维人员准确高效处理设备故障。为了保障故障诊断系统的落地执行，需构建与设备隐患和故障有关的知识库，保证运维人员准确高效地完成故障处理。支持风电机组故障知识管理，能够按照系统、部件等方式，对故障编码统一管理，并关联相关的故障特征、故障模式和故障原因等，以及故障处理过程中需要用到的技术文件包。设备故障编码支持通过数据接口，将不同厂商的典型风电机组故障数据库同步至该故障知识库，做到不同厂商已有故障知识的快速共享。故障知识库具有数据接口，支持工单处理过程中，关联设备典型维护工作流程、方法等，也支持系统中的工单、工具和物料等信息，用于指导现场维护工作，提高工作效率。

（3）建立故障案例库，为运维人员提供知识经验的积累。故障案例至关重要，历史故障案例的知识沉淀，对未来故障重复处理提供了经验，同时对智能预警提供了素材宝库，方便进行算法建模的测试和验证。故障案例库需支持不同设备故障案例的统一管理，与故障知识库中的故障信息通过故障代码进行业务管理，并通过数据接口，可以被其他外部系统进行案例的调用。比如：当较大故障发生时，运维人员可以通过智能安全帽、手持式记录仪等方式与专家进行互动，互动过程中，运维人员或技术专家可以通过数据接口调用故障案例库的案例进行信息分享。

（4）建立设备操作流程模型库，提供作业指导。建立面向过程的设备操作流程模型库和设备关系对照库，根据不同的作业场景，将设备操作流程标准化和数字化，并通过数据接口，对设备操作过程和结果数据进行指导和分析，实现对于操作不规范的智能报警。

（5）建立健康度知识库，提供优化的运维策略结合智能预警信息，构建健康度算法，实现对设备健康度的监测，通过健康度得分，将设备划分为正常、注意、异常以及危险四级，并能根据主要设备的劣化等级，进行综合分析、推理、诊断，给出维修建议，提供分析结论，关联其他相关系统和第三方备品备件库，自动推送工单、作业指导手册（所需要的工器具、处理方法及步骤等）、安全注意事项、作业风险、预控措施、备品备件数量、存放位置等，有效支持检修工作的具体实施。

5.3.4   人力资源管理

对进入现场人员的身份识别、资格验证、场内活动等进行动态管理，并与资产管理进行联动管理。

对人员进行技能培训，采用"平台＋智能班组终端＋移动 App"的模式，提供班组基本信息、班组教育培训、班组例会、风险预控、交班巡检、班组信息共享等功能，全面实现班组安全管控。

5.3.5   安全管理

根据安键环体系及风电场设备标准管理流程管控整个运维过程，并在流程中嵌入标准作业，按照标准工艺和安全要求进行运维，可以基于 5G 的电力物联网技术，通过图像、视频、录音等手段与设备芯片识别码等技术与相关设备业务应用相结合，对风电场人员行为及设备管控进行关联，进行人员、设备信息验证，并利用平台的业务联动编排管理工具快速实现复杂多业务智能联动，包括智能联动、智能两票等相关联动活动，杜绝跳项、漏项、代签票、代审批等违规行为发生，实现信息标准化、规范化管理；实现通过现场图像等自动甄别运维人员是否存在违规行为并自动报警、记录和与绩效挂钩，最大程度减少安全隐患、规范人员行为，并与平台共享数据；通过手机 App 应用，实现任务代办、违规行为、安全文件、智能安全设备的移动端的操作、查看和办理等。

5.4 智能设备适用性应用研究

从前文的分析研究中可以看出，在风电基地智慧运维管理中，通过借助先进的智能应用手段和多种物联网设备，如智能巡检机器人、可穿戴设备、VR 培训、大数据分析挖掘、视频识别等元素，以数据为驱动，线下人力、线上监控系统和高级智能应用相融合，生产上可以实现"无人值班、少人值守"；设备运维方面可以实现智能监屏、智能巡检、智能两票、智能工单、智能联动、智能告警、可视化智能监视、智能闭环流程管理、智能移动办公、智能经济运行的分析和指导等智慧的设备运维体系；提出"平台＋智能班组终端＋移动 App"的人员管理模式；实现人员行为及设备管控进行关联的智能安全管理模式，从而形成设备运维管理、资产管理、技术管理、人力资源管理、安全管理等全方位的风电基地智慧运维管理模式。

由此可见，5G 通信、物联网技术、机器人、智能安全帽、智能钥匙、无人机等先进设备将得到进一步的应用并将在风电基地智慧建设过程中发挥重要作用。一方面，5G 增强型移动宽带技术能够为风电基地视频相关业务领域大量高清摄像机视频传输和远程联动等业务需求提供技术支撑，同时，机器人、智能安全帽、智能钥匙、无人机基于 5G 超可靠低延时性能，提供了更为丰富、可靠的多种安全监测的数据采集手段，能够满足业务场景现场处理与后台响应的需求，能够支持多业务间安全防护联动；另一方面，基于 5G 的物联网技术可以用于资产二维码识别和备品备件的统一调配管理，以及对场站区域人员与车辆定位、出入数量、周界入侵、人脸识别等信息进行集中管理。

在风电基地智慧运维建设过程中，通过 5G 切片技术跨时代的革命性发展，积极推动了电力物联网的建设，为机器人、智能安全帽、智能钥匙、无人机在风电基地的应用提供了有效的技术支撑，极大地丰富了现地生产环境和运行工况的信息化采集手段，也使得远距离智能控制成为可能，为风电基地的运行和管理工作提供了极大便利，使得运维技术手段出现重大的突破，成为风电基地智慧运维的重要支撑。

5.4.1 机器人智能巡检

5.4.1.1 基本原理和行业应用现状

机器人技术及其智能识别、驱动器技术、设备检测监测感知能力作为战略性高科技技术，对未来新兴产业具有极强的带动性与技术辐射性，尤其人工智能技术在机器人、计算机视觉方面更加成熟，因此发展机器人视觉识别技术、驱动技术及感知技术等，对促进电力生产稳定运行、安全预警防控、提高突发事件应急处理能力、信息技术与安全生产深度融合等具有深远意义。目前，机器人在人机交互领域已得到了广泛应用，如在工业领域，电力、煤炭、水利、轨道交通等行业，机器人已经开始参与人工劳动，并与人协作完成任务。因此，在风电基地智慧运维中将充分考虑利用现阶段人工智能高新技术背景和关乎风电基地长期发展可利用的新型探测技术，采用一套具备技术前沿的机器人智能化巡检系统。

5.4.1.2   主要应用场景分析

风电基地发展已进入自动化、智慧化建设加速推进的新阶段，目前的传感器技术对于监测汇集升压站局部放电、机械异形、集电线路异物等设备状态上没有成熟有效的解决方案。在后期自动化建设的推进中，保护装置、自动化设备、通信装置数量会不断增多，这些设备对于运行环境的要求也愈加苛刻。加强运检各环节设备运行状况的监管对于提高设备运行可靠性至关重要。因此进一步提高安全管理水平、强化设备管控能力是解决这些问题的必然选择。

机器人可以长时间进行稳定巡检、分析和识别工作，而人难以长时间对同一对象进行观察。目前对汇集升压站设备巡检主要还是依靠人为监管手段，亟须以智慧化为方向，推动现代信息通信技术、设备状态检测技术与传统运检业务的融合，加入到风电基地智慧运维管理体系中。根据汇集升压站现场实际环境，机器人将代替人工对汇集升压站各继电器室、配电装置室、户外敞开设备区域环境和运行状态以及运维人员的操作等进行全面巡检。

机器人可以高空作业，而人难以连续在危险环境下对设备进行观察。目前在集电线路设备的自动巡检方面的研究还比较匮乏，缺少对风电基地集电线路的自动监测手段，亟须从根本上消除人身安全隐患，减少传统巡检范围盲区的自动巡检手段。通过智能机器人，可以完整地呈现线路通道情况，精准测量树障，实时对集电线路杆塔、绝缘子、金具以及集电线路通道进行全过程状态精细巡视。根据风电基地集电线路路径及地形实际条件，尤其是高海拔地区，智能巡检机器人（图5-7）可完美补充人工对集电线路的巡查，实现了高空巡检"全覆盖"，使集电线路巡检从"人巡"过渡到"机器人巡"，从"人眼判别"升级到"机器视觉和AI缺陷识别"。智能巡检机器人还能更加清晰地辨别锈蚀、断裂、异物飘浮、接头位置的高温异常等线路通道缺陷及细微异常情况，并对巡检数据自动采集并在后台进行实时智能分析，把发现的缺陷用短信通知运维人员，让现存问题和潜在威胁及时发现和处理，大大提高线路隐患排除和运维的安全性、时效性、精准性，为线路的运维提供更为可靠的诊断结果。

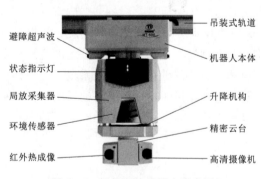

图5-7   智能巡检机器人示意图

5.4.1.3   系统应用方案

汇集升压站采用轮式升降巡检机器人和轨道式巡检机器人进行巡视，实现设备外观、环境温度、烟雾、表计识别等巡视，实现对开关柜局放监测、变压器油污渗漏、设备测振等功能。汇集升压站巡检方案见表5-1，巡检机器人巡检实景如图5-8所示。

表 5-1   汇集升压站巡检方案

场　　景	巡检策略	巡检内容
全站平面区域	轮式升降巡检机器人 全站巡检	各类表计、状态识别
继电器室区域	轨道式机器人 全站巡检	各类表计、状态识别
高低压配电盘室区域	轨道式机器人 全站巡检	各类表计、状态识别、电力设备柜测温
	轨道式机器人 定制巡检	电力设备柜红外测温
主变压器区域	轮式升降巡检机器人 全站巡检	各类表计、状态识别、主变压器测温、拾音
	轮式升降巡检机器人 定制巡检	主变压器测温、拾音、局放
SVG 室区域	轨道式机器人 全站巡检	各类表计、状态识别、测温、拾音
	轮式升降巡检机器人 定制巡检	测温、拾音
SVG 户外设备区域	轮式升降巡检机器人 全站巡检	各类表计、状态识别、测温、拾音
	轮式升降巡检机器人 定制巡检	测温、拾音
户外设备区域	轮式升降巡检机器人 全站巡检	各类表计、状态识别、局放、拾音
	轮式升降巡检机器人 定制巡检	局放、拾音

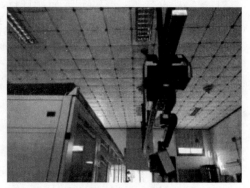

（a）轮式升降巡检机器人高压柜巡检　　　　　　（b）轨道式巡检机器人设备机房巡检

图 5-8　巡检机器人巡检实景图

集电线路智能巡检机器人系统由巡检机器人、太阳能充电基站、微气象系统等组成，采用远程遥控和自主巡检控制方式，利用两只外延的滑轮在地线上悬挂移动，并越过铁塔

图5-9 线路智能巡检机器人巡检示意图

连接处,实现对塔体、塔基、导地线、金具及附属物全线无障碍巡检。线路智能巡检机器人巡检示意图如图5-9所示。

风电基地机器人巡检的主要方式可以采取以下几种。

1. 自动巡检

自动巡检使机器人能够按设定任务自主完成对巡检区域环境及设备的巡检工作,从而代替人工巡检,具有高自动化和智慧化的特点。

自动巡检的模式包括例行巡检、专项巡检、特殊巡检、遥控巡检等,各种巡检模式可根据任务需要进行相互切换。

(1)例行巡检。机器人按照事先编制的巡检任务计划(巡检点、巡检时间、数据记录及数据采集方式等)自动完成巡检的方式。

(2)专项巡检。根据重要任务或专项任务需要,事先编制任务计划(巡检点、巡检频率、数据采集类型及方式),自动完成重点任务巡检。

(3)特殊巡检。现场出现危机时,能紧急调动机器人系统进入维保和应急处理模式,对特定对象进行巡检,重点监控并实时上传数据至监控后台,以实现远程在线式操作,发现问题并实时监控受检对象的工作状态。

(4)遥控巡检。机器人可通过后台遥控和现场遥控两种方式对机器人进行遥控巡检。其中后台遥控巡检即通过后台直接对机器人进行远程控制,并通过指令及任务下达,控制机器人进行现场巡检。

2. 缺陷定点跟踪

机器人可对缺陷设备进行自动跟踪、实时监控。运维人员远方通过客户端选择相应设备,设置缺陷跟踪任务,选择相应周期进行跟踪重复巡视;或控制机器人定点全天监视,实现对缺陷设备的数据实时采集,减轻运维人员工作量。

机器人还可保存设备数据,跟踪数据变化,上传数据报表,如果设备缺陷有发展,及时告警。

运维人员在运维中心根据机器人自动生成上传的缺陷报表就可掌握缺陷设备运行状况,并根据机器人的告警信息,及时查看、核对设备状态并汇报处理。

3. 主要功能

(1)环境监测。机器人本体搭载气体探测器与温湿度传感器,可以随时对各设备区域空气环境与温湿度进行分析并得出结果。尤其是针对汇集升压站监测GIS室内的空气含氧量和SF_6气体浓度、监测蓄电池室H_2气体浓度、监测控制室等房间烟雾颗粒物PM_{10}、监测各小室内烟雾浓度、监测集电线路导线温度等。

(2)噪声分析。设备故障往往会伴随着一定的噪声和异响变化。系统通过近距离地采集目标设备的声音,进行特征频谱分析,并与故障特征样本进行比对,便于发现设备异常。

（3）红外测温。机器人本体搭载红外测温摄像仪进行在线测温识别，预先设置多个检测点，对全站设备进行整体性扫描式温度采集。监测对象包括开关柜、厂用变压器、母线接头处、户外主变压器、接地变压器等。

（4）视觉识别和标记抄录。机器人搭载了工业级高清摄像机，通过对机器人巡检路径进行设置可实现对开关柜、继电器室、GIS 室等的视觉识别以及针对现场环境和设备状态进行跑、冒、滴、漏检测；对指针类、数字类、行程类、分合指示类等指标自动识别。

（5）局放监测。开关柜超声波监测和暂态地电波监测。

（6）油污渗漏。先使用 mask－Rcnn 框选异物的位置，再使用分类网络 VGGNet 在后台软件中进行识别和预警。

（7）设备振测。设备加装振动传感器，无线传输至机器人本体，再到主站软件平台，后台分析测点设备振动异常情况。

轨道式巡检机器人巡检功能示意如图 5－10 所示。

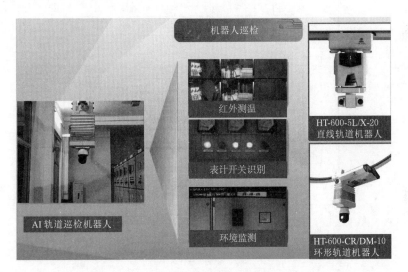

图 5－10　轨道式巡检机器人巡检功能示意图

5.4.2　无人机智能巡检

5.4.2.1　基本原理和行业应用现状

无人机飞控技术以及自动起降换电、智能自主控制及其图像控制算法精确识别、影像传输高科技技术，将全面促进战略性新兴产业发展，尤其低空空域开放及通航政策加速了无人飞行系统与国民经济和民生的融合，带动其周边产业快速发展。目前以信息化为基础，以智能化为特点的多维度无人飞行系统已经在民用多个领域得到广泛应用，如在国土测绘、选线设计、应急救灾、环境监测等方面，无人机以其灵活、安全等优势已经参与甚至替代部分人工劳动。在风电基地智慧体系建设中，应充分利用现阶段无人机前沿技术、搭载 5G 技术，建设一套电力无人机智能巡检系统。

无人机智能化巡检系统结构如图 5－11 所示。

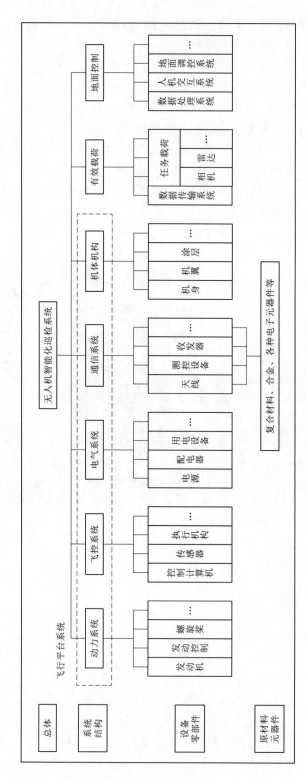

图 5 - 11 无人机智能化巡检系统结构图

5.4.2.2 主要应用场景分析

　　风电基地智慧化建设进程已进入加速发展阶段，风电基地的智慧化不仅仅局限于前期规划和建设阶段的智慧化，更需要在后期运维管理过程能够通过新的技术手段快速有效地排查故障，提升风电场整体寿命。目前风电机组向着高塔筒、长叶片方向发展，设备面临的运行环境更加苛刻、运维人员面临的工作环境更为艰巨：一方面风电机组本身危险性较高，绝大部分关键设备位于100m及以上高度的机舱和轮毂内，且长期在高速运转工况下暴露于大风恶劣气候下，目前还缺少特别有效的传感手段能够对叶片、塔筒状态进行实时感知、精准判断和主动检修。传统模式下，风电机组叶片、塔筒巡检需要人工配合吊篮或者高倍望远镜，用肉眼识别叶片上的裂缝，这种方法耗时耗力，且识别准确率较低；另一方面，风电基地集电线路多采用35kV电压等级和架空方式，风电基地敷设距离多在500km以上，且分布面广，运维条件艰苦、劳动强度大、效率低，目前大多数风电基地尚未对这部分集电线路进行有效监测。因此，亟须提高运维管理环节管理水平、加强运维管理智慧化水平，采用先进技术减少人员经验判断误差将成为风电基地智慧运维管理的必然选择。

　　无人机集飞行器设计、导航、制导与控制、通信与信息系统、计算机应用技术等学科于一体，是科技创新的集中体现，利用无人机进行巡检，能达到人工不方便到达的高度和肉眼难以企及的精度，巡检速度大大提升，以先进的技术在第一时间发现并准确定位问题，高效率作业提高巡检频次，把故障扼杀在摇篮里。

　　无人机智能巡检系统结构如图5-12所示。

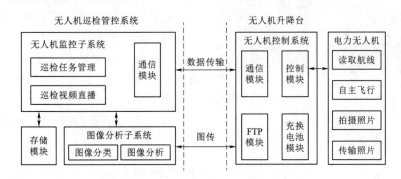

图5-12　无人机智能巡检系统结构图

5.4.2.3 系统应用方案

　　利用无人机机载AI控制系统＋无人机全自动机场＋云端控制系统，替代传统人工目视、望远镜巡检以及人工攀爬故障的方式，对巡检区域和巡检目标展开巡检飞行，一方面利用高清摄像头获取影像资料，排查叶片、塔筒以及集电线路线塔可能出现的问题，实现无人值守、离线任务规划、远程精细化高频常态自动巡检作业；另一方面通过无人机搭载机械手臂和喷火装置，实现异物清除。

　　无人机智能巡检通信如图5-13所示。

1. 风电机组叶片巡检

叶片是风电机组中一个非常关键的部件，它的气动效率决定了风电机组利用风能的能

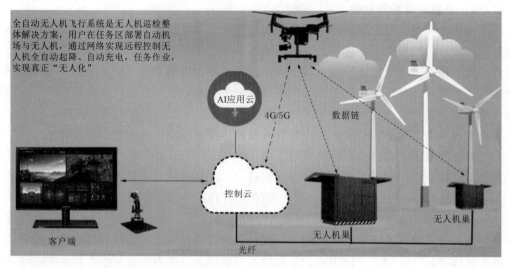

全自动无人机飞行系统是无人机巡检整体解决方案，用户在任务区部署自动机场与无人机，通过网络实现远程控制无人机全自动起降、自动充电、任务作业，实现真正"无人化"

图5-13　无人机智能巡检通信示意图

力，这就要求叶片的性能不但要有最佳的机械性能和疲劳强度，还要具有耐腐蚀、耐紫外线照射和防雷击等特性。叶片高速转动时不可避免地会与空气中的沙尘、颗粒产生摩擦和撞击，导致叶片前缘磨碎，前缘黏合会因此开裂。另外，随着风电机组运行年限的增加，叶片表面胶衣磨损、脱落后会出现砂眼和裂纹，砂眼会造成叶片阻力增加影响发电量，一旦变成通腔砂眼后会有积水，造成防雷指数降低。因此，加强风电机组叶片巡检，将大幅提升系统利用率。

叶片无人机巡检如图5-14所示。

图5-14　风电机组叶片无人机智能巡检示意图

叶片巡检内容见表5-2。

表5-2　　　　　　　　　　　　叶片的巡检内容

序号	巡 检 内 容	序号	巡 检 内 容
1	叶片防雷通道	9	叶片表面是否有雷击损伤
2	是否存在哨声、振动等明显异常	10	叶片主梁与腹板之间粘连是否正常
3	叶片前缘、后缘是否开裂、有腐蚀	11	叶片前后缘两壳体间粘连是否正常
4	叶片表面是否有横向、纵向裂纹	12	叶片内部表面是否正常
5	叶片外部玻纤层是否分层	13	叶片内部芯材与玻纤连接是否正常
6	叶片表面涂料是否有裂纹、腐蚀、起皮、剥落、砂眼	14	叶片内部芯材之间缝隙是否正常
7	叶片排水孔是否堵塞	15	叶片内部有无积水
8	叶片表面附件是否有损伤		

2. 塔筒巡检

在无人机上搭载红外、超声波、热成像等探测元件对风电机组机舱和叶轮、测风设备、塔筒表面等高空设备进行巡检，代替人工巡检，减少传统人工巡检的难度和时间，可发现人工巡检过程中无法观测到的磨损和腐蚀等情况，可以发现螺栓松动、设备漏油、套筒掉漆等问题，降低成本提高可靠性；并且同时加载音频探测等手段，可实现对运行风电机组的状况监测、进行现场录音和数据传输，提升软件分析能力，提升对设备的数据动态监测和自动化分析能力。

塔筒无人机智能巡检如图 5-15 所示。

3. 集电线路杆塔和线路精细化巡检

精细巡检是利用无人机多传感器电力线路安全巡检系统携带的扫描激光仪、长焦光学相机、短焦光学相机、红外热成像仪、紫外成像仪等传感器近距离获取电力线路运行状态信息，用以实现杆塔本体、导线及线路走廊故障及隐患的发现和诊断。

集电线路无人机巡检如图 5-16 所示。

图 5-15　风电机组塔筒无人机智能巡检示意图

图 5-16　集电线路无人机智能巡检示意图

无人机巡检电力线路在电网部门已有成功案例，通过无人机加装 GPS 模块、自动驾驶，搭载云台、高清摄像机和热红外仪等设备，实现全自主飞行，更加切合现场作业条件，可以对线路的缺陷发热点进行巡检。但电网多面向更高电压等级线路，针对风电场集电线路铁塔、门型杆不同形式的精细化缺陷识别成功率，还需通过更好的拍摄、更多的照片、更优化的算法进一步验证。对于风电基地，集电线路有些采用同塔双回方式，一回集电线路杆塔和线路故障将影响到 50MW 的发电量，因此开展精细化巡检，用于了解杆塔设备和集电线路螺栓松动、绝缘子破损、自爆、金属部件锈蚀、潜在故障点等情况是十分必要的。

集电线路杆塔和线路精细化巡检对象、内容及手段见表 5-3。

表 5-3　　　　　　　　集电线路杆塔和线路精细化巡检对象、内容及手段

巡检对象		巡检内容	巡检手段
线路 本体	地基与基面	回填土下沉或缺土、水淹、冻胀、堆积杂物等	可见光相机/摄像机
	杆塔基础	明显破损、酥松、裂纹、露筋等； 基础移位、边坡保护不够等	

续表

巡 检 对 象		巡 检 内 容	巡 检 手 段
线路本体	杆塔	杆塔倾斜，塔材变形、严重锈蚀； 塔材、螺栓、脚钉缺失，土埋塔脚； 混凝土杆未封杆顶、破损、裂纹、爬梯变形等	可见光相机/摄像机
	接地装置	接地体断裂、严重锈蚀、螺栓松脱； 接地体外露、缺失，连接部位有雷电烧痕等	
	绝缘子	伞裙破损、弹簧销缺损，绝缘子串严重倾斜； 钢帽裂纹、断裂，钢脚严重锈蚀或蚀损、有放电痕迹等	可见光相机/摄像机
		严重污秽	可见光相机/摄像机、紫外成像仪
		绝缘子温度异常	红外热像仪
	导线、地线、引流线、OPGW	散股、断股、损伤、断线	可见光相机/摄像机、红外热像仪、紫外成像仪
		放电烧伤、严重锈蚀，悬挂飘浮物、覆冰；舞动、风偏过大等	可见光相机/摄像机
		弧垂过大或过小，导线异物缠绕，导线对地及交叉跨越距离不足	可见光相机/摄像机、激光扫描仪
	线路金具	线夹断裂、裂纹、磨损、销钉脱落、严重锈蚀； 均压环、屏蔽环烧伤、螺栓松动； 防振锤跑位、脱落、严重锈蚀，阻尼线变形、烧伤； 间隔棒松脱、变形或离位、悬挂异物； 连板、连接环、调整板损伤、裂纹等	可见光相机/摄像机
		线夹、接续管、耐张管、引流板等异常发热	红外热像仪
		线夹、均压环、屏蔽环异常放电	紫外成像仪
附属设施	防雷装置	线路避雷器异常，计数器受损，引线松脱； 放电间隙变化、烧伤等	可见光相机/摄像机
	防鸟装置	固定式：破损、变形、螺栓松脱等； 活动式：动作失灵、褪色、破损等； 电子、光波、声响式：损坏	
	监测装置	缺失、损坏、断线、移位	
	航空警示器材	高塔警示灯、跨江线彩球等缺失、损坏、失灵	
	防舞防冰装置	缺失、损坏等	
	ADSS 光缆	损坏、断裂、弛度变化	
	杆号、警告、防护、指示、相位等标志	缺失、损坏、字迹或颜色不清、严重锈蚀等	
通道及电力保护区	建（构）筑物	有违章建筑，导线与之安全距离不足等	可见光相机/摄像机、激光扫描仪
	树木（竹林）	有超高树木（竹林），导线与之安全距离不足等	

续表

巡 检 对 象		巡 检 内 容	巡 检 手 段
通道及电力保护区	交叉跨越变化	出现新建或改建电力及通信线路、道路、铁路、索道、管道等	可见光相机/摄像机、激光扫描仪
	山火及火灾隐患	线路附近有烟火现象	可见光相机/摄像机、红外热像仪、紫外成像仪
		有易燃、易爆物堆积等	可见光相机/摄像机
	违章施工	线路下方或保护区有危及线路安全的施工作业等	可见光相机/摄像机
	防洪、排水、基础保护设施	大面积坍塌、淤堵、破损等	
	自然灾害	地震、山洪、泥石流、山体滑坡等引起通道环境变化	
	道路、桥梁	巡线道、桥梁损坏等	
	污染源	出现新的污染源或污染加重等	
	采动影响区	出现新的采动影响区,采动区出现裂缝、塌陷对线路影响等	
	其他	线路附近有人放风筝,有危及线路安全的飘浮物、采石(开矿)、射击打靶、藤蔓类植物攀附杆塔	

4. 智慧运维的应用场景联动

借助统一云平台及物联网、5G通信技术的深度融合,无人机巡检可做到真正的一站式全自动智慧化作业,可与管理系统完全打通并联动,当工单生成后激活无人机作业,无人机通过远程设定好的飞行路径自动起飞、观测作业、数据收集上传、图像识别、缺陷标记、报告生成自主实现;当巡检过程发现可疑点时,可联动后台专家,由专家进行判断和分析,加强诊断的可靠性;无人机采集到的信息将作为知识经验积累到平台知识库中,可作为每次巡检工作的样本数据;随着人工智能、电池技术和控制技术的进一步成熟,可在无人机上搭载机械手臂,实现叶片、集电线路缺陷的"无人化"修补。另外,当无人机飞行完毕或电量不足时,无人机自动返航,精准降落归仓,并通过机械臂自动更换电池准备再次作业。在应急状况下,无人机巡检车出行可实时空中喊话、基于云端实现应对突发事件。无人机机场可通过光纤以及5G网络与平台通信并实现图像传输。

5.4.3 智能钥匙应用

5.4.3.1 基本原理和行业应用现状

随着物联网技术的快速发展和深入研究,将传统锁具与物联网技术相互整合,通过将无线射频识别技术等在内的众多先进科学技术高度集成为一种智能管理系统,将这种物联网技术逐步运用在电力行业锁具管理中,用以有效提高锁具的智能化程度,强化五防等安全功能,实现锁具规范化、标准化和操作的安全可靠性,进一步提高安全管理水平和运维的智慧化程度。

智能钥匙管理系统如图5-17所示。

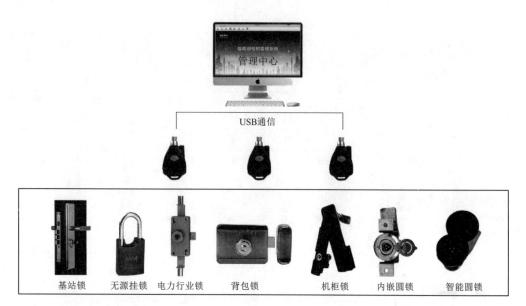

图 5-17　智能钥匙管理系统示意图

5.4.3.2　主要应用场景分析

随着广域分布的大规模风电基地的快速建设，千万千瓦级风电基地的设备规模越来越庞杂（如电气控制柜、风电机组门、配电柜、变压器），输变电的网架结构也越发复杂，且风电基地设备安装地点分散，运行环境复杂，因而倒闸操作、运维检修任务也越来越繁重，安全矛盾越发突出；风电基地配电设备箱柜等锁具大都采用传统开锁方式，工作人员外出工作时需要携带大量钥匙，到达现场后需要花大量时间查找钥匙，影响工作效率，且无法确认操作人的身份，也无法控制和记录开锁的权限和时间，过程无法跟踪，难以管理。

根据风电基地现场实际运行工况和运行环境，通过计算机网络技术、网络拓扑分析技术、5G 通信技术，可构建一个涵盖生产运行和生产管理功能的应用完善、闭锁全面、信息通信安全的智能钥匙管理系统。

智能钥匙管理系统应用如图 5-18 所示。

1. 生产运行领域的应用

在生产运行领域，通过对现场操作进行强制闭锁、授权管控的方式防止误操作，做到对运行实现可控、能控、在控，大大减少误操作造成的违规性事故，提高运行的安全可靠性。

虽然汇集升压站一般装设有电气"五防"系统，但电气"五防"系统电磁锁和机械锁故障率较高，现场也频频出现由于安装不规范造成的卡涩问题，电磁锁和机械锁的操作完全依靠现场操作人员来完成，存在着误入间隔的可能。另外，电气"五防"工作量大，维护难，不易扩展，图形和数据相互独立；加之微机"五防"系统基本采用离线方式，防误主机不能实时获得操作执行反馈情况；防误主机和电脑钥匙的通信也是影响系统可靠的重要因素。因此，如果采用智能钥匙对生产管理方面的钥匙进行统一管控，可以重构风电场整体的钥匙系统。

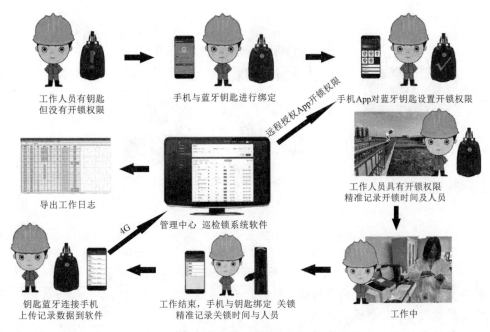

图 5-18　智能钥匙管理系统应用示意图

按照风电场电气主接线图，基于拓扑技术，配合 5G 通信技术，根据配（变）网调度、操作、运行、检修的工作流程及防止电气误操作规程，根据操作票内容开具出符合安规的操作序列，经过通信网络将操作序列发送至手持式智能操作终端执行，并与之进行信息交互，防止运行管理中误操作。

2. 生产管理领域的应用

在生产管理领域，风电场也面临着开锁钥匙繁多、日常操作取用钥匙时长大、开锁过程失控、开锁流程复杂、钥匙容易丢失、管理方式落后的问题，对于风电基地，管控的设备对象更为复杂，必将导致现场运行人员对钥匙的管控工作量大幅增加的情况，风电基地智慧化提升的一方面就是利用先进技术实现钥匙管理的数字化，因此亟须采用智能钥匙代替传统钥匙和锁具，将过去凌乱无序、分散式管理的设备集中起来，可实现生产管理向协同统一方向发展的大迈进。

5.4.3.3　系统应用方案

1. 系统构成

系统由智能锁具管理平台、数据服务器、有线局域网、无线物联网（NB-IoT-G 或 LoRa-WAN）、锁具管理工作站（代替防误主机和锁控主机）、操作授权卡、智能钥匙（电脑钥匙）、防误类闭锁锁具、锁控类闭锁锁具及各类应用软件组成。

智能钥匙系统结构如图 5-19 所示。

2. 主要功能

（1）防误管理功能。强制性防误闭锁、防误逻辑实时判断、多种开锁方式〔锁具管理工作站远程开锁、移动操作平台（手机 App）就地开锁和智能钥匙就地开锁、解锁钥匙开锁〕、操作过程实时监控、设备状态实时对位、地线实时状态检测及防误、强制验电

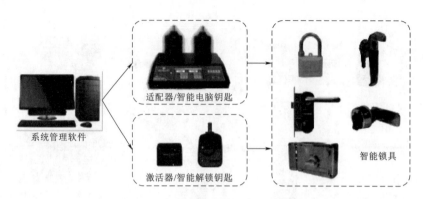

系统管理软件

适配器/智能电脑钥匙

激活器/智能解锁钥匙

智能锁具

图 5-19　智能钥匙管理系统结构图

闭锁。

（2）锁控管理功能。开锁权限管理、多种开锁方式［锁具管理工作站远程开锁、移动操作平台（手机 App）就地开锁和智能钥匙就地开锁、解锁钥匙开锁］、多种开锁授权方式（选择授权、刷卡授权、密码授权、临时授权）、检修过程实施监控、设备状态实时监测、设备异常报警和一般性闭锁。

（3）其他管理功能。操作记录管理功能和联动控制等。

通过解锁密码算法保证网络传输的安全性。

3. 锁具布点

高压设备室、端子箱、机构箱、电源箱、二次设备屏柜、设备构架爬梯门、风电机组门等。

4. 任务操作模式

（1）防误任务操作。该业务模式针对风电场日常倒闸工作设计。设备倒闸操作前，需要在锁具管理工作站上进行防误模拟预演，模拟预演通过后，将模拟生成的操作任务序列以待操作任务形式存入锁具管理工作站的待操作任务区；倒闸操作时，操作人员任意选择一种开锁方式（锁具管理工作站远程开锁、移动操作平台和智能钥匙就地开锁），然后依据模拟预演顺序，依次解锁锁具、倒闸操作、闭锁锁具，直至操作完成。

（2）锁控任务操作。该业务模式针对风电场日常巡视、检修工作设计。首先在锁具管理工作站上圈定需要解/闭锁的锁控锁具，生成锁控操作任务，结束后，将锁控任务以待操作任务形式存入锁具管理工作站的待操作任务区域；巡视、检修时，操作人员任意选择一种开锁方式（锁具管理工作站远程开锁、移动操作平台和智能钥匙就地开锁），然后即可在圈定范围内进行操作，直至工作完成。

（3）混合任务操作。该业务模式针对风电场日常倒闸、巡视及检修相结合的工作设计，此时任务操作中即包含有防误类闭锁锁具的操作，又包含锁控类闭锁锁具的操作，操作时，操作人员既可以依据模拟预演顺序依次操作防误类闭锁锁具，也可对圈定范围内的锁控类闭锁锁具进行操作，直至操作完成。

（4）开锁管理。系统预先储存风电场各类开锁操作信息和操作规则，通过加装专用锁具对操作实时强制闭锁，从而实现对电气场所开锁操作的统一授权管理，防止擅自扩大工作范围、误入带电间隔等安全隐患，对带电操作人员进行有效管控。

（5）身份识别。只有经过授权的人员才能进行解锁操作，并可在事后对操作过程进行跟踪，可对现场实际操作情况、用户信息更改、借用等操作信息进行记录、查询、调阅，避免智能钥匙外借引起的误操作。

（6）云平台安防系统统一管理和联动。可以通过云平台管理软件实现与图像、火警、生产管理等联动，智能钥匙采取授权开锁方式，并融入电气五防隔离、错误报警提示和使用信息追溯，可实现所有锁具只有在授权后才能按照开启顺序开启和开错锁具报警等功能，有效避免因开错锁具误操作带来的安全风险隐患，安全生产过程更加高效流畅。

智能钥匙与生产运行、工单系统、安全管理互动，生产运行、生产管理系统拟定的工作票、操作票或工单将自动关联智能钥匙的开锁范围和开锁顺序，非工作区域的锁具均无法打开，工作区域的锁具不按照顺序操作也无法打开，从技术上真正实现防止误动、误碰、误操作等功能，实现钥匙的数字化管控，有效确保员工生命安全和设备安全。

智能钥匙系统应用场景如图 5-20 所示。

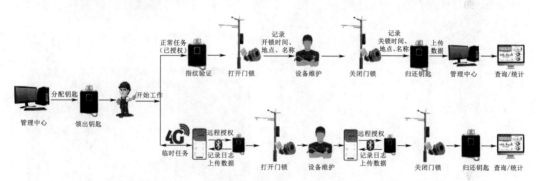

图 5-20　智能钥匙管理系统应用场景示意图

5.4.4　智能安全帽应用

5.4.4.1　基本原理和行业应用现状

智能安全帽利用 5G 技术、GPS 定位、摄像、陀螺仪等，是一种高集成度的可视穿戴物联网设备，集高清微型摄像机、照明灯、激光灯、北斗/GPS 定位、本地存储、无线 5G 网络传输、WiFi 传输、电池供电等于一体，具有高清视频监控、语音对讲、位置定位、本地录像、远程录像等功能。针对现场安全管理需求，通过人工智能算法等实现一种可以定位、录像、功效统计、实时对话、脱帽报警、应急报警等功能的现场安全生产风险管控设备，智能安全帽的应用可极大地提高电力企业安全生产风险的管控。

5.4.4.2　主要应用场景分析

智能安全帽不仅提供了第一视角的运检现场实时图像、位置信息，而且使用过程中完全解放双手，便于远程实时视频监控、调度指挥；通过检修人员佩戴的智能安全帽，可以把检修人员现场实时音视频数据传输到地面人员或监控中心；当现场检修人员遇到突发故障时，检修人员通过穿戴式智能安全帽，能够以远程协助的方式得到专家的分析，不仅提高了检修人员的工作效率，还降低了专家的差旅、时间成本；智能安全帽应用在风力发电运检工作中，运检人员可以对风电设备现状进行分析并发现其中存在的问题，然后制定科学的维护检修对策，对于提高风电维护检修效率、保障风力发电设备稳定运行、电力企业安全生产风险的管控有着至关重要的作用。

智能安全帽系统应用如图 5-21 所示。

图 5-21　智能安全帽系统应用示意图

5.4.4.3　系统应用方案

1. 主要构成

智能安全帽系统包括安全帽、头额传感器检测模块、下巴传感器检测模块、语音和 LED 报警电路、GPS 定位模块、三轴加速度检测电路、气压高度检测电路、NB-IOT 数据通信电路、微处理电路、充电监测电路、锂电池。一旦安全帽未正确佩戴或发生意外事故，安全帽会发出物理声光报警，提醒佩戴者正确佩戴安全帽；此外，安全责任人将会在 3s 内收到短信、自动语音、App 及平台告警。

智能安全帽管理系统结构如图 5-22 所示。

2. 主要功能

（1）日常安全帽的工作过程包含各种巡视、录音、通话、标准化操作、安全监护等。智能安全帽将代替各种影音设备，解放双手，减少设备的多样性，降低生产维护成本；将实现各类设备说明书、接线资料的集成，带来工作的便捷性；将工作过程的标准化操作由纸质改善为数据流，带来工作的效率性；将对危险场所、不正确的措施和行为进行智能扫

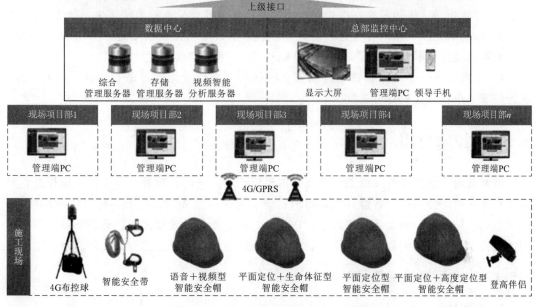

图 5-22　智能安全帽管理系统结构示意图

描和提醒,带来工作的安全性;智能安全帽能够与智能巡检和工单关联,将运维路线等要求下达给智能安全帽,并根据预定义好的路线进行运维,在检查过程中如发现缺陷,系统可实时接收回传的结构化、非结构化的各类信号,并可启动缺陷处理流程;可实现在大传输技术的支持下,远方视野实时共享、场景电子管控等,大幅提升佩戴者预知、预警和预控安全风险的能力;可与安防系统关联,结合现地的电子围栏等,实现各方人员的生产过程、安全行为等全方位的风险防控;能够进行模型训练,通过智能安全帽采集的视频、音频等信息对现场设备进行智能分析。主要功能如下:

1)任务派发。

2)人员近电报警。

3)人员分布定位。

4)脱帽自动报警。

5)巡检线路清洗可查。

6)远程技术支撑。

7)可视化指挥。

8)应急指挥处理。

9)在线视频直播。

10)远程质量安全巡检的同步记录、信息准确共享。

11)位置定位、移动轨迹查询和电子围栏。

12)视频实时对讲、误入间隔报警、违章行为识别。

(2)与智能安全帽类似的功能设备还有 AR 眼镜,AR 眼镜功能如下:

1）设备巡检。释放双手，集中操作者的注意力；巡检过程标准化；关键点打点拍照，语音和视频记录。

2）维修指导。远程专家在线指导；实时音视频富媒体交互；电子工单指导维修。

3）报警信息和工作内容推送。设备报警信息推送至监控人员眼镜，工作票内容同时推送至眼镜端进行展示。

4）安措检查。眼镜分步显示现场安全确认的标准作业内容，语音播报，拍照记录，语音控制，全程录像留存可追溯。

5.5   新技术应用

风电基地智慧体系的发展是一个复杂的系统工程，它的开放性、学习性、成长性、异构性和交互性等特点决定智慧风电基地的建设一定是采用先进、主流、可靠的应用技术，与数字化、信息化、智能化发展水平密切相关，具有更强的发现问题、分析问题、解决问题的能力，具有更强的创新发展能力，从而实现风电基地生产运营智慧化的跨越式发展。

5.5.1   电力智能传感技术

1. 电力智能传感技术的概念

电力智能传感技术是涉及微机械电子技术、计算机技术、信号处理技术、传感技术与人工智能、通信技术等多种学科的综合密集型技术，其结构形态如图 5-23 所示。

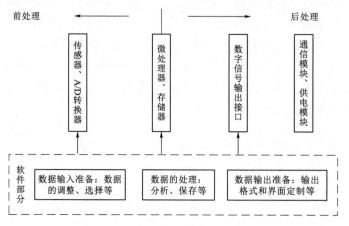

图 5-23   电力智能传感技术结构形态

结构上，电力智能传感系统将包含数据采集模块（传感器、信号调理电路）、数据处理和控制模块（微处理器、存储器）、数字信号输出接口、通信模块（无线收发器等多种形式）和供电模块（电池、DC/AC 能量转换器）等，并结合为一整体。传感元件将被测非电量信号转换成为电信号，信号调理电路对传感器输出的电信号进行调理并转换为数字信号后送入数据处理和控制模块，由微处理器处理后的测量结果经数字信号接口输出，并通过通信模块传输。

电力智能传感技术是物联网技术的直接应用，是融合物理世界和信息世界的重要一环，物联网通过位于感知层的大量信息生成设备，包括 RFID、传感网、定位系统等来实现感知识别，让物品"开口说话、发布信息"。物联网四大技术与应用如图 5-24 所示。

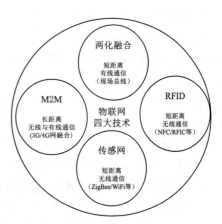

（1）传感网是物联网技术在工业控制领域的重要应用之一，它是由各种传感器组成的信息获取的网络，是感知和获取信息的重要手段，其特点是能够与计算机网络进行通信，能与现场总线等控制系统配合。其中，无线接入方式渐渐取代原有有线接入方式，较常用的无线通信技术包括蓝牙技术（IEEE 802.12.1）、射频技术（RF）、超宽带无线技术、ZigBee 技术（IEEE 802.15.4）等，其中无

图 5-24 物联网四大技术与应用

线互联网（WiFi）是无线射频技术的一种在无线通信领域的应用。通过传感网，使得"即插即用"成为可能，这种新的信息获取能力和控制能力将会大大提高工业生产效率。

（2）RFID 技术是融合无线射频技术和嵌入式技术于一体的综合技术，通过无线电波不接触快速信息交换和存储技术，通过无线通信结合数据访问技术，连接数据库系统，可实现非接触式的双向通信，从而达到识别的目的。RFID 在自动识别、物品物流管理上有着广阔的应用前景。NFC（near field communication）为近场通信，是在 RFID 技术基础上发展而来的，可以让智能设备通过相互靠近的方式来交换数据。NFC 设备也可以与一个无源的 NFC 标签之间进行通信，这个通信方式和 RFID 是一样的。ZigBee、WiFi、蓝牙和几种无线技术的对比见表 5-4。

表 5-4　　　　　　　　ZigBee、WiFi、蓝牙和几种无线技术的对比

名　称	WiFi	蓝牙	ZigBee	UWB 超宽带	RFID	NFC
传输速度/(Mb/s)	11~54	1	0.1	53~480	1×10^{-3}	0.424
通信距离/m	20~200	20~200	2~20	0.2~40	1	20
频段/GHz	2.4	2.4	2.4	3.1	10.6	13.56
安全性	低	高	中等	高		极高
功耗/mA	10~50	20	5	10~50	10	10
成本/美元	25	2~5	5	20	0.5	2.5~4
主要应用	无线上网、PC、PDA	通信、汽车、IT、多媒体、工业、医疗、教育等	无线传感器、医疗	高保真视频、无线硬盘等	读取数据，取代条形码	手机、近场通信

（3）两化融合是指电子信息技术广泛应用到工业生产的各个环节，信息化进程和工业化进程不再相互独立，而是两者在技术、产品、管理各个层面的相互交融，是工业化和信息化发展到一定阶段的必然产物，主要包括技术融合、产品融合、业务融合、产业衍生。它是物联网四大技术的组成部分和应用领域之一，两化融合最基础的传统技术是基于短距离有线通信的现场总线的各种控制系统，如 PLC、DCS、SCADA 等，物联网技术融入工

业领域有很大的新技术应用空间，如新一代传感器、机器人等。

（4）M2M 技术全称 machine to machine，是将数据从一台终端传送到另一台终端，也就是机器与机器的对话。M2M 应用系统构成包括智能化机器、M2M 硬件、通信网络、中间件。

1）智能化机器。使机器"开口说话"，让机器具有信息感知、信息加工及无线加工的能力。

2）M2M 硬件。使机器具备联网能力和远程通信的部件，进行信息提取，从不同设备内汲取需要的信息，传输到分析部分。

3）通信网络。包括广域网（无线移动通信网络、卫星通信网络、互联网和公众电话网）、局域网（以太网、无线局域网、蓝牙、WiFi）、个域网（ZigBee、传感器网络）。

4）中间件。M2M 网关完成在不同协议之间的转换，在通信网络和 IT 系统之间建立桥梁。

电力智能传感系统是微电子机械加工技术与物联网通信技术进一步结合的产物。微电子机械加工技术的发展为传感器的微型化提供了可能，微处理技术的发展促进了传感器的智能化，物联网通信技术（射频、M2M、无线等）的融合促进了无线传感器及其网络的诞生，使得电力智能传感成为可能。传统的传感技术正逐步实现微型化、智能化、信息化、网络化发展，正经历着一个传统传感器（dumb sensor）→智能传感器（smart sensor）→嵌入式 Web 传感器（embedded beb sensor），即电力智能传感系统不断丰富的发展过程。

电力智能传感技术不仅有硬件作为实现测量的基础，还有强大的软件支持保证测量结果的正确性和高精度。它是带微处理器和通信网络的，兼有信息检测、信息处理、信息记忆与逻辑判断功能，具有统计处理功能，具有自检自诊断和自校准功能，具有软件组态功能，具有双向通信和标准化数字输出功能，具有人机对话功能，具有信息存储与记忆功能，具备总线通信或有线、无线通信能力，并且能够利用一些容易测得的过程参数或物理参数，通过寻找这些过程参量或物理参数与难以直接检测的目标被测变量的关系，建立测量模型，采用各种计算方法用软件实现待测变量的测量。

随着技术发展，电力智能传感技术对于生产现场具有更好的高频、高速、高灵敏、高可靠、高集成度、低功耗、高传输带宽以及更好的电磁兼容性。

电力智能传感技术区别于普通的智能传感器，通过协议自组成一个分布式网络，再将采集来的数据经优化后通过无线或有线传输给信息处理中心。因为连接网络的节点的数量巨大，而且还处在随时变化的环境中，这就使它有着不同于普通智能传感器和网络的独特"个性"。

首先是无中心和自组网特性。在网络中，所有节点的地位都是平等的，没有预先指定的中心，各节点通过分布式算法来相互协调，在无人值守的情况下，节点就能自动组织起一个测量网络。而正因为没有中心，网络便不会因为单个节点的脱离而受到损害。

其次是网络拓扑的动态变化性。网络中的节点处于不断变化的环境中，它的状态也在相应地发生变化，加之网络通信信道的不稳定性，网络拓扑也在不断地调整变化，而这种变化方式是无人能准确预测出来的。

再次是能量的限制。为了测量具体值，各个节点会密集地分布于待测区域内，人工补充能量的方法已经不再适用。每个节点都要储备可供长期使用的能量，或者自己从外汲取能量（太阳能）。

最后是安全性的问题。无线信道的有限能量及分布式控制都使得无线传感器网络更容易受到攻击。被动窃听、主动入侵、拒绝服务则是这些攻击的常见方式。因此，安全性在网络的设计中至关重要。

2. 电力智能传感技术的应用

随着基地项目的建设，大量电力电子器件和大规模发电、传输电力设备接入管控中心，基地管控迫切需要实现对各种参量的实时测量反馈与动态调整，提升系统可观、可测、可控能力，预防事故发生，提高发电效率并延长设备寿命。

风电机组、汇集升压站、测风塔以及集电线路安装的传感器节点以有线或无线的方式构成传感器网络，可以全方位实时感知、监测和收集覆盖区域内的风电机组和风电场环境等各种信息，并实时传输到管控中心，减少设备故障，降低维修成本。智能传感器本身的设计、传感器节点的部署策略以及能量优化策略是网络高效准确工作的重要因素。电力智能传感技术是智慧风电实现精准感知的基本硬件保证。

例如，行业上目前已有整机厂商研发的"智能风电机组"，在叶片和风电机组内部加装温度、风速、转速、压力、电量、振动以及激光雷达等多种先进传感器，使风电机组能够准确感知自身状态和外部环境。这些传感器采集的数据将汇集到每台风电机组上的PLC控制器中。该控制器集成数据分析系统、主动性能控制系统和决策算法等技术，可使风电机组根据不同情况自主优化控制策略和运行方式，从而让每台风电机组都能"思考"。

如基地项目集电线路利用微气象、温湿度、杆塔倾斜、覆冰、舞动、弧垂、风偏、局放、振动及压力等感知装置，采集运行与设备状态、环境与其他辅助信息，用以支撑管控平台生产运行过程中的信息全面感知及智能应用。尤其针对大基地，新能源发电呈现波动性特征，线路传输能力未能得到充分利用的现实，需要准确获取导线状态、环境参量，为线路动态增容提供基础数据，应用非接触式传感技术可采集输电线路全景信息，利用线路沿线的磁场、电场、振动及温差等外部条件实现传感器微源取能，并通过低功耗无线传感网实现可靠安全连接，以此为依据进一步提升集电线路动态增容能力。

如在线监测及故障诊断系统中，现阶段，高频、特高频、超声等局放传感器在电力主设备状态感知中广泛应用，未来可通过优化的硬件平台和专用芯片把智能算法就地部署在传感器上，形成"物"端计算系统，并结合典型案例库与算法库，提高故障立体辨识响应速度和定位精准度。

3. 电力智能传感技术的发展趋势

电力智能传感技术主要涉及传感器、网络、智能分析等方面。电力智能传感技术涉及多学科交叉融合，目前呈现先进传感材料与器件、低功耗传感网、传感器微源取能、边缘群智分析、融合设计等多领域体系化协同创新发展趋势。

5.5.2 数据集成技术

风电基地实时运行数据以及历史数据结构复杂，异构数据源多样，且具有不同时间尺度，采样频率从毫秒级到分钟级不等，单位时间数据采集量巨大，数据质量难以把控，其异构性往往不是一个层面的异构，而是在多个层面上都存在异构。

数据源的异构可以分为两类：一类是数据的异构，另一类是语义的异构。数据的异构涉及数据的本地定义不同，例如属性的类型、格式以及精度，这类异构无须考虑数据的内容和定义，只要实现字段到字段、记录到记录的映射，就可以解决诸如名字和数据类型等的冲突；语义的异构是指数据所代表的语义的不同，例如两个来自不同局部数据源的元素，它们有相同的意思却有不同的名字，反之使用相同的名字却有不同的意思，这类异构数据常常给数据集成工作带来很大的麻烦。因此，完备有效的数据集成要能发现模式元素间的语义冲突，在集成过程中数据的语义要被考虑进来。

异构数据集成目标就在于实现不同结构的数据之间的数据信息资源、硬件设备资源和人力资源的合并和共享。其中关键的一点就是以分散的局部的数据为基础，通过各种工具和处理逻辑建立全局的统一的数据或视图。

异构数据采集技术的原理是通过获取软件系统的底层数据交换和网络流量包，进行包流量分析和使用仿真技术采集到应用数据，并且输出结构化数据来实现对多源异构大数据的接入。所以，它能做到无须软件厂商接口，异构数据直接采集，解决和厂商协调难、接口费用高、实施周期长等问题。

风电基地智慧体系平台是面向业务数字化、网络化、智能化需求，构建基于海量数据采集、汇聚、分析的服务体系，支撑资源泛在连接、弹性供给、高效配置的工业云平台，其本质是通过构建精准、实时、高效的数据采集互联体系，建立面向工业大数据存储、集成、访问、分析、管理的开发环境，实现工业技术、经验、知识的模型化、标准化、软件化、复用化，不断优化研发设计、生产制造、运营管理等资源配置效率，形成资源富集、多方参与、合作共赢、协同演进的新业态。风电基地智慧体系平台需要解决多类工业设备接入、多源工业数据集成、海量数据管理与处理、工业数据建模分析、业务应用创新与集成、知识积累迭代实现等一系列问题。数据集成就是把不同来源、格式、特点、性质的数据在逻辑上或物理上有机地集中，从而为企业提供全面的数据共享。

数据接入架构如图 5-25 所示。

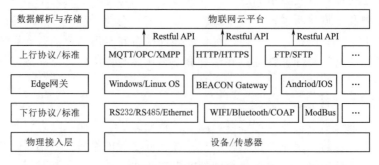

图 5-25   数据接入架构

在物理层面，数据集成需要对不同设备数据统一接入平台，风电基地的数据接入方式主要有两种：一是直接接入，二是网关接入。直接接入方式适用于设备本身具备联网的能力或者在设备端加入 4G、5G、NB－IOT 等通信模组，具备通信功能的设备，可以直接接入网络；网关接入方式适用于设备或终端本身不具有联网能力的情况，这就需要在本地组网后，再统一通过网关再接入网络。风电基地广泛采用网关接入方式，通过各电站风电机组集中监控、汇集升压站监控以及其他系统通信服务器在网络层以上实现网络互连，用于两个高层协议不同的网络互连，它可以使用在不同的通信协议、数据格式或语言，甚至体系结构完全不同的两种系统之间，对收到的信息要重新打包，主要具备广泛的接入能力、网络隔离、协议转换和适配、数据内外传输以及边缘计算功能。另外，风电智慧体系中也有直接接入的应用，如集电线路在线监测系统。

针对风电大数据采集成本高、可靠性低、状态分类少、标准不统一和获取数据少的现状，同时为解决后续场站、区域集控、集团管控等信息建设的数据获取问题，标准化的数据采集技术亟待研发。风电机组数据直采，作为一种可以屏蔽不同机型差异的数据采集技术，是风电机组数据采集的有益尝试，涉及数据主动采集、通信规约破解、数据标准输出等技术。

在逻辑层面，数据集成一方面运用协议解析、中间件等技术兼容 ModBus、OPC、CAN、Profibus 等各类工业通信协议和软件通信接口，实现数字格式转换和统一；另一方面利用 HTTP、MQTT 等方式从边缘层以直接接入设备方式采集数据并传输到云端，实现数据的远程接入。

目前传统的异构数据集成技术包括联邦数据库（FDBS）、中间件（middleware）技术以及数据仓库（data warehouse）等，较新的异构数据集成技术包括网格技术、本体技术等。

FDBS 是一个彼此协作却相互独立的单元数据库（CDBS）的集合，它将 CDBS 按不同程度进行集成，对该系统提供整体控制和协同操作的软件，可实现对相互独立运行的多个数据库的互操作。

中间件是介于应用系统和系统软件之间的一类软件，它使用系统软件所提供的基础服务（功能），衔接网络上应用系统的各个部分或不同的应用，能够达到资源共享、功能共享的目的。它并没有很严格的定义，但是普遍接受 IDC 的定义，即：中间件是一种独立的系统软件服务程序，分布式应用软件借助这种软件在不同的技术之间共享资源，中间件位于客户机服务器的操作系统之上，管理计算资源和网络通信。从这个意义上，可以用一个等式来表示中间件：中间件＝平台＋通信，这也就限定了只有用于分布式系统中，才能称为中间件，同时也把它与支撑软件和实用软件区分开来。

典型的数据集成中间件适用 XML 数据模型构造全局数据模式，通过数据源交互，用户在全局数据模式基础上向中间件发出查询请求，中间件处理用户请求，将其转换成各数据源能够处理的子查询请求，从各站点取出数据，然后再将各数据源的数据进行合并处理，最终生成用户全局查询的结果返回给用户。这种方法的缺点是效率较低。

数据仓库技术是通过建立一个存储数据的仓库，将来自多个数据源的数据副本存储在数据仓库中，通过 ETL（存储、转换、加载）工具定期从数据源抽取数据，加载到数据仓库，供用户查询使用。这种方法的缺点在于数据不是最新的，不能满足用户对实时数据的查询要求，适用于决策支持、面向分析型的数据处理方向。

比较上面的三种形式，数据联邦方式和中间件集成技术一般适用 XML 构造虚拟全局模式，对每次查询都要访问底层数据源，所以能够实现数据源的完全异构并且保证数据的一致性，但缺点是效率转低。而数据仓库集成技术可以直接在中心数据库实现查询，所以能够提高访问效率，但在实现完全异构性和数据一致性方面有所欠缺。因此实际中也会综合上述几种方式的优缺点进行集成。

随着数据集成技术的进一步发展，网格技术和本体技术这类新的解决方案逐步出现。

网格技术的目标是建立异构分布环境下海量数据的一体化存储、管理、访问、传输与服务的架构和环境，主要解决的是在广域环境下分布、异构、海量存储资源的统一访问和管理问题，可以很好地解决海量数据难以组织、难以处理的问题。

本体技术是指对概念化的规格说明，用于描述某一领域内客观存在的概念和关系，是为了实现知识共享，它在形式上是某一领域内概念种类及其关系的词汇表，用精确的语法及明确定义的语义来阐述概念关系以形成领域内各种事物之间交换的信息，它可以在集成任务中明确地描述信息源的语义并使内容变得明确。

以上数据采集和集成技术，在信息化产业有较多应用，但在电力行业的应用则很少，这类技术在风电基地应用上将是全新的技术开发。

5.5.3　5G 网络通信技术应用

5G 网络的切片技术是将 5G 网络分割成多张虚拟网络，从而支持更多的应用，即将一个物理网络切割成多个虚拟的端到端的网络，每个虚拟网络之间，包括网络内的设备、接入、传输和核心网，是逻辑独立的，任何一个虚拟网络发生故障都不会影响到其他虚拟网络。在一个网络切片中，至少可分为无线网子切片、承载网子切片和核心网子切片三部分。

1. 5G+服务器电力应用

利用 5G 的高效移动通信，实现电力监控服务器的虚拟化。

2. 5G+电力通信

传统的信息处理方式误码率和延迟现象较多，难以对用户情况进行及时获取，如注销和关闭。5G 通信技术可以实现在监控过程中纳入实时监控以便及时发现历史数据处理过程中存在的问题，建立垃圾回收机制，应用大数据的实时处理，增加监控服务的时效性。5G 通信技术不仅提高了通信效率，还可以对无效用户在线识别，大大改变了监控服务质量、等级，全面提高了监控系统的运行效果。为此电力系统通信网络有望采用 5G 通信，大面积应用于场站及区域集控、区域层二级应用云平台与集团管控平台。

3. 5G+电力巡检

传统电力巡检依靠人员定期巡检，在巡检过程往往采用电话或视频远程联系方式，这种方式不仅受到设备和通信技术的限制，还延长了巡检工作时间。通过物联网技术和 5G 通信技术，可以更好地规范现场巡检、加强与工作人员的联系，从而制定高质量的解决方案。

5G+智能钥匙、5G+无人机、5G+机器人等在风电基地正在逐步开展试点工作，未来随着 5G 通信基站的进一步建设，5G+电力巡检将进一步得到更好的应用。

5G+电力巡检场景应用如图 5-26 所示。

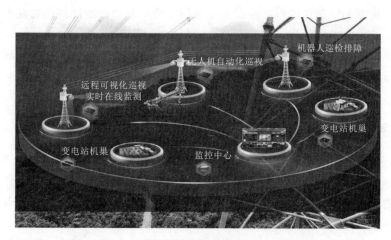

图 5 - 26　5G＋电力巡检场景应用示意图

5.5.4　网络安全技术

智慧风电系统本身复杂的架构和众多的支撑技术容易出现漏洞，同时，全开放交互的架构也为智慧风电系统的安全防护带来很大的挑战。智慧风电体系架构的安全防护在满足多层次防护的同时还需能够灵活配置和功能扩展。因此，探索融合边缘计算和云计算等多种异构计算体系的智慧风电体系架构的运行安全、数据安全和安全管理等技术，是智慧风电系统实现精准感知、快速应对、系统思维、全面开放智慧的安全保障。

在传统的信息安全时代，主要采用隔离技术作为安全手段，包括物理隔离、内外网隔离、加密隔离，这些隔离手段针对传统 IT 架构能够起到有效的保护，同时这种以隔离为主的安全体系导致了长久以来的信息安全和应用相对独立地发展，表现出分散、对应用的封闭和硬件厂商强耦合的特点。和传统自动化系统相比，云计算对应的全新 IT 架构可信边界彻底被打破，网络中一旦遭遇攻击，整个集群节点间通信的 API 默认都是可信的，因此集群消息队列会被攻击者控制，导致整个系统受到威胁。未来安全设备的开放化、可编程化仍可能为发展趋势。因此，软件定义信息安全（soft ware defined information security，SDIS）这个概念为用户诉求而生，它将打破安全设备的生态封闭性，在尽量实现最小开放原则的同时，使得安全设备之间或安全设备与应用软件有效地互动以提升整体安全性，它将建立网络层、主机层和应用层的多层面安全防御体系。

在网络层面，云计算资源的分布式部署使路由、域名配置更为复杂，更容易遭受网络攻击；隔离模型变化形成安全漏洞；共享计算资源也带来更大风险，包括隔离措施不当、网络防火墙虚拟化能力不足，都可以导致建立的静态网络分区与隔离模型不能满足动态资源共享需求。

在主机层面，虚拟机动态地被创建、被迁移，其安全措施也相应地自动创建、自动迁移，在虚拟机没有安全措施保护或安全措施没有自动创建时，容易导致接入和管理虚拟机的密钥被盗取、未及时打补丁的服务遭受攻击等。

在应用层面，基础设施硬件供货商与应用供货商往往是不同的供货商，应用软件会被调度到不同的机器上分布式运行，所以如果应用安全与基础设施硬件供货商配合后的安全能力配合不好，将会产生很多安全漏洞。

在云计算应用场景中，下一代防火墙、Web 应用防火墙、DNS、CDN 服务、数字证书与加密等技术在云计算中得到应用，另外，分布式拒绝服务 (distributed denial of service，DDoS)、区块链技术需要进一步关注。

5.5.5 数字孪生技术

近年来，随着智慧化进程的加快，为了实现物理世界和信息世界的相互作用和融合，出现了数字孪生的概念，并不断地快速发展，对许多行业起到了巨大的推动作用。数字孪生目前在电力行业的应用较少，但在航空航天、汽车制造、石油天然气管道等行业的应用将有助于促进风电基地智慧化的建设和发展。

数字孪生的概念于 2003 年首次出现，GRIEVES 在美国密歇根大学产品全生命周期管理课程 (product lifecycle management) 中提出了这一概念。将数字孪生定义为实时同步、忠实的映射特性，定义为物理世界与信息世界交互和融合的技术手段。2017 年以前，对数字孪生的研究较少，主要集中在概念讨论上，但 2017 年以后，研究数量大幅增加，研究者除了继续讨论概念外，还提出了验证数字孪生的使用案例，并提出了新的应用框架和方法。自 2017 年以来，全球权威 IT 研究和顾问咨询公司 Gartner 连续两年将数字孪生列为当年十大战略技术发展趋势之一。在数字孪生概念不断改进和发展的过程中，研究者们主要以数字孪生建模、物理信息融合和服务应用等为对象，重点分析数字孪生和相关产业关系、构建虚拟模型、孪生数据融合分析、服务应用指导等。数字孪生的意义是构建数字孪生体，最终表达是对物理实体的完整、准确的数字描述，可以用于模拟、监控、诊断、预测和控制物理实体。随着人工智能应用技术的深入发展，在孪生体深化应用领域结合并行控制理论，形成了伴随现实系统的并行建模、并行预测、并行执行的数字四胞胎并行演化架构，将能源发电扩展到社会能源的并行系统。

在研究人员以数字孪生为中心进行深入研究的过程中，数字孪生理念逐渐被美国通用电气公司、德国西门子股份公司等企业接受，并应用于技术开发和生产，形成了 Predix、Simcenter3D 等数字孪生开发软件工具，引起了学术界、工业界、新闻媒体等广泛的关注。同时，很多行业进行了数字孪生的应用实践：在 BMW 丁格芬智能工厂，手动监控已被基于数字孪生的智能资料分析系统取代；美国空军提出使用数字孪生概念预测飞机的结构寿命；中国石油天然气集团有限公司利用数字孪生推进智能管网建设；也有文献提出了基于数字孪生概念的发电厂发电机智能健康管理。

对于整个风电基地智慧体系，随着信息技术的发展，现场的模型不仅局限于生产过程的控制内容，还包括更多管理优化内容，因此数字孪生将进一步通过数据桥连接虚拟电站和物理电站。物理电站的内容包括设备、环境和其他资源，以及人的行为和相应的业务标准等。因此，在数据虚拟电站环境中，设备的监控、警报、诊断、实验、运行状态最优化，以及虚拟环境中的人、机器、事物、方法、环整体多维分析将采用数字孪生技术实现。

数字孪生在风电基地智慧体系中的一些典型应用如下。

1. 打造三维可视化

数字孪生技术可以利用风电机组的物理模型和历史运行数据，在虚拟空间中完成风电机组实体的映射，以反映相对应的风电机组的全生命周期过程。风电场都可以有一个数字复制体，不仅能看到产品外部的变化，还能看到风电机组内部每一个零部件的工作状态。基于数字孪生实现设备三维可视化进行精细化建模，打造风电机组乃至风电场三维环境，还原风电场布局、风电机组等设备模型、生产工艺等。

2. 仿真培训

数字孪生物理设备的各种属性映射到虚拟空间中，形成一个可拆卸、可复制、可修改、可删除的数字图像，能够提高操作者对物理实体的理解，并可进一步通过 VR 和 AR 功能引擎，全面打造虚拟的动态场景，通过对物理空间和逻辑空间中的对象实现深刻的认识、正确的推理和精确的操作。

3. 构建数字实验仿真平台

借助数字孪生技术，获取风电机组的实时运行数据，构建多种主控风电机组数字孪生体的实验仿真平台，将实时采集的装备运行过程中的传感器数据传递到其数字孪生模型，通过大数据分析技术分析风电机组/风电场实时状态，可以对装备的健康状态和故障征兆进行诊断，并进行故障预测；如果产品运行的工况发生改变，对于拟采取的调整措施，可以先对其数字孪生模型在仿真云平台上进行虚拟验证，如果没有问题，再对实际产品的运行参数进行调整，帮助风电企业避免非计划性停机，实现预测性维护和运行控制与优化，使智慧风电系统具备快速应对的智慧。

5.6 小结

本章首先结合跨域协同一体化云平台和基于智慧体系下的云边共享在线监测及故障诊断系统的应用，提出风电基地智慧运维管理体系的主体架构，从而提出新型的风电基地智慧运维管理模式，同时基于智能设备和新技术应用，提出风电基地智慧运维管理的主要功能；其次，通过对机器人、无人机、智能钥匙和智能安全帽等先进技术在风电场的适用性分析，提出了先进设备在风电场中的应用场景；最后，对新兴技术及其发展趋势进行了展望。本章提出智慧运维管理模式是涵盖从风电场现场运行设备及相关所有人员、物资、安全统筹管理，到区域集控统一调度，再到集团化统一分析全方位的优化管理，从前期架构设计到生产运行、维护、运营全阶段的智慧管理。本章通过较全面完整地介绍风电基地智慧运维的技术体系，让读者更加了解智慧运维的含义和主要内容，对智慧运维技术的现状和发展有所了解。同时，帮助运维人员在一定程度上了解先进设备在风电基地应用的前景和趋势，以及如何将它们应用到运维工作中。

第6章
风电基地智慧体系架构
与运维管理实践

为解决广域分布大规模风电基地生产管理难题、破解新能源发展瓶颈，秉承"互联网＋"开放共享理念，构建跨域协同智慧体系，实现风电基地生产调度、全面监测、运营分析、协调控制和全景展示。该系统已在青海省、陕西省开展试点应用，相关技术可为电力行业运行人员提供更便捷、高效、智能、安全的监控和运维支撑，实现数据驱动运检业务的创新发展和效益提升，并可推动行业生产管理模式的发展，引领未来大基地的智能生产、智慧运营，大幅度提升风电场送出稳定性和可控性，促进大规模新能源产业的消纳和持续健康发展。

6.1 概述

本章所述的跨域协同智慧体系在青海、陕西开展了试点应用，以该试点项目为例，对总体方案做简单介绍。

试点项目依托百万千瓦级风电基地，构建涵盖集团管控层的两地生产运营中心、区域集控层管控中心以及百万级风电场。通过构建的集团管控层"一朵云"、区域集控层的二级应用一体化平台以及边缘侧一体化监控系统实现风电基地智慧生产运营。

1. 两地新能源生产运营中心"一朵云"

两地新能源生产运营中心顶层设计采用电力上云的架构体系，通过构建集团管控层"一朵云"，将青海、西安两地互为容灾的云平台进行统一纳管，实现规划规模 35GW 新能源场站的统一管控、实现涵盖水电、火电、铝业、多晶硅、光伏组件、矿业、大坝监测等业务领域的统一管理。

本项目将云平台与电力行业融合，在资源共享、大数据处理以及服务模式等方面将电力企业管控应用水平提升到一个新高度。

2. 区域运管中心

区域运管中心规划接入 19560MW 新能源，其中光伏 12000MW、风电 5360MW，光热 2200MW。

作为两地生产运营中心的区域级运管中心，对两地生产运营中心生产管理功能分级应用，最终形成涵盖光伏电站、光热电站、风电场和汇集升压站的远程集控和区域智能综合管理、提供智慧运维服务、具备多种接口能力，实现基地统一调度、集约管理、资源共享、增值服务。

3．百万千瓦级风电场

作为新能源外送基地，百万级风电场基地建设包括 6 个地块，海拔为 2979～3189m，属典型的高原大陆性气候。6 个地块共计 506 台风电机组，5 个主机厂商，地理位置分布分散，各风电场监控中心布置形式各异，有的布置在汇集升压站附近，有的布置在风电场场址区内，物理逻辑连接上存在风电场与汇集升压站交叉汇集的情况。

针对这种高度分散的大基地场群来说，实现统一、集中的智能管控是风电企业的现实所需。为此，通过梳理风电基地规模和相对关系，构建风电场—汇集升压站—监控中心光纤通道，结合风电场集中控制和智能应用的要求，构建安全Ⅰ区、安全Ⅱ区和管理信息大区的数据流向，根据数据量的大小，采用信息化手段对数据进行归一化处理，构建从站端—区域集控—集团管控的通道组织和数据流组织，实现"无人值班、少人值守"和智慧运维的顶层设计。

6.2　集团管控层智慧化典型工程应用实践

6.2.1　体系架构

构建异地互为数据容灾的"一朵云"，由 IaaS 层、PaaS 层和 SaaS 层构成，其中：

（1）IaaS 层搭建有数据采集接入服务器、应用和存储服务器、Web 服务器等；服务器、工作站采用虚拟化资源池方式、均运行在 X86 架构的 Linux 操作系统上，各应用和存储服务器采用负载均衡器提供服务、各数据采集接入服务器采用集群方式。

（2）PaaS 层融合大数据平台，对 PB 级数据的计算和存储虚拟化，采用融合部署或分离部署方式，提供企业级数据资产共享服务。PaaS 平台，基于 Docker 和 Kubernetes 技术构建，是包含了容器云部署、微服务架构、API 管理与服务、App 应用管理、大数据分析与服务以及 DevOps 和 CI/CD 的开发运维一体化的企业级 PaaS 平台，能够对 SaaS 应用无缝支持，企业级 PaaS 平台可为各类应用、分布式计算和存储服务组件提供多租户隔离的容器资源调配管理、应用打包部署及 SLA 管理、作业调度管理以及统一运维监控管理。

PaaS 云平台能够将两地的软硬件资源统一为同一个 PaaS 平台管理下的两个资源域，PaaS 平台根据就近访问原则部署应用。两个资源域互为容灾备份，实现数据级灾备。

（3）SaaS 层提供资源整合，基于 PaaS 云平台部署一套智慧运维平台的软件，包括风电智慧运维系统、光伏智慧运维系统、智慧运维生产管理系统、无人机智能管理系统、GIS 服务、大数据平台管理等。

体系架构如图 3-7 所示，网络结构如图 6-1 所示。

6.2.2　技术路线

云平台的建设包括环境建设、电源系统建设、网络通信系统建设、云平台建设及场站端能源互联。环境建设包括机房动力环境、网络环境、设备运行环境等，电源系统的建设包括 UPS 不间断电源和交流 380V 动力电源，网络通信系统的建设包括网络传输通道和集控通信系统的建设；云平台架构按照业务决定数据、业务决定架构的思路展开设计：根

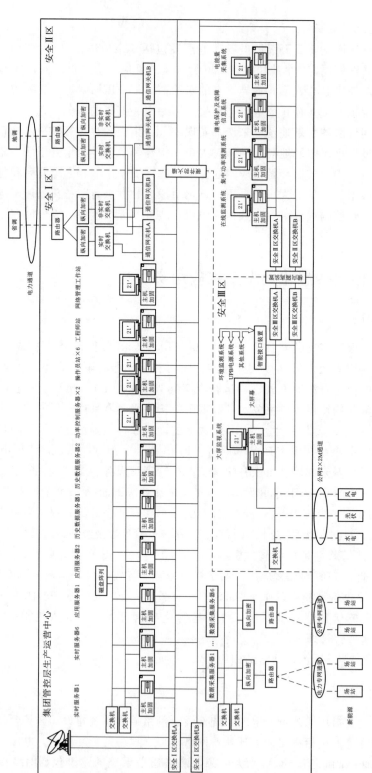

图 6-1　集团管控层网络结构图

据企业业务发展需求构建业务架构模式；根据业务架构设计应用功能的实现流程和方式，完成应用架构的设计；根据业务对数据的需求构建数据的网络层、计算层和存储层的规划，完成数据架构的部署；根据数据的存储资源需求和应用对 CPU 的计算资源的需求展开物理架构设计；对容灾、数据备份等安全架构进行设计。云平台建设技术路线图如图 6-2 所示。

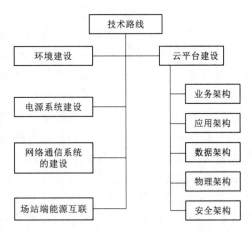

图 6-2 云平台建设技术路线图

6.2.3 主要核心技术

（1）统一接口、统一标准的数据采集。通过 IEC 61850 体系和公共信息模型的研究和应用，能够解决异构数据的采集和辨识，能够保证风电基地边缘侧数据采集质量，实现企业级数据资产共享。

（2）云计算技术。风电基地的数据资产特点为大量性、多样性、高频次；业务规模的特点为持续增长；应用业务的特点为互动关联性强和响应速度快，因此为更合理地解决大数据资产的采集、存储、处理以及资源的弹性扩展配置问题，利用云计算的虚拟化技术、资源调度技术、编程模型技术、存储技术、数据管理技术，实现与其他技术的融合，最终实现分布式计算、分布式存储和分布式调度。

（3）大数据预警和人工智能技术。面对风电基地管理设备的多样性和结构复杂性、物理模型和量测模型的不确定性、多维度数据空间发展的特点，基于风电机组变载荷和低转速特性分析等数据挖掘、分析技术，实现对风电机组状态评估，变事后运维为预知性维护，解决风险管控问题，保证设备安全稳定运行。

（4）物联网互联技术。风电基地场站端边缘侧的接入有安全Ⅰ区设备、安全Ⅱ区设备、视频和其他管理信息设备以及场站端智能终端设备等，因此构建一个物联网络实现广域场群设备的合法性互联，成为平台关键技术之一。通过采用符合电力安全要求的高可靠新能源物联网技术，实现风、光、水等多种能源互联。

（5）人工智能。云平台的数据需要经历一段时期的积累过程，通过机器自学习、数据挖掘、专家系统建立故障诊断和状态评估的人工智能算法并不断进行知识发现和经验积累，提高驾驭风电基地复杂运行方式的能力，实现精准定位故障和生产管理的持续优化。

（6）长时间尺度、宽空间尺度的功率预测。基于场群的功率预测，提高预测精度，智能修正，支撑发电量的提升。

6.2.4 主要功能

（1）业务流程的闭环流转。通过融合线上监控系统、数据处理和统一指挥，利用智能应用、运维策略与线下执行，完成业务流程的闭环流转。

举一个典型应用场景，当系统预测出可能发生的设备故障后，可自动发出工单请求，激活生产管理流程，由系统分派工单进入维护的流转，系统将自动生成故障恢复的作业指导书，指导维护人员按照既定技术路线和指导意见进行故障恢复，期间可始终保持与维护人员的互动并对全程可进行管控，直至故障恢复后反馈至系统，完成工单闭合流转，反馈后的信息同样录入系统作为系统经验的积累。

通过这一功能，可以实现生产与管理的有效互动，提高设备的风险管控能力，实现运营标准化、高效化、管理的持续优化。

（2）智慧运维诊断系统。通过建立各类算法库、专家库、设备模型库和故障编码库，应用相关性分析法等数据挖掘和人工智能技术，预测可能发生的故障并对故障进行定位和提出指导方案，从而根据故障程度不同进行分级评估，具备深度学习能力，不断对算法模型进行修正和完善，真正实现由事后运维向预防性运维、由计划检修向状态检修的转变。

（3）发电量损失的考核。该功能是经营管理的核心，设置运营分析绩效管理模块，运用各种算法，多维度地深度挖掘分析发电量损失的原因，该原因有可能是来自于外部限电或设备维护的原因，或是由于设备性能跌落引起的发电量损失等，原因的分析可为执行层和管理层提供更精准的设备优化定位，减少由于设备性能跌落引起的发电量损失，明确项目管理目标。

（4）基于广域场群设置区域级集中功率预测。利用长时间、宽空间尺度的大数据模型和机器自学习模型，抓取海量数据中的涌现性数据，分析每台风电机组的发电特性，构建风电场的数值模型，实现功率的精准预测。基于预测结果，合理安排运维策略，为区域级发电计划制订、市场竞价提供数据支撑。

（5）云平台中针对实际的应用场景还设计了物资库和备品备件库的云应用、采用物联网技术设置智能联动功能、智能定位功能，包括智能安全帽、智能巡检机器人、智能钥匙管理和无人机的应用场景等。

6.3　区域集控层智慧化典型工程应用实践

6.3.1　体系架构

区域集控层体系架构如图3-9所示，网络结构如图6-3所示。

6.3.2　技术路线

根据顶层统一规划设计，按照"统一部署、二级应用"原则，区域运管中心将作为区域级集控中心和两地新能源生产运营中心的二级应用云平台，部署有智慧运维系统，在大数据的数据模型、数据标准、数据抽取、数据仓库和数据分析上均按照两地新能源生产运营中心统一架构进行部署，实现两地新能源生产运营中心主平台及各项智能应用功能的统一集中管理和智能化运维。

6.3.3　主要核心技术

基于两地新能源生产运营中心统一数据标准、模型要求完成智慧运维平台所涉及的数据采集、数据处理、数据资产管理、数据库管理、数据共享服务等环节工作，负责完成新能源集控、电能计量、功率预测、生产管理等独立应用系统的全部数据接入、数据治理及数据资产管理。

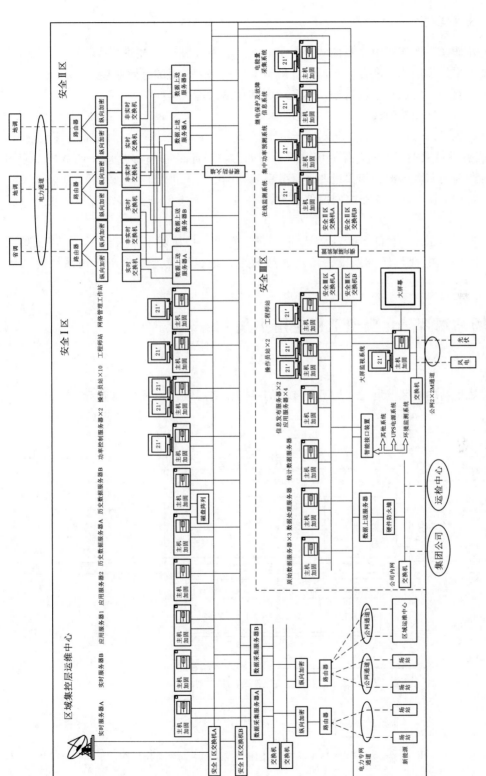

图 6-3 区域集控层网络结构图

6.3.4 主要功能

两地新能源生产运营中心和区域运管中心技术架构遵从统一建设要求，平台与平台、平台各模块采用标准化松耦合模式，二级平台需实现与主平台的有效对接。

（1）部署独立的远程集控业务，实现对所辖场站的远程集控。

（2）完成所辖场站的数据采集。

（3）完成 PaaS 建设，要求 PaaS 平台可以实现与 IaaS、SaaS 平台的集成与逐层支撑，PaaS 层能够提供数据层面的存储、传输、治理能力，并且面向 SaaS 层应用能够提供应用系统运行所需的基础框架、相关组件、服务引擎。

（4）实现集团与区域中心之间的信息传输和共享，通过 SaaS 层多级应用实现业务管理协同。

（5）完成基于云平台的 SaaS 应用建设，包括管理、移动发布、综合展示，以及集团云平台部署的风电智慧运维系统、光伏智慧运维系统、智慧运维生产管理系统的二级应用。

6.4 场站端智慧化典型工程应用实践

6.4.1 体系架构

构建从场站端—区域集控—集团管控层的纵向网络层级，如图6-4所示。

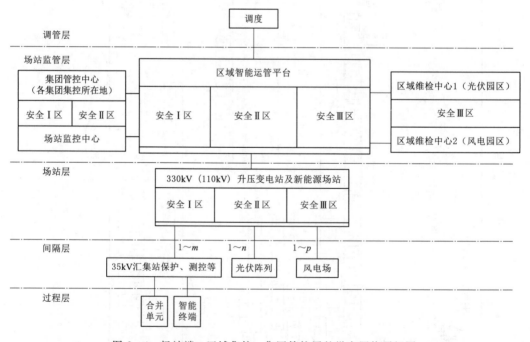

图6-4 场站端—区域集控—集团管控层的纵向网络层级图

场站端体系架构如图6-5所示。

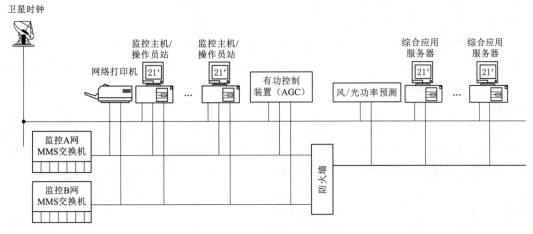

图 6-5 场站端体系架构图

6.4.2 技术路线

（1）建立开放的一体化系统对风电机组、箱式变压器和汇集升压站的整体管理、状态检修。

（2）确定场站远程监控的控制对象、明确数据流向组织。

6.4.3 主要核心技术

1. 场站端数据采集

针对接入设备的庞大规模计算数据量对通道和存储的占用资源；针对接入设备的不同类型及其支撑的业务需求特点，具体分析数据的采集周期；针对不同设备数据不同开放权限的现实情况，具体分析各设备数据取得的采样方式和数据流向的规划。

风电基地接入的站点和设备数量非常大，平台面向的设备厂商和设备接口类型也非常多，各设备接口及协议的不开放或开放性不够，限制了监控系统对现场全量数据的采集。在规划数据的采集方式、采样周期和数据流向方面，需认真分析场站装机容量和箱式变压器类型、风电机组类型、汇集升压站设备类型及设备的安装数量，结合大数据对集控高可靠性的影响、结合业务对数据频率要求以及数据对业务的支撑来综合确定。对于采集周期，实时控制业务数据采用秒级实时采集，非实时控制业务数据根据业务的需求采用1min～1h不等；对于采集通道，考虑风电基地场站容量大、数据量多的情况，对风电机组等监控对象的实时生产数据根据业务高可靠要求，走安全Ⅰ区通道。对于数据的全量采集，针对目前各厂商数据开放性现实问题，考虑直接从风电机组监控单独组网进行数据的上送。

在数据存储及应用方面，按照应用场景的特点，采用不同的数据库分别建立存储架构，解决现场大量实时生产量测类的时序数据、人财物管理方面的结构化数据、半结构化数据以及文本、图像、音频等非结构化数据。

2. 风电机组一体化在线监测

风电基地基于"集团管控层—区域集控层—场站层"的跨域协同模式的统一规划思

想,设置有风电机组一体化在线监测、汇集升压站在线监测,并通过云平台部署的故障诊断系统协同应用,共同对风电场主设备进行在线监测。

风电机组振动监测:该风电基地风电机组均采用双馈机组,设置传动链在线监测。结合智慧风电机组传动链特点,为实现风电机组数据的全面感知,采用针对性的测点配置方案,以实现对双馈机组运行状态最全面的监测,共计安装 11 个加速度传感器和 1 个转速传感器。

(1)测点配置基本原则。传感器的安装位置首先考虑振动监测的有效性和安全性,不影响风电机组的安全运行,其次才考虑经济性;传感器需安装于刚度强的位置,一般优先选择轴承座,因风电齿轮箱外形结构的限制,具体安装方式以齿轮箱具体型号而定;整个齿轮箱系统要确保径向 V、轴向 H、横向 A 均有测点,保障三个方向的振动监测;振动传感器的安装从低速到高速轴的顺序,根据振动量的特征,分为径向与轴向两个方向的安装方式。其中:传感器安装的位置主要基于振动量大小考虑。一般而言,位于 12 点钟及6 点钟、3 点钟及 9 点钟方向所获取的振动量较大,实际选取的位置视现场的情况确定;发电机前后两水平测点应尽量安装在同一水平位置。

(2)主轴、齿轮箱、发电机典型配置方案见表 6-1~表 6-3。

表 6-1　　　　　　　　　　主轴传感器布置方案

部件名称	序号	位　　置	方向	安装位置	传感器类型
主轴	1	主轴前轴承座	径向	建议 6 点或 3 点钟方向	低频加速度传感器
	2	主轴前轴承座	轴向	—	低频加速度传感器
	3	主轴后轴承座	径向	建议 6 点或 3 点钟方向	低频加速度传感器

表 6-2　　　　　　　　两级行星一级平行齿轮箱传感器布置方案

部件名称	序号	位　　置	方向	安装位置	传感器类型
齿轮箱	1	外齿圈	径向	建议 6 点钟方向	加速度传感器
	2	低速轴轴承座	径向	建议 6 点钟方向	低频加速度传感器
	3	中间轴轴承座	径向	建议 6 点或 3 点钟方向	加速度传感器
	4	高速轴轴承座	径向	建议 6 点或 3 点钟方向	加速度传感器
	5	齿轮箱行星架上风向轴承座	径向	建议 6 点或 3 点钟方向	加速度传感器
	6	齿轮箱高速轴轴承座	轴向	—	加速度传感器

表 6-3　　　　　　　　　　发电机传感器布置方案

部件名称	序号	位　　置	方向	安装位置	传感器类型
发电机	1	发电机前轴承座	径向	建议 6 点或 3 点钟方向	加速度传感器
	2	发电机后轴承座	径向	建议 6 点或 3 点钟方向	加速度传感器

(3)基础沉降在线监测配置。考虑该基地工程地质情况复杂,地下水汇集方式多样,为每台风电机组均装设了基础沉降在线监测装置,实现风电机组基础均匀沉降、非均匀沉降及风电机组塔筒倾斜的实时在线监测。传感器布置方案见表 6-4。

表 6-4　　　　　　　　　风电机组基础沉降传感器布置方案

部件名称	测点名称	安装位置	传感器类型
塔筒	塔底传感器	塔底内壁	双轴倾角传感器
	塔顶传感器	塔筒顶部偏航法兰下部的塔筒内壁	双轴倾角传感器
	基础传感器	基础环或混凝土基础上	位移传感器

3. 汇集升压站一体化在线监测

试点项目是某地区特高压直流外送通道电源配置项目，肩负着大功率、跨地域和远距离送电的职责，设备的维护更为细致，对汇集升压站设备的实时、准确监测更为重要。

配套建设的多个 330kV 智能升压站采用标准化传感技术，对汇集升压站一次设备及环境进行全面采集，实现汇集升压站一次设备和环境全面感知。330kV GIS 户内布置，配置局放在线监测、微水密度在线监测、SF$_6$ 气体在线监测、避雷器在线监测；330kV 主变压器配置油中溶解气体在线监测、局放在线监测、光纤绕组温度在线监测；由于高海拔，35kV 开关柜采用充气柜，35kV 开关柜室配置 SF$_6$ 气体在线监测；除此之外，综合楼楼顶、室内，生产楼、继保室内安装环境监测传感器，通过 A/D 电路处理后，上送各自智能组件，通过 TCP/IP 协议送至一体化在线监测服务器。

4. 集电线路一体化在线监测

风电基地占地面积大，风电机组台数多，布置分散，根据 35kV 线路输送能力、风电场装机容量、风电机组布置、地形特点等因素，每回集电线路连接 8～10 台风电机组，每回线路输送容量 20～30MW。集电线路采用水泥杆及铁塔架空架设的方式，在单回路架设段采用水泥杆架设，双回路段采用同塔双回铁塔架设。集电线路总长度 580km。

考虑到目前现行国家及行业标准中均无适用于风电场的导体经济电流密度曲线，风电场设计中导体选择经常会产生较大的电能损耗，增加了综合成本，降低了发电企业经济收益。在风电场设计中，一般按照 100% 恒定负载率和相关标准中特定环境条件下校验导体发热载荷，校验导体截面是否满足最大负荷下温升要求，但对于风电场出力波动幅度较大的电源而言，一年中满发时间极少且风电场风资源较好，是有助于导体发热的，所以配置输电线路在线监测不仅能对集电线路进行深入分析，还能获取集电线路本体和走廊通道的信息，确保线路处于安全运行状态。

通过对采用 T 接形式输送容量大、有代表性的线路上安装气象传感器，采集风速、温度、气压、雨量等气象参数特征数据，布置分布式光纤测温探测器监测线路温度，配置杆塔倾角传感器采集输电杆塔倾斜角度，配合视频监控，将实时采集的输电线路本体和通道周围图像发送给采集单元，通过边缘侧分析处理，将有疑似缺陷图像的数据通过随集电线路架设的 OPGW 或无线通信传至后台，以进行进一步分析。

6.5　工程实践总结

本章通过工程实践，对典型工程集团层面、区域层面和场站层面实际工程案例进行分析，帮助读者对风电基地智慧体系及运维技术有一定直观了解。工程实践中的经验总结对后续工程的再实施起到一定的帮助。

（1）工程的实施和整体框架的建设采用分步骤、分阶段实施方案。涵盖集团管控层、区域集控层的数据接入范围涉及面广，横向涉及各个场站，纵向涉及每个场站的各个子系统；业务应用领域宽，包括实时监控系统、电能计量系统、保护及故障信息管理系统、状态监测系统、功率预测系统、各智能应用系统、二级平台与主平台的融合等；集团管控层、区域集控层的中心数据接入和业务应用具有随场站接入规模扩大而快速扩展的特点和需求。因此，基于跨域协同体系架构的平台建设不是一蹴而就的，将结合总体方案架构设计，具有可弹性扩张的特点，结合场站建设时序，可分别进行场站端数据接入的建设（或改造）、区域集控中心及集团管控中心建设，即场站数据接入、处理设备随各场站端同期建设，同时新建区域集控中心和集团管控中心，部署远程集控业务和大数据平台，随场站建设同期开展数据接入、远程集控调试、平台开发、二级平台和主平台融合开发等工作，在场站投入运行后即可投入平台逐步使用。

（2）积极推进电源端风电机组等设备接口的开放性和标准性，推动平台整体数据读取的快速性、提升平台分析质量，从而提升网源互动能力，提高设备对电网快速响应性能。

（3）应继续加强基于新能源生产业务与目前工业控制领域和信息化领域的合作，进一步促进各项功能落地实施。

（4）进一步促进电力各个环节的数据收集、促进各厂商模型的开放，为未来各项智能应用提供数据支撑。

（5）合理统筹电力企业各级单位，对集团、二级部门等统一规划整体云平台框架。

（6）进一步加强对场站运行、检修人员的技术培训工作，提高IT运维的要求。

6.6   小结

本章基于工程实践经验，提出了典型工程从集团管控层、区域集控层到场站层的总体实施方案，并对工程案例进行了详细分析，提出各层级设计要点，旨在对后期工程的再实施起到指导和促进作用。

参 考 文 献

[1] DYKES K, HAND M, STEHLY T, et al. Enabling the SMART wind power plant of the future through science-based innovation [R]. USA: National Renewable Energy Laboratory, 2017.

[2] HEWITT S, MARGETTS L, REVELL A. Building a digital wind farm [J]. Archives of Computational Methods in Engineering, 2018, 25 (4): 879 – 899.

[3] 吴智泉, 王政霞. 智慧风电体系架构研究 [J]. 分布式能源, 2019, 4 (2): 8 – 15.

[4] SHARMA R N, MADAWALA U K. The concept of a smart wind turbine system [J]. Renewable Energy, 2012, 39 (1): 403 – 410.

[5] 马洪源, 肖子玉, 卜忠贵, 等. 5G 边缘计算技术及应用展望 [J]. 电信科学, 2019 (6): 114 – 123.

[6] CISCO. Visual networking index: global mobile data traffic forecast update, 2017—2022 white paper [R]. San Jose: CISCO, 2017.

[7] SHAFI M, MOLISCH A F, SMITH P J, et al. 5G: a tutorial overview of standards, trials, challenges, deployment, and practice [J]. IEEE Journal on Selected Areas in Communications, 2017, 35 (6): 1201 – 1221.

[8] ANDREWS J G, BUZZI S, CHOI W, et al. What will 5G be [J]. IEEE Journal on Selected Areas in Communications, 2014, 32 (6): 1065 – 1082.

[9] CHEN M, ZHANG Y, LI Y, et al. EMC: emotion—aware mobile cloud computing in 5G [J]. IEEE Network, 2015, 29 (2): 32 – 38.

[10] 赵坤. 变电站智能巡检机器人视觉导航方法研究 [D]. 保定: 华北电力大学, 2014.

[11] 吴枫. 物联网传感器节点的无线供电技术研究 [J]. 单片机与嵌入式系统应用, 2012 (3): 26 – 28, 36.

[12] 皮桂英, 张维波, 王春霞. 浅谈无线传感器网络技术 [J]. 仪表技术, 2010 (7): 72 – 73.

[13] 许子明, 田杨锋. 云计算的发展历史及其应用 [J]. 信息记录材料, 2018, 19 (8): 66 – 67.

[14] 罗晓慧. 浅谈云计算的发展 [J]. 电子世界, 2019 (8): 104.

[15] 赵斌. 云计算安全风险与安全技术研究 [J]. 电脑知识与技术, 2019, 15 (2): 27 – 28.

[16] 李文军. 计算机云计算及其实现技术分析 [J]. 军民两用技术与产品, 2018 (22): 57 – 58.

[17] 王雄. 云计算的历史和优势 [J]. 计算机与网络, 2019, 45 (2): 44.

[18] 王德铭. 计算机网络云计算技术应用 [J]. 电脑知识与技术, 2019, 15 (12): 274 – 275.

[19] 黄文斌. 新时期计算机网络云计算技术研究 [J]. 电脑知识与技术, 2019, 15 (3): 41 – 42.

[20] 李俊峰, 时璟丽. 国内外可再生能源政策综述与进一步促进我国可再生能源发展的建议 [J]. 可再生能源, 2006 (1): 1 – 6.

[21] 国家可再生能源中心. 国际可再生能源发展报告 [M]. 北京: 中国经济出版社, 2013.

[22] 刘吉臻. 新能源电力系统建模与控制 [M]. 北京: 科学出版社, 2015.

[23] 李凯, 康世崴, 闫方, 等. 基于风光火储的多能互补新能源基地规划分析 [J]. 山东电力技术, 2020, 47 (10): 17 – 35.

[24] 郑可轲, 牛玉广. 大规模新能源发电基地出力特性研究 [J]. 太阳能学报, 2018, 39 (9): 2591 – 2598.

[25] 张璐. 高比例可再生能源基地风-光-蓄联合运行优化调度模型与方法 [D]. 兰州: 兰州理工大学,

2020.

[26] 胡贵良. 金沙江上游川藏段可再生能源基地能源利用模式探索 [J]. 华电技术，2019，41 (11)：62 - 65.

[27] 程海花，寇宇，周琳，等. 面向清洁能源消纳的流域型风光水多能互补基地协同优化调度模式与机制 [J]. 电力自动化设备，2019，39 (10)：61 - 70.

[28] 辛禾. 考虑多能互补的清洁能源协同优化调度及效益均衡研究 [D]. 北京：华北电力大学，2019.

[29] 姚尚润. 考虑多运行场景的新能源基地光热电站的规划研究 [D]. 北京：华北电力大学，2020.

[30] 夏新华，高宗和，李恒强，等. 考虑时空互补特性的风光水火多能源基地联合优化调度 [J]. 电力工程技术，2017，36 (5)：59 - 65.

[31] XU J，LIU ZH L，PAN K M，et al. Asymmetric rotating array beams with free movement and revolution [J]. Chinese Optics Letters，2022，20 (2)：166 - 171.

[32] 王晓东. 基于多源数据融合的风电机组主传动链故障预警研究 [D]. 广州：华南理工大学，2020.

[33] 张冬平. 风电机组在线振动监测系统开发与应用 [D]. 北京：华北电力大学，2016.

[34] 舒山. 基于物联网技术的智能电网高压输电线路在线监测系统设计 [D]. 宜昌：三峡大学，2019.

[35] 王羽. 基于运行数据的风电机组状态监测研究 [D]. 北京：华北电力大学，2013.